U0161238

主编简介

　　肖新月，研究员，技术三级，九三学社社员，享受国务院特殊津贴专家。历任中国食品药品检定研究院中药民族药检定所副所长、标准物质和标准化管理中心主任及药用辅料和包装材料检定所所长。为国家药品监督管理局药用辅料质量研究与评价重点实验室副主任、中国药学会药用辅料专业委员会主任委员、中国药学会第二十五届理事和团体标准与技术规范工作委员会委员；连续四届任国家药典委员会委员；为 CNAS 实验室评审员和 RMP 评审、卫健委高级人才职称评定专家；为全国标准物质计量技术委员会委员、中国食品药品检定研究院学术委员会委员等；兼任《药物分析杂志》《中国现代中药》《中国药事》编委。同时担任第十二届和第十三届全国政协委员（医卫界）、九三学社中央委员会科普工作委员会委员。

　　主编或参编《化学药品对照品图谱集——红外、拉曼、紫外光谱》《中华人民共和国药典中药材显微鉴别彩色图鉴》等专著 20 余部。发表核心期刊论文 140 余篇，其中以第一作者或通讯作者发表论文 60 余篇。

药剂学前沿系列专著

药品包装材料

肖新月　主编

科学出版社

北京

内 容 简 介

　　《"十四五"医药工业发展规划》中明确要求,应大力提高药品包装材料(简称药包材)原材料的质量水平,开发新型包装系统及给药装置。本书共十一章,系统梳理了药包材行业的发展脉络;药包材研发、生产、检验检测等环节中的技术难点;药包材行业发展的机遇与挑战,汇集了近年来的行业发展、政策法规和科研成果,展现了我国药包材制造领域不断提升的创新意识,正在走向"专特高新"的良性发展轨道。希望本书在帮助技术人员进一步熟悉、掌握药包材的监管法规、生产工艺、质量体系、检验检测技术的最新动态等方面起到借鉴和指导作用。

　　本书可供药包材生产企业、制剂企业、医药科研单位及检验机构的有关技术人员参考,并可供药品监督管理人员、高等医药院校师生及社会各界人士阅读,也可作为药品包装材料的培训教材。

图书在版编目(CIP)数据

药品包装材料／肖新月主编. —北京:科学出版社,2023.3
(药剂学前沿系列专著)
ISBN 978 - 7 - 03 - 074711 - 2

Ⅰ.①药… Ⅱ.①肖… Ⅲ.①药品—包装材料 Ⅳ.①TQ460.6

中国国家版本馆 CIP 数据核字(2023)第 003571 号

责任编辑:周　倩　马晓琳／责任校对:谭宏宇
责任印制:黄晓鸣／封面设计:殷　靓

科学出版社 出版
北京东黄城根北街 16 号
邮政编码:100717
http://www.sciencep.com

南京展望文化发展有限公司排版
广东虎彩云印刷有限公司印刷
科学出版社发行　各地新华书店经销

*

2023 年 3 月第　一　版　开本:B5(720×1000)
2024 年 8 月第七次印刷　印张:19　插页:1
字数:330 000

定价:150.00 元
(如有印装质量问题,我社负责调换)

《药品包装材料》
编委会

序

Preface

　　药品包装是药品的重要组成部分之一,起着保护药品免受外界污染的阻隔作用。药品包装根据与内容物的接近程度,分为直接接触药品的内包装和药品的外包装,也有称其为初级包装和二级包装,其中直接接触药品的包装材料和容器,简称药包材,其除应具备最大限度降低迁移物质的化学惰性外,在药品临床应用中也起着降低差错率、方便快捷使用的作用。

　　中华人民共和国成立初期,我国药品包装工序都是手工操作,所用的包装材料是采用手工生产的,到 20 世纪 50 年代中期,化学药品包装逐步摆脱手工操作生产,开始尝试玻璃包装的工业化生产线生产,与之配套的胶塞和铝盖生产行业逐步兴起,截至 20 世纪末,药包材生产企业已近 1 500 家,年工业总产值达 150 亿元,占全国医药工业总产值的 10%左右,国产药包材已基本满足我国制药工业的需要。近 20 年来,随着科学技术的发展,特别是将质量源于设计的理念深植于药品的全生命周期内,使药包材的科学研究和应用开发得到了空前的关注,主要表现在药品包装的选择与制剂的研发同步启动,药品的有效期因合适的包装材料和形式得到最大限度的保障。药包材整个行业发生了质的飞跃,严格对标药品质量的技术要求,行业集中度不断提高,产品类别更加齐全,个性化设计特点突出,智能化包装不断涌现,目前中国药品包装行业市场规模已超过 1 000 亿元。随着消费者健康生活方式意识的不断增强、国家医疗保险体系的不断改善,以及药品可及性、顺应性的不断提高,药品包装行业又迎来了高质量发展的新时代。

　　中国食品药品检定研究院作为国家药品监督管理局的技术支撑单位,承担药品生物制品质量的法定检验和最高技术仲裁。中国食品药品检定研究院药用辅料和包装材料检定所从早期负责全国药包材注册资料的技术审评工作,到历次参加"齐二药""塑化剂""铬超标胶囊"等药害事件的问题溯源工作,以及《国家药包材标准》的组织起草和复核,2019 年获批国家药监局药用辅料质量研究与评价重点实验室,连续13年承担22个品种1 437批次药包材全国抽检任务,都秉承了"服务医药行业发展,支撑药品监管需要"的工作宗旨,为保障药品质量安全提供了重要的技术支撑。中国食品药品检定研究院药用辅料和包装材料检定所在总结前期工作的基础上,组织药包材行业的专家、学者、技术人员,编写了《药品包装材料》一书,我欣喜地看到本书系统梳理了药包材行业的发展脉络,找出了药包材研发、生产、检验检测等环节中的"卡脖子"技术难点,准确把握和评价了药包材行业发展的机遇与挑战。本书分章论述了药包材行业监管历程,药包材质量控制标准体系和检验检测新技术,新型有机、无机包装材料的研究进展,以及传统制剂用新型包装材料和系统,高风险制剂用药品包装容器系统,同时对目前药包材部分领域的发展前沿问题进行了分析,作为"药剂学前沿系列专著"中的一册,从药品包装材料的角度提供了大量有价值的研究信息,能够为业界同人、研究机构、大专院校、监管部门、检验检测机构提供参考,为促进药品包装行业的发展贡献一份力量。

中国食品药品检定研究院　院长

2023年1月9日

前 言

Foreword

　　药品包装材料(简称药包材)是药物制剂不可分割的组成部分,指生产企业进行药品生产、医疗机构进行药物配制时所使用的直接与药品接触的包装材料和容器。药包材自身的质量与性能、药用安全性和相容性,对药品质量有着重要影响。

　　近年来,随着《中华人民共和国药品管理法》《药品注册管理办法》和《药品生产监督管理办法》等一系列法律法规的相继更新,以及《中华人民共和国药典》(2020年版)的正式实施,原辅包关联审评审批制度的深入推进,药包材是药品不可或缺的组成部分、质量源于设计、药品需要全生命周期监管等新理念逐渐被业内广泛认可。《"十四五"医药工业发展规划》中明确要求大力提高药包材原材料的质量水平,开发新型包装系统及给药装置。药物制剂要达到治疗的效果,减少毒副作用、不良反应,在药物的生产加工中除采取合适的处方设计、生产工艺外,还需要选择合适的包装形式,以确保给药途径的实现,同时满足药物本身保护、运输的要求。随着近年来药包材行业的迅速发展,很多新的包装材料、包装形式及新的检测技术不断涌现。为倡导营造高质量发展的监管环境,激发医药产业活力和创造力,促进医药产业转型升级,同时帮助相关专业人员进一步熟悉、掌握药包材的监管法规、质量体系、检验检测技术的最新动态,各类剂型使用的新型药包材的生产工艺和技术特点,新产品的技术要求和应用前景等,中国食品药品检定研究院药用辅料和包装材料检定所组织业内专家和相关专业技术人员共同编写了《药品包装材料》,作为"药剂学前沿系列专著"中的一册。

　　本书共十一章。第一章介绍了药包材行业的发展与监管,由药包材概念的内涵与外延引出药包材现状及监管模式的变迁,阐述了药包材在药品监管中的地位、药包材的监管历程和监管手段。第二章介绍了药包材质量控制标准体系,重点收录了与药包材相关的国内外药典章节、技术指导原则、行业标准及团体标准等。第三章介绍了药包材的检验、检测新技术,主要包括高温凝胶渗透色谱法、裂解气质法、X射线荧光光谱法和电感耦合等离子体质谱法、扫描电子显微镜(简称扫描电镜)等在常用药包材中的应用,以及常用的容器密封完整性检测技术在无菌制剂包装容器中的应用。第四章和第五章分别介绍了药用卤化丁基橡胶密封件、药用热塑性弹性体、绿色可降解药品包封材料、药用中硼硅玻璃模制瓶、药用中硼硅玻璃管和管制瓶、药用铝硅玻璃容器等有机和无机新型包装材料的研究进展。第六章至第十章以药用量大、涉及面广、生产工艺较为复杂、药用质量和性能要求较高的剂型为例，详细介绍了大容量注射剂、滴眼液、经口鼻吸入的高风险制剂、透皮贴剂、儿童口服制剂等剂型包装材料与容器的特点、生产工艺、技术要求、相关政策与应用研究。第十一章则详细阐述了目前备受医药行业关注且发展迅速的一次性生物反应器的组成、优势及其生产和质量控制。

本书编者均为长期从事药包材及相关领域研究的资深专家，具有较强的专业理论知识和实操经验，秉承创新、时效、客观公正、不对具体产品或企业加以褒贬的原则，汇集了近些年来药包材领域的行业发展、政策法规和科学研究成果，特别是对高风险药物制剂使用的药包材新材料、新工艺和新产品的国产化研发与生产、应用与监管的介绍，展现了我国药包材制造领域的创新发展意识不断提升，正在走向"专""特""高""新"的良性发展轨道。中国已经成为全球增长最快的药包材市场，药包材行业的发展成为推动我国从制药大国向制药强国跨越的助力之一，同时也更好地满足了人民群众健康的需求。全书力求较全面、客观地反映我国药包材行业的技术水平和未来发展趋势，同时尽量给读者留下思考的空间，内容科学准确、重点突出、知识丰富。相信本书的出版会对业内技术人员有指导意义，对药包材行业的发展亦产生一定影响。

在编写本书的过程中，编委会经过多次集体讨论，各章编委认真撰写、反复修改，审稿专家严把文稿质量关。经过全体编委的共同努力，保证了全书内容质量和风格的统一。在此对大家付出的辛勤劳动一并表示感谢。

感谢中国食品药品检定研究院、中国医药包装协会、国家纳米科学中心、中国石化北京化工研究院、江苏博生医用新材料股份有限公司、山东道恩高分子材料股份有限公司、沧州四星玻璃股份有限公司、山东省药用玻璃股份有限公司、康宁（上海）管理有限公司、阿普塔（中国）投资有限公司、雷诺丽特北京医疗健康事业部、大连理工大学、浙江省药品化妆品审评中心、塞纳医药包装材料（昆山）有限公司、浙江金仪盛世生物工程有限公司、深圳市海普瑞药业集团股份有限公司等单位的大力支持！

由于药包材涉及的知识面很广，且发展迅速，虽然经过多次审校，书中难免存在不足之处，敬请广大读者批评指正。

编　者

2022 年 7 月

目 录

Contents

第一章

药品包装材料行业的发展与监管

药品包装材料(简称药包材)是药品生产企业生产的药品和医疗机构配制的制剂所使用的直接接触药品的包装材料和容器,发挥着保障药品安全,维护药品功效,方便药品储存、运输、销售和使用的作用。药包材作为药品不可或缺的组成部分,它的保护作用、安全性与功能性及其与药品之间的相容性,对药品质量有着重要的影响。

国家药品监督管理局(简称国家药监局)负责全国药品包装用材料、容器的管理工作,各省、自治区、直辖市药品监督管理部门负责本地区药品包装用材料、容器的行业管理工作。为保障公众用药安全,国家药品监督管理局历来重视药包材的质量。自 1998 年国家食品药品监督管理局对药包材实施监管以来,我国药包材行业经历了从无到有、由弱到强、由产品落后单一到先进多元的演变。

第一节 概 述

药包材是直接接触药品的包装材料和容器,药包材的范畴随着人们对药包材质量和功能认识的不断深化而不断演变。药包材已从单纯作为盛装药品的附属工序和辅助项目,发展到影响药品安全和质量的包装材料、组件及容器,进一步扩展到可赋予各种功能、方便临床使用的包装系统,成为药品的重要组成部分和给药形式。

一、药包材材质

药包材常用材质有玻璃、塑料、橡胶、金属、陶瓷、纸及复合材料。药用玻璃材质通常包括钠钙玻璃、硼硅酸盐玻璃、铝硅酸盐玻璃。药包材用塑料材质有聚丙烯(polypropylene,PP)、聚乙烯(polyethylene,PE)、聚对苯二甲酸乙二醇酯、

聚氯乙烯(polyvinylchloride，PVC)、聚偏二氯乙烯、聚碳酸酯、聚酰胺、聚氨酯(polyurethane，PU)、环烯烃聚合物、聚醋酸乙烯酯等。药包材中常用的橡胶材料有卤化丁基橡胶、聚异戊二烯、硅橡胶、热塑性弹性体等。药包材用金属多为铝。药包材用纸有格拉辛纸。复合材料多为塑料与塑料复合材料、塑料与金属复合材料、塑料与纸复合材料等。

二、药包材种类

药包材制成的容器及组件种类繁多。2004 年,国家食品药品监督管理局发布《直接接触药品的包装材料和容器管理办法》(局令第 13 号),将产品按国家公布的药包材注册品种实施分类注册,注册类别共有 11 类:输液瓶(袋、膜及配件)、安瓿、药用(注射剂、口服或者外用剂型)瓶(管、盖)、药用胶塞、药用预灌封注射器、药用滴眼(鼻、耳)剂瓶(管)、药用硬片(膜)、药用铝箔、药用软膏管(盒)、药用喷(气)雾剂泵(阀门、罐、筒)、药用干燥剂。这种药包材分类管理方式沿用至今,便于监管机构按照药包材的风险、材质容器特点实施监管。

三、药包材包装系统

药包材产品包装药品制剂时,常以组件组合使用而构成完整的制剂包装系统,包装系统指容纳和保护药品的所有包装组件的总和。包装系统有狭义和广义之分,狭义的包装系统是直接接触药品的包装组件之和,广义的包装系统是直接接触药品的包装组件和次级包装组件之和,后者用于药品的额外保护。包装系统的整体性能是药品关联审评审批的重点。包装系统可依据制剂类别划分为 6 类:① 吸入制剂包装系统;② 注射剂包装系统,包括预灌封注射器密闭系统、笔式注射器密闭系统、抗生素玻璃瓶密闭系统、玻璃安瓿、塑料安瓿、玻璃瓶密闭系统、软袋密闭系统、塑料瓶密闭系统;③ 眼用制剂包装系统,包括塑料瓶包装系统、眼膏剂(管)包装系统;④ 透皮制剂包装系统;⑤ 口服制剂包装系统,包括塑料瓶系统、玻璃瓶系统、复合膜袋、中药球壳、泡罩包装系统;⑥ 外用制剂包装系统和外用制剂密闭系统。

在《国家药监局关于进一步完善药品关联审评审批和监管工作有关事宜的公告》(2019 年第 56 号)中,包装系统的监管理念已被引入监管体系。

第二节　行　业　发　展

药品包装的发展与药品制剂的发展休戚相关。我国药包材行业秉承以人民用药安全为本的基本发展理念,从手工操作不断走向机械化、自动化、专业化、科学化和现代化,不断探索,不断创新,在大量临床实践中不断完善与发展。

一、第一段(20 世纪 50~70 年代)

中华人民共和国成立初期,我国基础工业一穷二白,药包材生产方式简单实用[1,2],生产方式主要为手工,包装材料为天然原料加工后的陶瓷、玻璃、金属、橡木塞、纸等,生产企业主要为小型包装企业或作坊。应医药产能快速发展的需求,行业人员在实践中努力专研,研制出了不少实用的机械装备,有效提高了药包材产能。药包材生产企业领域分化明显、数目显著增加。截至 1980 年,我国已发展了专业的药用玻璃、橡胶塞、硬胶囊壳、塑料瓶和铝盖企业,药用玻璃生产企业突破 100 家、橡胶塞生产企业突破 20 家、硬胶囊壳生产企业接近 80 家、塑料瓶和铝盖生产企业有零的突破。这些包装企业为制剂厂家提供了充足药包材产品,适时保障了庞大人口基数药品的稳定供应。这时的产品质量可以满足药品的基本包装、储存要求。

二、第二段(20 世纪 80~90 年代)

随着国内外医药工业的发展,药包材已发展为药品生产的一个重要组成部分,药包材的发展速度落后于制剂的发展速度,困扰着我国制剂水平的提高。改革开放后,药包材行业迎来了新的发展契机。国家医药管理总局在 1981 年开始对药包材进行管理,将药包材行业的发展列入国家"六五""七五""八五""九五"发展规划。在 4 个五年期间,药包材行业积极向同行学习,引进生产线、制备技术和原材料,生产出大量较为安全、轻便、顺应性较好的药包材产品,研发易折曲颈安瓿、卤化丁基橡胶塞、塑料瓶、复合膜袋等优质药包材,淘汰安全性差、使用不便的直颈安瓿、直管粉针瓶、天然橡胶塞、纯铝非易开盖等落后的药包材。药包材产品类别向轻便、安全的品种扩展,在以往药用玻璃包装、陶瓷包装的基础上,发展了塑料瓶包装、复合材料膜袋包装;药包材原料的安全性进一步提高,混杂过敏物质的胶塞生产原料天然橡胶被无过敏杂质的合成橡胶卤化丁基橡胶所替代。

药包材生产企业发展迅速,不仅新建、扩建和改造了一批药用塑料瓶、药用铝箔和丁基橡胶塞生产企业,原有的生产企业生产设备也进行了更新换代,生产能力、技术水平都大幅提升。1997 年,药包材行业年工业产值达到 90 亿元左右,在全国医药工业总产值中的占比约为 13.7%,形成了一股不小的经济力量。行业已能生产玻璃容器、塑料容器、金属容器、陶瓷容器、复合膜袋及盖、塞、垫片、封口膜片等七大类 50 多种产品,主要产品有易折安瓿、管制抗生素瓶、管制口服液瓶、模制抗生素瓶、输液瓶、黄(白)玻璃药瓶、药用玻璃管、抗生素瓶橡胶塞、输液瓶橡胶塞、丁基橡胶塞、固体药用塑料瓶、口服药用聚氯乙烯硬片、中药丸用塑料球壳、易开启铝盖、药用复合材料、药用包装铝箔,品种数量和产量能满足国内药品生产企业 80% 以上的需求。但是,我国药包材整体水平与发达国家相比,还有一段不小的距离。药包材对医药经济的贡献率尚明显低于发达国家水平,我国药包材与药品价值的比例为 8%～9%,发达国家的药包材与药品价值的比例为 15%～30%。

三、第三段(21 世纪初至 21 世纪 20 年代)

进入 21 世纪,国际医药工业的竞争日趋激烈,而药包材已成为我国医药工业发展的一个限制性因素。1998 年组建的国家食品药品监督管理局高度重视药包材的发展,首次在《中华人民共和国药品管理法》(简称《药品管理法》)中明确药包材的质量要求和审批管理制度,并将药包材列为国家重点发展领域,引导企业提高产品质量、加速产品更新换代,大力发展国际先进水平的药用包装材料、容器和机械,引导企业在引进生产线和技术的过程中,逐步消化吸收、推广成果。

在国家的政策指导、资金支持、科技进步推行及行业新产品新技术推广等方式的引导下,行业重点发展品种研发成功,不断走入市场,更加安全的 I 级耐水药用玻璃制品、聚氯乙烯替代产品、儿童用药安全包装、洁净无菌包装膜、"吹灌封"注射剂瓶、更加轻便的塑料容器、更富有功能性的预充药物包装(预灌封注射器和气雾剂)、自我药疗给药包装(电子注射剂笔)、即配型给药包装(自动混药装置和多室袋输液)、具有实时质量监测功能的包装等都取得了突破性发展。在这一时期,药包材建立了完善的质量标准体系,药包材质量举足轻重的观念已深入人心,药品与药包材之间的相容性得到前所未有的关注,药品与药包材之间的质量衔接和相互影响研究不断发展,且已形成多个国家层面的技术指导文件。

2018 年,我国药包材行业市场规模已发展为 1 068 亿元,较上年增长 10.6%,快于全球的药包材增长速度。我国药包材行业产业结构布局向集中化发展,越来越多的企业通过资本市场募集资金,技术转化能力不断上升。至此,我国大部分药包材产品基本实现自给自足,少部分药包材依赖进口。

四、第四段(21 世纪 20 年代以后)

近年来,随着医药工业的技术更新,药包材的发展与制剂的发展融合得更为紧密,药包材以适应制药行业的发展和要求为目标、以服务临床用药安全为核心、以遵循以人为本为设计理念开展了新一轮的发展模式。特别是国家实施药包材关联审评审批制度改革以来,药包材的审评已被纳入药品整体审评内容,制剂产品中剂型的研发与药包材的选择几乎同步启动,药包材的质量、与药品的相容性及对药物递送系统的顺应性、可及性贡献成为决定制剂产品能否通过监管部门审核的关键因素。据此,我国药包材的发展已被推入主动创新时期,以满足各种特性化制剂的需求。

迄今,我国部分大型药包材企业的工艺设备先进,制备技术已达国际先进水平,自我创新能力已崭露头角。其中以中硼硅玻璃为代表的优质包装原料在配方工艺、热工设备、制造设备等方面均实现国产化,各项技术已经得到充分确认。国产中硼硅玻璃产品已出口海外,成为国产制剂进军海外的重要护航产品。以往完全依赖国外进口丁基橡胶原料的局面也有望在近期得以改善。

中国作为全球最大的新兴医药市场之一,在国家鼓励自主创新政策的引领下,药包材行业集中度不断提高,产品类别更加细化,细分类别下产品个性化设计特点更加凸显,智能化包装不断涌现,药包材行业正快速沿着高质量的方向发展。

第三节 监管历程

药包材行业的监管[3]与医药行业的监管一脉相承。监管经历了从解决中华人民共和国成立之初的缺医少药,到重视药品质量和企业管理、重视药品研发及公众使用新药好药的可及性和安全性,不断满足人民对美好生活需求的新阶段。药包材行业的监管[4]从无到有、逐步发展、不断完善,逐步接轨国际监管模式,监管历程大致可以分为两个阶段:

第一阶段:中华人民共和国成立之初到 1998 年。

中华人民共和国成立之初,中国医药资源处于极度匮乏的状态,百废待兴。在对医药的极大需求背景下,国家建设了一批龙头药企,这些企业都为药品生产企业,主要保障供应抗生素、磺胺类药及其他流行病药物,药品包装简单、实用,药包材品种少、产量少,整个行业规模尚小。

历经多年的发展,到改革开放初期各地已建立许多药品生产企业,卫生部同时组建了药政局,成立了药政处,但管理整体粗放,整个医药产业尚未形成独立的经济门类。在药品产量快速上升的同时,为满足药品包装的需求,药包材生产设备逐步更新为机械设备,药包材行业体量有了明显的提升,但总体上药包材行业技术水平仍处于现代化生产的初始阶段,各类产品在质量、技术水平等方面与国际水平存在着一定的差距。在此期间,医药行业关注的重点在于制剂,药包材的重要性并未获得充分的认识,药包材的发展主要受药品生产企业需求的影响。

1981 年,国家医药管理总局发布《药品包装管理办法(试行)》,第二年正式实施,开始对药包材进行国家层面的监管。办法涵盖了包装基本要求、工作人员、包装厂房、包装材料、监督、检查、处罚等监督要求。1991 年,国家医药管理总局发布《药品包装用材料、容器生产管理办法(试行)》,第二年实施。《药品包装用材料、容器生产管理办法(试行)》规定直接接触药品的包装材料、容器企业或车间必须取得《药品包装用材料、容器生产许可证》,方能生产和销售,并明确了许可证验收通则,以规范药包材的生产、经营和使用。同时,国家药品监督管理局规定药品包装用材料、容器产品必须按法定标准组织生产,不符合法定标准的产品不得出厂和销售。直接接触药品的包装材料、容器标准均为强制性标准。生产许可证制度为我国药包材法制化监管的前奏。

第二阶段:1998 年至今。

1998 年,国家食品药品监督管理总局挂牌成立,开启了对药包材的法制监管。2001 年,药包材的管理要求第一次被写入《药品管理法》,具体内容为"直接接触药品的包装材料和容器,必须符合药用要求,符合保障人体健康、安全的标准,并由药品监督管理部门在审批药品时一并审批。药品生产企业不得使用未经批准的直接接触药品的包装材料和容器。对不合格的直接接触药品的包装材料和容器,由药品监督管理部门责令停止使用。"

依据 2001 年颁布的《药品管理法》的内容,2002 年国务院颁布的《中华人民共和国药品管理法实施条例》进一步明确了药包材的管理形式,具体内容为"药品生产企业使用的直接接触药品的包装材料和容器,必须符合药用要求和保障人体健康、安全的标准,并经国务院药品监督管理部门批准注册。直接接触药品的包装材料和容器的管理办法、产品目录和药用要求与标准,由国务院药品监督管理部门组织制定并公布。"

2001 年颁布的《药品管理法》和 2002 年颁布的《中华人民共和国药品管理法实施条例》首次规定对药包材进行审批管理,是药包材监管的重要里程碑,标志着我国药包材的监管进入法制监管阶段[5]。

药包材的监管包括 3 方面:审批、检查和处罚。审批是药包材产品的上市审批,由国家药品监督管理局组织开展。检查由国家药品监督管理局和省、自治区、直辖市药品监督管理部门对药包材的生产、使用组织抽查检验。药品审核查验中心负责开展药包材的生产检查,国家药品监督管理局和省、自治区、直辖市药品监督管理部门设置或者确定的药包材检验机构,负责药包材产品的检验。对于违反《药品管理法》的情形,国家药品监督管理局依法进行处罚。

法制监管期间国家药品监督管理局发布的相关文件请参见表1-1。法制监管阶段按照上市前审批制度可划分为两个阶段:注册审评审批管理阶段和药包材与药品关联审评审批管理阶段。

表1-1　国家药品监督管理局发布的关于药包材管理的具体规章制度

序号	文　件　名　称	发　布　日　期	备　注
1	《关于加强药品包装材料生产企业管理工作的通知》(国药管安[1998]188号)	1998年12月17日	
2	《药品包装用材料、容器管理办法(暂行)》(国家药品监督管理局令第21号)	2000年3月17日	已废止
3	《关于延长〈药品包装材料容器生产企业许可证〉有效期的通知》(国药管注[2000]99号)	2000年3月23日	已失效
4	《关于实施〈药品管理法〉加强药包材监督管理有关问题的通知》	2001年11月29日	
5	《国家药品监督管理局关于颁布低密度聚乙烯输液瓶等14项国家药包材标准(试行)的通知》(国药监注[2002]239号)	2002年7月11日	
6	《关于颁布25项药包材检验方法标准的通知》(国食药监注[2003]290号)	2003年10月27日	
7	《关于颁布硼硅玻璃药用管等15项国家药包材标准(试行)的通知》(国食药监注[2003]389号)	2003年12月31日	
8	《关于进口药包材换证工作有关事宜的通知》(食药监注函[2004]45号)	2004年3月24日	
9	《直接接触药品的包装材料和容器管理办法》(局令第13号)	2004年6月18日	已于2021年6月1日废止,但是附件6《药包材生产现场考核通则》依然在使用

续　表

序号	文　件　名　称	发　布　日　期	备　注
10	《关于进一步加强直接接触药品的包装材料和容器监督管理的通知》（国食药监注〔2004〕391 号）	2004 年 8 月 9 日	
11	《关于进一步加强药包材监督管理工作的通知》（国食药监注〔2006〕306 号）	2006 年 6 月 30 日	
12	《关于征求〈药包材生产申请资料审评技术指导原则〉等意见的函》（食药监注函〔2012〕89 号）	2012 年 5 月 16 日	
13	《国家食品药品监督管理局办公室关于加强药用玻璃包装注射剂药品监督管理的通知》（食药监办注〔2012〕132 号）	2012 年 11 月 8 日	
14	《国家食品药品监督管理局注册司关于征求国家药包材标准汇编（草案）意见的函》（食药监注函〔2013〕34 号）	2013 年 3 月 11 日	
15	《国家食品药品监督管理总局关于发布 YBB 00032005—2015〈钠钙玻璃输液瓶〉等 130 项直接接触药品的包装材料和容器国家标准的公告（2015 年第 164 号）》	2015 年 8 月 11 日	
16	《食品药品监管总局发布 130 项药包材国家标准》	2015 年 8 月 27 日	
17	《总局关于征求药包材和药用辅料关联审评审批申报资料要求（征求意见稿）意见的公告（2016 年第 3 号）》	2016 年 1 月 12 日	
18	《总局办公厅公开征求关于药包材药用辅料与药品关联审评审批有关事项的公告（征求意见稿）意见》	2016 年 5 月 12 日	
19	《总局关于药包材药用辅料与药品关联审评审批有关事项的公告（2016 年第 134 号）》	2016 年 8 月 10 日	
20	《总局关于发布药包材药用辅料申报资料要求（试行）的通告（2016 年第 155 号）》	2016 年 11 月 28 日	已废止
21	《总局关于调整原料药、药用辅料和药包材审评审批事项的公告（2017 年第 146 号）》	2017 年 11 月 30 日	
22	《总局办公厅公开征求〈原料药、药用辅料及药包材与药品制剂共同审评审批管理办法（征求意见稿）〉意见》	2017 年 12 月 5 日	

序号	文件名称	发布日期	备注
23	《国家药监局综合司再次公开征求〈关于进一步完善药品关联审评审批和监管工作有关事宜的公告(征求意见稿)〉意见》	2019年4月4日	
24	《国家药监局关于进一步完善药品关联审评审批和监管工作有关事宜的公告(2019年第56号)》	2019年7月15日	
25	《国家药监局综合司公开征求〈药包材生产质量管理规范(征求意见稿)〉意见》	2022年6月2日	

一、注册审评审批管理阶段

《药品包装用材料、容器管理办法(暂行)》明确规定国家对药包材实行产品注册制度,国家药品监督管理局从审评批准制度、监督管理和生产管理方面对药包材进行全面的监管。国家药品监督管理局和省、自治区、直辖市药品监督管理部门按照统一管理、分级负责的原则负责药包材的注册管理工作。药包材须经药品监督管理部门注册并获得《药包材注册证》后方可生产,未经注册的药包材不得生产、经营和使用。

2001年《药品管理法》(中华人民共和国主席令第四十五号)重新修订,2002年国务院颁布了《中华人民共和国药品管理法实施条例》(中华人民共和国国务院令第360号),明确规定直接接触药品的包装材料和容器必须符合药用要求,符合保障人体健康、安全的标准,并由药品监督管理部门在审批药品时一并审批,从而确立药包材注册管理的法律依据。

2004年,国家食品药品监督管理局为适应新修订的《药品管理法》(中华人民共和国主席令第四十五号)、《中华人民共和国药品管理法实施条例》(中华人民共和国国务院令第360号)的有关规定,以及适应药包材行业的发展及满足药品生产企业日益增长的对药包材的质量要求,颁布了《直接接触药品的包装材料和容器管理办法》(局令第13号),以保障注册审评审批管理的顺利实施。《直接接触药品的包装材料和容器管理办法》(局令第13号)和《国家药包材标准》是药包材产品施行注册审评审批工作的重要参考文件。

实施药包材注册管理后,药包材行业在国家政策和国家标准的引导下,快速发展,2017年药包材行业生产企业达1 600余家,已能生产11类500多个品种规格的产品,涌现出一批创新型产品,满足了我国高端药品和特殊药品的包装需求,对加快了我国药包材行业与国际接轨的步伐起到了积极的推动作用。注册管理对药包材行业的导向促进作用主要体现在3个方面。

(1)注册管理通过加强监管,提高行业准入门槛,保障药包材及药品的安全。药包材是药品的一部分,对药品的质量有重要影响,对药包材的上市准入采取许可制度,提高了药包材行业准入门槛,最大限度地保护和促进了公众健康。

(2)注册管理促进了行业健康良性发展。药包材注册管理期间,我国药包材行业发展变化巨大,持证药包材企业数量大幅增长,产品结构趋于多样化,出现了很多优新品种。随着药包材注册体系的日趋完善和一系列药包材国家标准的相继出台,注册管理模式已经对规范药包材生产、提高药包材质量、促进药包材行业健康良性发展产生了积极作用。

(3)注册管理有利于加强制度规范建设,完善技术标准体系。在技术审评过程中,管理机构能够通过企业申报资料了解生产过程中的关键点,有利于完成技术指导原则的制修订工作,建立完善的标准体系。特别是2015年修订的《国家药包材标准》,为药包材行业从业人员的工作参考提供了便利。

随着经济社会的发展,药包材注册管理制度难以适应药包材行业的发展,制度弊端逐步显现,具体有以下几个方面。

(1)容易造成重审批,轻监管。药品生产企业选择药用原辅料时,高度依赖监管部门的审批结果,缺乏主体责任人意识,质量审计措施缺失;药监部门也会由于缺乏原辅料生产和使用的动态数据支持,监督检查无法溯源,监管效能不高。

(2)容易造成主体责任不清晰。当出现药品质量问题时,药品监督管理部门、药品制剂生产企业和药包材生产企业之间责任不清,容易引发纠纷。

(3)占用审评行政资源。一种药包材往往针对多种药品,但是,随着药品领域个性化需求增多,对应药包材发生较小变化时,需要重新审批。药包材取得注册证后,对应药品注册时还需要再次对药包材进行审评,占用了大量审评行政资源。

(4)忽略药包材与制剂的整体联系。药包材单独审批发证制度主要关注药包材自身的质量,容易忽略药包材与制剂的整体联系,相关人员难以评价药包材对药品的安全、有效和质量可控的综合影响。

二、药包材与药品关联审评审批管理阶段

为了全面落实党的第十九届中央委员会第三次全体会议审议通过的《中共中央关于深化党和国家机构改革的决定》《深化党和国家机构改革方案》和党的十九大和十九届三中全会批准的《国务院机构改革方案》，确保行政机关依法履行职责，进一步推进简政放权、放管结合、优化服务改革，国家药品监督管理局进一步完善我国原辅包材的审评审批制度[6]，借鉴国际人用药品注册技术协调会(The International Council for Harmonisation of Technical Requirements for Pharmaceuticals for Human Use, ICH)成熟的药包材监管体制——药品主文件(drug master file, DMF)备案制度的先进经验，实行关联审评审批制度[7]，把原辅料、药包材和制剂作为一个整体来进行综合评估，以保证药品的安全、有效、质量可控。药包材与药品关联审评审批管理阶段暂可分为两个阶段：起步阶段和完善阶段。

1. **起步阶段**　在简政放权的要求下，2015 年国务院下发《国务院关于改革药品医疗器械审评审批制度的意见》(国发〔2015〕44 号)，文件明确要求简化药品审批程序，实行药品与药包材、药用辅料关联审评，将药包材、药用辅料单独审批改为在审批药品注册申请时一并审评。

为落实国务院下发《国务院关于改革药品医疗器械审评审批制度的意见》(国发〔2015〕44 号)，国家食品药品监督管理总局(现更名为国家药品监督管理局)相继发布了一系列关于药包材与药品关联审评审批制度的政策文件。具体文件请参见表 1-1。

2. **完善阶段**　2017 年，中共中央办公厅 国务院办公厅印发《关于深化审评审批制度改革鼓励药品医疗器械创新的意见》。为加快药品上市审评审批，我国实行药品与药用原辅料和包装材料关联审批。原料药、药用辅料和包装材料在审批药品注册申请时一并审评审批，不再发放原料药批准文号，经关联审评审批的原料药、药用辅料和包装材料在指定平台公示，供相关企业选择。药品上市许可持有人对生产制剂所选用的原料药、药用辅料和包装材料的质量负责。

为落实中共中央办公厅 国务院办公厅印发的《关于深化审评审批制度改革鼓励药品医疗器械创新的意见》，进一步完善药品与药用原辅料和包装材料关联审批，结合我国产业发展情况及原辅料和包装材料管理的历史沿革，国家药品监督管理局又发布了一系列完善药包材与药品关联审评审批制度的政策文件。具体文件请参见表 1-2。

表 1-2　关于实施药包材与药品关联审评审批的法律文件

序号	文 件 名 称	发布日期	备 注
1	《国务院关于改革药品医疗器械审评审批制度的意见》(国发〔2015〕44 号)	2015 年 8 月 18 日	
2	《总局关于征求药包材和药用辅料关联审评审批申报资料要求(征求意见稿)意见的公告(2016 年第 3 号)》	2016 年 1 月 12 日	
3	《总局办公厅公开征求关于药包材药用辅料与药品关联审评审批有关事项的公告(征求意见稿)意见》	2016 年 5 月 12 日	
4	《总局关于药包材药用辅料与药品关联审评审批有关事项的公告(2016 年第 134 号)》	2016 年 8 月 10 日	
5	《总局关于发布药包材药用辅料申报资料要求(试行)的通告(2016 年第 155 号)》	2016 年 11 月 28 日	已废止
6	《国务院关于取消一批行政许可事项的决定》(国发〔2017〕46 号)	2017 年 9 月 29 日	
7	《关于深化审评审批制度改革鼓励药品医疗器械创新的意见》(厅字〔2017〕42 号)	2017 年 10 月 8 日	
8	《总局关于调整药品注册受理工作的公告(2017 年第 134 号)》	2017 年 11 月 13 日	
9	《总局关于调整原料药、药用辅料和药包材审评审批事项的公告(2017 年第 146 号)》	2017 年 11 月 30 日	
10	《总局办公厅公开征求〈原料药、药用辅料及药包材与药品制剂共同审评审批管理办法(征求意见稿)〉意见》	2017 年 12 月 5 日	
11	《国家药监局综合司再次公开征求〈关于进一步完善药品关联审评审批和监管工作有关事宜的公告(征求意见稿)〉意见》	2019 年 4 月 4 日	
12	《国家药监局关于进一步完善药品关联审评审批和监管工作有关事宜的公告(2019 年第 56 号)》	2019 年 7 月 15 日	

　　在国务院政策方针的指引下,国家药品监督管理局发布的政策法规,将药包材与药品关联审评审批管理逐步推上了正轨。药包材关联审评制度对推动医药行业供给侧结构性改革有着重要的意义,为激发企业的创新活力、实现全过程监管、提高药品注册审评质量都有着切实的帮助。具体来说,有以下几点优势[8,9]。

（1）简化审批流程，激发企业创新投入。

实行药包材与药品关联审评审批管理后，申报程序得到简化，节约了审评资源和行政成本，大幅缩短审评审批时间，提高了审评效率。相比以往烦琐的注册流程，关联审评审批通过备案就可使药包材获得准入，极大地激发了生产企业的创新热情和研发投入，有利于促进药品注册申请人和药用辅料、药包材生产企业共同探讨提升药用辅料、药包材质量的技术问题。

（2）明确责任主体，联通产业链，利于全过程监管。

以往药品生产企业为了降低成本，在药包材采购中过多地关注价格。由于利润较低，药包材行业缺乏产品创新能力，低成本生产存在一定的安全隐患。实施关联审评审批，不仅有利于提高监管部门的工作效率，更为重要的是，可以明确药品生产企业第一责任人的主体，将药品、药包材和药用辅料几个关联性的行业，有机地统一在一个互动的系统之中，互为联系，互为条件，整体联动，简化了过往的烦琐程序，促进了关联性行业分工与合作的有机契合，上下游企业各自承担自己的主体责任，最终保障有效供给和质量安全，防范风险，可以全面提高我国药品的生产能力和生产水平。整个产业链的联通也有利于药品监督管理部门实现全过程监管和延伸检查。

（3）提高药品注册审评质量。

注册申报资料中提交药用辅料、药包材与其质量信息相关的翔实信息，可以使审评专家更为全面地分析其对药品制剂安全性、有效性和质量可控性的影响，以便做出的审评结论更客观、更准确，利于提高药品注册审评质量。

需要强调的是，我国的药包材关联审评审批制度不能简单等同于国外的药品主文件制度[10,11]，关联审评审批仅减少行政审批环节，技术资料要求和审评标准并没有降低。药包材与药品关联审评审批，促使药品注册申请人更加关注药包材的质量，深入研究药包材与药品的相容性，全面地了解产品的质量特性；引导药品生产企业加强原辅料和药包材供应商管理，选择更高品质的药包材和辅料供应商，以便实现从原辅料、药包材到产品的统一管控。同时，实行关联审评审批后，将会有大量进口药包材进入中国市场，进一步繁荣我国药包材市场[11,12]。

第四节 监 管 手 段

药包材行业的监管策略既有上市前的关联审评审批，又有生产中的现场检

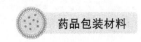

查;既有上市前的技术评价,又有上市后的监督抽检。国家药品监督管理部门对药包材实施多维度监管,旨在促进药包材行业的健康、创新发展。

一、药包材与药品关联审评审批

药包材的上市审批制度是重要的监管手段。中共中央办公厅和国务院办公厅于2017年联合印发《关于深化审评审批制度改革鼓励药品医疗器械创新的意见》,规定原料药、药用辅料和药包材在审批药品注册申请时一并审评审批,不再发放批准文号,经关联审评审批的原料药、药用辅料和药包材及其质量标准在指定平台公示,供相关企业选择。药品上市许可持有人对生产制剂所选用的原料药、药用辅料和包装材料的质量负责。由此,药包材上市前的注册审批制度演化为关联审评审批制度。

关联审评审批制度改革突出药品上市许可持有人主体地位,企业在拥有更多自主权的同时,也面临更多的挑战。药品生产企业必须深刻了解包装材料、包装技术、国内外相关标准;以相容性研究为基础,科学、合理地选择包装材料和包装方式;开展有效的供应商审计;在产品的研发、生产、上市后评价、不良反应及生命周期评价时,关注药包材和药用辅料对药品安全性和稳定性的影响;综合评价药品是否安全、有效与稳定。

二、药包材的生产质量管理

药包材的生产质量管理[13]形式主要为药包材生产现场检查。检查内容最早参照2004年发布的《直接接触药品的包装材料和容器管理办法》(局令第13号)附件《药包材生产现场考核通则》执行。各省、自治区、直辖市药品监督管理局可根据监管需要进一步完善相关技术规范和检查标准,促进药包材质量水平提升。

《直接接触药品的包装材料和容器管理办法》(局令第13号)制定了药包材生产和质量管理的基本准则——《药包材生产现场考核通则》,适用于药包材生产的全过程。该验收通则包括了机构和人员、厂房与设施、设备、物料、卫生、文件、生产管理、质量管理、自检和附则10方面的内容。

为适应新形势,国家药品监督管理局在2020年组织编写了《药包材生产质量管理规范(征求意见稿)》,向行业征求意见。目前该管理规范尚未实施,文件尚在修订中。

三、检测能力的建设

药包材的检测有别于药品的检测,属于多学科交叉的范畴。国家药品监督管理部门重视药包材检测能力的建设,特别是机构设置和标准体系方面的建设。

在机构设置方面,我国药品监督管理部门设有 4 个国家级的药包材检验机构:中国食品药品检定研究院药用辅料和包装材料检定所、国家食品药品监督管理局药品包装材料科研检验中心、浙江省食品药品检验研究院和山东省医疗器械和药品包装检验研究院,同时在全国 30 多个地区的食品药品检定研究院建立了药包材检测室。在国家药品监督管理局国债项目(食品药品监督管理系统中西部地区药检仪器设备配备项目)的资金资助下,药包材检测室配备了专业的药包材检测仪器,目前全国各个省份都可以承担药包材的检验工作。地市级检测中心的建设相对滞后,药包材发展蓬勃的地市级已建设有药包材检测室。2019 年,为落实《"十三五"国家药品安全规划》任务,强化药品监管技术支撑,国家药品监督管理局组织完成了首批重点实验室的评审工作,认定并发布《国家药监局首批重点实验室名单》,其中有 3 家涉及辅料与包材的重点实验室,依托单位分别是中国食品药品检定研究院、山东省医疗器械产品质量检验中心、上海现代药物制剂工程研究中心有限公司。

在标准体系方面,国家医药管理总局从 1970 年开始组织制定药包材产品标准,2002~2006 年相继制定了六辑标准《直接接触药品的包装材料和容器标准汇编》,2015 年将六辑标准修订成《国家药包材标准》。2015 年,《中华人民共和国药典》(简称《中国药典》)首次收载"药包材通用要求指导原则""药用玻璃材料和容器指导原则"两个指导原则。《中国药典》(2020 年版)新增药包材通用检测方法 16 个。《中国药典》正尝试以药包材通则、材质通则、包装系统通则、品类通则等框架呈现药包材的质量控制要求,以更好地发挥检验检测的技术支撑作用,促进我国药包材产品与国际接轨,促进药包材行业的整体创新发展。

四、药包材的监督抽检

国家药品监督管理局为加强上市后药包材产品的监督管理[14],自 2009 年组织开展药包材品种国家药品抽检工作[15],要求药品生产企业不得使用不合格药包材产品,并对已上市产品开展质量评估。国家药包材抽检工作为监管部门、生产企业等掌握药包材的质量水平,防范药品质量风险提供了重要技术支撑。

国家药品抽检工作关注高风险品种,如药用卤化丁基橡胶塞、聚丙烯输液瓶、玻璃安瓿、多层共挤输液用袋、塑料液体瓶(带盖)。在抽检工作中可发现药包材存在一系列的质量问题,如玻璃安瓿折断面不规整、塑料液体瓶正己烷不挥发物超标、玻璃输液瓶线热膨胀系数不符合要求等。

2015 年,药包材品种国家药品抽检工作推广至全国部分省级药检机构,抽检品种数覆盖面得以扩大。截至 2021 年,国家药品抽检共开展 36 个药包材品种的监督抽检工作。按药包材包装的制剂风险等级划分,高风险注射剂和滴眼液用药包材开展 23 次,低风险口服制剂用药包材开展 13 次。按药包材的容器类型划分,塑料输液容器开展 5 次,玻璃输液容器开展 2 次,橡胶塞开展 7 次,玻璃安瓿开展 3 次,滴眼液瓶开展 3 次,复合膜、单层膜开展 8 次,硬片开展 2 次,固体瓶、液体瓶开展 2 次,铝箔开展 2 次,软膏管开展 1 次,垫片开展 1 次。按抽检的项目划分,全项检验开展 33 次,专项检验开展 3 次。药包材品种国家药品抽检工作为药包材行业全面检视产品质量,提高产品标准提供了有益的帮助。

另外,部分省级药品监督管理部门也开展了省内药包材的监督抽检工作。在抽检工作中发现药包材不合格的项目有一定的共性,如中性硼硅输液瓶不合格项目多发于刻度线、字、标记,玻璃瓶易在三氧化二硼含量、内表面耐水性等方面产生不合格现象,胶塞的不合格项目多为化学鉴别、红外光谱鉴别项、易氧化物、炽灼残渣、不挥发物、灰分,低硼硅玻璃安瓿不合格项目集中在折断力、三氧化二硼含量、内表面耐水性等,复合膜、袋的不合格项目有红外光谱鉴别项、水蒸气透过量、氧气透过量、剥离强度、热合强度、正己烷不挥发物、炽灼残渣,口服瓶在炽灼残渣、密度、正己烷不挥发物等方面易出现不合格现象。药包材出现不合格的原因多与相关生产厂家规模较小或新开办时间不长、软硬件设施不足、生产管理机构和生产管理制度不健全、检验仪器和检验技术人员严重缺乏有关。

监督抽验可及时发现药包材行业的问题,或者依据问题开展针对性地抽检,在给予不合格产品相应行政处理的同时,也在引导、培训行业从业人员加强质量控制。监督抽检使药包材生产企业和使用单位的质量意识及生产管理水平有了很大程度的提高,药包材质量重要性的概念已深入人心,进一步促进了药包材产品的质量提升。抽检样品的不合格率逐年下降,监督抽检在药包材的监管方面取得了积极的成效。

第五节 挑 战 与 机 遇

我国药包材行业从自力更生的手工时代迈进行云流水的自动化时代,已发生了翻天覆地的变化,取得了瞩目的成绩,凝聚了几代药包材从业人员和监管人员的智慧与心血。

在肯定成绩的同时,我们必须清醒地认识到我国药包材产业发展不平衡不充分的问题。药包材的安全性、功能性、可及性仍需进一步提高,高端药包材原料、产品的制备技术壁垒急需攻克,药包材与药品的相容性仍需进一步深入,药包材与药品深度融合赋予药品实现预期制剂功能的研究仍需进一步加强。现代生物医药新产品、新技术、新方法日新月异,对药包材的安全性、功能性、可及性提出了新的要求。当前,党中央、国务院对药品安全提出了新的更高要求,围绕加快临床急需药品上市、改革完善疫苗管理体制、中医药传承创新发展等做出一系列重大部署。人民群众对药品质量和安全有更高期盼,对药品的品种、数量和质量需求保持快速上升趋势。以上的问题和形势都对传统的药包材监管模式和行业发展方式形成了挑战。

为保障药品安全,促进药品高质量发展,推进药品监管体系和监管能力现代化,保护和促进公众健康,国家制定了《中华人民共和国国民经济和社会发展第十四个五年规划和2035年远景目标纲要》。在2035年远景目标纲要中,我国科学、高效、权威的药品监管体系将更加完善,药品监管能力达到国际先进水平。药品安全风险管理能力将明显提升,覆盖药品全生命周期的法规、标准、制度体系将全面形成。药品审评审批效率进一步提升,药品监管技术支撑能力达到国际先进水平。药品安全性、有效性、可及性明显提高。医药产业高质量发展取得明显进展,产业层次显著提高,药品创新研发能力达到国际先进水平,优秀龙头产业集群基本形成,基本实现制药大国向制药强国跨越。在"十四五"期间,支持产业高质量发展的监管环境将更加优化,专业人才队伍建设将取得较大进展,技术支撑能力将明显增强。

新时期下,药包材行业的监管部门将严格落实"四个最严"要求等最新监管理念,把最严谨的标准、最严格的监管、最严厉的处罚、最严肃的问责切实贯彻落实到新时期药品安全工作中;同时以推进高质量发展为主题,以改革创新为根本动力,以满足人民日益增长的用药需求为根本,实施科学监管。

参考文献

[1] 贾晶晶,张勇.从药品包装的变化看我国药包材的发展特点.临床医学研究与实践,2017,2(5):127-129.

[2] 李新刚,李铮然,赵志刚,等.对加强药用玻璃包装注射剂药品监管的思考.药品评价,2013,10(6):6-8.

[3] 王宗敏,吴晓明,冯国平,等.试论大容量注射剂包装技术的变革与监管对策.中国药事,
2005(7):396-398.

[4] 李茂忠,孙会敏,谢兰桂,等.中国药包材的监管和质量控制.中国药事,2012,26(2):
107-111.

[5] 蔡弘.药包材产业发展与注册制度改革.中国食品药品监管,2018(9):21-23.

[6] 洪小栩.建立药用原辅包标准体系 做好关联审评审批技术支撑.中国食品药品监管,
2018,9(176):36-43.

[7] 韩鹏.注重风险管理 强调主体责任——解读《关于药包材药用辅料与药品关联审评审
批有关事项的公告》.中国食品药品监管,2016(8):24-26.

[8] 任连杰,马玉楠,蒋煜,等.对药包材药用辅料与药品关联审评审批有关事项公告的解读
与思考.中国新药杂志,2017,26(19):2261-2265.

[9] 王粟明,李崇林,贾颖君,等.各国关联审评审批制度比对及辅料行业发展思考与对
策.中国食品药品监管,2018(9):24-30.

[10] 刘东,魏晶.美国DMF备案制度的实施对我国药包材监管制度变革的启示研究.中国新
药杂志,2016,25(14):1572-1576.

[11] 钱景怡,刘伯炎,余正.关联审评制度下对我国药包材生产企业的建议.中国新药杂志,
2020,29(9):972-977.

[12] 詹宇杰,张伶俐,杨柳.药包材注册现场核查工作的现状与质量改进对策.中国药业,
2015,24(2):7-9.

[13] 陈旭,张苏,赵杨,等.北京市药品包装材料注册现状及监管思考.首都医药,2012,19
(18):7.

[14] 何雄,黄海萍,刘利军.药用包装材料监督抽验情况及探讨.中国药事,2012,26(8):
895-897.

[15] 杨会英,贺瑞玲,王峰.完善药包材注册管理保障药品安全有效.中国药事,2008,22(5):
357-358.

第二章

药品包装材料质量控制标准体系

我国药包材质量控制标准,经过 40 余年的发展已经形成了较为完备的体系,在梳理《中国药典》《国家药包材标准》《美国药典》《欧洲药典》《日本药典》及国际标准化组织(International Organization for Standardization,ISO)等标准内容的基础上,对比分析各类标准体系的优缺点,同时简要介绍国家药包材质量控制标准体系的建设和最新发展动态。

第一节 概 述

一、药包材标准的定义与作用

2004 年 7 月,国家食品药品监督管理局颁布了《直接接触药品的包装材料和容器管理办法》(局令第 13 号),其第二章(第五至八条)规定:"药包材国家标准,指国家为保证药包材质量,确保药包材的质量可控而制定的质量指标、检验方法等技术要求""药包材国家标准由国家食品药品监督管理局组织国家药典委员会制定和修订,并由国家食品药品监督管理局颁布实施""国家食品药品监督管理局设置或者确定的药包材检验机构承担药包材国家标准拟定和修订方案的起草,方法学验证,实验室复核工作""国家药典委员会根据国家食品药品监督管理局的要求,组织专家进行药包材国家标准的审定工作"。从上述法律法规的规定可以看出,药包材标准有如下含义:① 药包材标准具有法规性质。② 药包材标准由国家食品药品监督管理局颁布实施,由国家药典委员会制定和修订。③ 药包材标准是对药包材质量指标、检验方法和检验规则所做的技术规定。④ 所有从事药包材生产、经营、使用、检验、科研的单位和个人均应遵循药包材标准,保证药品和药包材质量。⑤ 任何不遵循药包材质量标准的,必须予

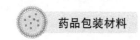

以制止,造成严重后果的必须追究法律责任[1]。

由此可见,药包材标准是判断药包材质量合格或不合格的法定依据,是药品质量管理和药包材质量管理的双重法定目标。执行和实现药包材标准,是保证药品质量和控制药包材质量的关键,是保证药品质量和控制药包材质量活动的重要依据,是促进药包材质量竞争的杠杆,是建立、健全药包材质量保证体系的基础。

二、药包材国家标准及其管理发展历程

我国对药包材标准和管理的认识并不是一蹴而就的,过去很长一段时间我国的药包材标准和管理都是粗放而滞后的。中华人民共和国成立初期药包材并未纳入医药行业监管,直到 1978 年国家医药管理总局成立,对药包材逐步实行规范管理,同年 7 月,国务院发布了《中华人民共和国标准化管理条例》,1980 年卫生部发布了《药品标准工作管理办法》[2],标准化管理工作由国家标准化管理部门负责,但药品标准管理工作由国家卫生、药品管理部门以独立的系统实施管理。而当时药包材行业管理由于缺乏法律依据,管理力度不够,并没有像药品标准一样单独管理,而是执行 GB、YY 标准。例如,《药品包装用复合膜(通则)》(YY 0236—1996);《药品包装用铝箔》(GB 12255—1990)。这些标准在管理模式方面,按照国家标准化体系运行,与药品标准的管理存有差异;在技术指标方面,注重包装材料的性能,而对于与所包装药品的相容性及安全性能等指标的要求相对较低,不能完全达到药包材必须满足所包装药品安全性的要求[3]。

1981 年,国家医药局首批颁布了 5 项医药包装标准,包括《安瓿》(GB 2637—1995)、《玻璃药瓶》(GB 2638—1981)、《玻璃输液瓶》(GB 2639—1990)、《模制抗生素玻璃瓶》(GB 2640—1990)、《管制抗生素玻璃瓶》(GB 2641—1990),拉开了药包材标准管理的序幕。

1992 年,我国首次将药品的包装材料和容器纳入注册管理,同年 4 月 1 日《药品包装用材料、容器生产管理办法(试行)》(国家医药管理局令第 10 号)正式执行,规定“药包材必须按法定标准组织生产”。但当时药包材产品比较少,所执行的药包材标准也仅有少数的国家标准、医药行业标准和企业标准。1998年,国家药品监督管理局组建,2000 年颁布的《药品包装用材料、容器管理办法(暂行)》(国家药品监督管理局令第 21 号)第四条规定:“药包材产品分为Ⅰ、Ⅱ、Ⅲ三类。”第五条规定:“药包材须按法定标准生产,不符合法定标准的药包材不得生产、销售和使用。”第六条规定:“药包材国家标准或行业标准由国家药品监督管理局组织制订和修订。”第七条强调:“未制定国家标准、行业标准的药

包材,由申请产品注册企业制订企业标准"。进一步加强了药包材标准的管理,按照国家标准、行业标准、企业标准的顺序执行。2001 年 12 月 1 日施行的《药品管理法》第五十二条规定"药品生产企业不得使用未经批准的直接接触药品的包装材料和容器。"首次从法律的角度将药包材纳入药品监督管理的范畴,并在第六章中规定了药包材的监督管理内容,明确了药包材的管理方向,为药包材的质量管理确立了法律地位。2002 年 8 月 4 日颁布的《中华人民共和国药品管理法实施条例》(中华人民共和国国务院令第 360 号)第四十四条规定:"直接接触药品的包装材料和容器的管理办法、产品目录和药用要求与标准,由国务院药品监督管理部门组织制定并公布。"随着药包材管理工作的不断深化和药包材管理法律地位的逐渐明确,药包材标准也正式步入了药品标准管理序列。此时的药包材标准也都采用药品标准的格式,在标准指标上更加注重符合药用的技术要求。

2002~2006 年,国家食品药品监督管理局陆续颁布了六辑《直接接触药品的包装材料和容器标准汇编》,共包括药包材国家标准 132 项,基本覆盖了药品常用剂型的药包材和容器标准,涉及聚乙烯、聚丙烯、聚酯、卤化丁基橡胶、玻璃、铝箔等多种材料。

2004 年 7 月,国家食品药品监督管理局颁布了《直接接触药品的包装材料和容器管理办法》(局令第 13 号),明确了药包材国家标准的起草、复核、审定、颁布等事项。2015 年,中国食品药品检定研究院在六辑《直接接触药品的包装材料和容器标准汇编》基础上进行了整理勘误,统一为《国家药包材标准》,包括 7 部分 130 个标准,并由国家药典委员会审定发布,是保证药包材质量、确保其质量可控性的国家强制性标准。

随着《国务院关于改革药品医疗器械审评审批制度的意见》(国发〔2015〕44号)、《国家食品药品监督管理总局关于药品注册审评审批若干政策的公告》(2015 年第 230 号)的贯彻实施,中国药包材管理开始实行关联审评审批制。关联审评审批制度下,药包材生产企业在平台进行资料登记备案,药品注册人申请制剂注册时,与使用的药包材平台登记资料关联,国家药品审评机构将药包材与制剂一并审评审批。在此背景下,研发和生产企业需从制剂角度考察药包材对其影响,并制定科学合理的药包材质量标准,研究药包材和药品相互作用,进而保障药品质量安全。众所周知,《中国药典》处于国家药品标准核心地位,是药品生产、经营、使用及监督管理等各环节必须共同遵守的强制性技术准则和法定依据,是具有国家法律效力的药品法典。虽然《国家药包材标准》由国家药典委员会审定,但一直未载入《中国药典》。随着仿制药质量与疗效一致性评价工作地深入推进,药品生产企业和监管部门越发意识到药用辅料和药包材的标准在药品评价和质量控制方面的重要作用。《中国药典》(2015 年版)首次新增 9621"药包材通用技术要求指导原则"和 9622"药用玻璃材料和容器指导原则"两个药包材指导原则。基于对药包材标准体系的进一步研究,国家药典委员会按照"总体规划,分步推进"的原则,在《中国药典》(2020 年版)中加强了药包材通用检测方法的收载,新增通用检测方法 16 个,进一步扩充了《中国药典》药包材标准体系,为后续药包材标准体系的整体完善奠定了基础。药包材标准进入《中国药典》,在行业内肯定了药包材是药品重要组成部分。将药包材质量管理融入药品监管体系中,形成完整的一套药品质量标准体系[4,5]。

三、其他药包材标准

新型药包材的不断涌现,势必导致不能及时颁布药包材国家标准来满足产品注册和市场的需求。因此,《直接接触药品的包装材料和容器管理办法》(局令第 13 号)提出:"申报产品的质量标准若为新药包材或者企业标准,应当同时提供起草说明",此处提及的标准即指没有药包材国家标准的产品,在申请注册时,可以起草企业标准。另外,中国医药包装协会在推动药包材的发展方面也发挥了巨大的作用,特别是在制定中国医药包装协会标准的工作上,补充了药包材国家标准的技术要求,填补了现行药包材国家标准的不足,对统一药包材行业内产品质量标准,规范行业内产品生产,提高药包材产品质量起到了积极的作用。还有药品审评中心会根据审评过程中的实际问题起草一些研究用指导原则,也作为药包材质量控制标准体系中的一部分对药包材的质量保证和推进药包材行业发展起着重要作用。

综上所述,我国目前已初步形成国家标准、行业标准、企业标准、研究指导原则相互协调、相互补充的药包材质量控制标准体系,同时我国药典药包材标准也在逐渐更加合理、完善,未来《中国药典》将进一步完善药包材通则、材质通则、包装系统通则、品类通则相结合的药包材标准体系,构建药包材与药物关联的质量控制评价体系[6]。

第二节　国内外药包材标准体系的对比

一、国内药包材标准体系

依据《中华人民共和国标准化法》《药品管理法》等相关法律法规制定的药

包材国家标准,主要包括《国家药包材标准》《中国药典》和备案批准的企业标准。

　　《国家药包材标准》包括七个部分130个标准,其中产品标准83个、方法标准47个。130个国家药包材标准目录见表2-1。

表2-1　《国家药包材标准》(2015年)

序号	标准号	标准名称	类别
1	YBB00032005—2015	钠钙玻璃输液瓶	
2	YBB00012004—2015	低硼硅玻璃输液瓶	
3	YBB00022005-2—2015	中硼硅玻璃输液瓶	
4	YBB00332002—2015	低硼硅玻璃安瓿	
5	YBB00322005-2—2015	中性硼硅玻璃安瓿	
6	YBB00332003—2015	钠钙玻璃管制注射剂瓶	
7	YBB00302002—2015	低硼硅玻璃管制注射剂瓶	
8	YBB00292005-2—2015	中硼硅玻璃管制注射剂瓶	
9	YBB00292005-1—2015	高硼硅玻璃管制注射剂瓶	
10	YBB00312002—2015	钠钙玻璃模制注射剂瓶	
11	YBB00322003—2015	低硼硅玻璃模制注射剂瓶	
12	YBB00062005-2—2015	中硼硅玻璃模制注射剂瓶	玻璃
13	YBB00032004—2015	钠钙玻璃管制口服液体瓶	类药
14	YBB00282002—2015	低硼硅玻璃管制口服液体瓶	包材
15	YBB00022004—2015	硼硅玻璃管制口服液体瓶	标准
16	YBB00272002—2015	钠钙玻璃模制药瓶	
17	YBB00302003—2015	低硼硅玻璃模制药瓶	
18	YBB00052004—2015	硼硅玻璃模制药瓶	
19	YBB00362003—2015	钠钙玻璃管制药瓶	
20	YBB00352003—2015	低硼硅玻璃管制药瓶	
21	YBB00042004—2015	硼硅玻璃管制药瓶	
22	YBB00282003—2015	药用钠钙玻璃管	
23	YBB00272003—2015	药用低硼硅玻璃管	
24	YBB00012005-2—2015	药用中硼硅玻璃管	
25	YBB00012005-1—2015	药用高硼硅玻璃管	
26	YBB00162005—2015	口服固体药用陶瓷瓶	

序号	标 准 号	标 准 名 称	类别
27	YBB00152002—2015	药用铝箔	金属类药包材标准
28	YBB00162002—2015	铝质药用软膏管	
29	YBB00082005—2015	注射剂瓶用铝盖	
30	YBB00092005—2015	输液瓶用铝盖	
31	YBB00382003—2015	口服液瓶用撕拉铝盖	
32	YBB00012002—2015	低密度聚乙烯输液瓶	塑料类药包材标准
33	YBB00022002—2015	聚丙烯输液瓶	
34	YBB00242004—2015	塑料输液容器用聚丙烯组合盖(拉环式)	
35	YBB00342002—2015	多层共挤输液用膜、袋通则	
36	YBB00102005—2015	三层共挤输液用膜(Ⅰ)、袋	
37	YBB00112005—2015	五层共挤输液用膜(Ⅰ)、袋	
38	YBB00062002—2015	低密度聚乙烯药用滴眼剂瓶	
39	YBB00072002—2015	聚丙烯药用滴眼剂瓶	
40	YBB00082002—2015	口服液体药用聚丙烯瓶	
41	YBB00092002—2015	口服液体药用高密度聚乙烯瓶	
42	YBB00102002—2015	口服液体药用聚酯瓶	
43	YBB00392003—2015	外用液体药用高密度聚乙烯瓶	
44	YBB00112002—2015	口服固体药用聚丙烯瓶	
45	YBB00122002—2015	口服固体药用高密度聚乙烯瓶	
46	YBB00262002—2015	口服固体药用聚酯瓶	
47	YBB00172004—2015	口服固体药用低密度聚乙烯防潮组合瓶盖	
48	YBB00132002—2015	药用复合膜、袋通则	
49	YBB00172002—2015	聚酯/铝/聚乙烯药用复合膜、袋	
50	YBB00182002—2015	聚酯/低密度聚乙烯药用复合膜、袋	
51	YBB00192002—2015	双向拉伸聚丙烯/低密度聚乙烯药用复合膜、袋	
52	YBB00192004—2015	双向拉伸聚丙烯/真空镀铝流延聚丙烯药用复合膜、袋	
53	YBB00202004—2015	玻璃纸/铝/聚乙烯药用复合膜、袋	
54	YBB00212005—2015	聚氯乙烯固体药用硬片	
55	YBB00232005—2015	聚氯乙烯/低密度聚乙烯固体药用复合硬片	
56	YBB00222005—2015	聚氯乙烯/聚偏二氯乙烯固体药用复合硬片	

序号	标准号	标准名称	类别
57	YBB00182004—2015	铝/聚乙烯冷成型固体药用复合硬片	塑料类药包材标准
58	YBB00202005—2015	聚氯乙烯/聚乙烯/聚偏二氯乙烯固体药用复合硬片	
59	YBB00242002—2015	聚酰胺/铝/聚氯乙烯冷冲压成型固体药用复合硬片	
60	YBB00372003—2015	抗生素瓶用铝塑组合盖	
61	YBB00402003—2015	输液瓶用铝塑组合盖	
62	YBB00212004—2015	药用铝塑封口垫片通则	
63	YBB00132005—2015	药用聚酯/铝/聚丙烯封口垫片	
64	YBB00142005—2015	药用聚酯/铝/聚酯封口垫片	
65	YBB00152005—2015	药用聚酯/铝/聚乙烯封口垫片	
66	YBB00252005—2015	聚乙烯/铝/聚乙烯复合药用软膏管	
67	YBB00072005—2015	药用低密度聚乙烯膜、袋	
68	YBB00042005—2015	注射液用卤化丁基橡胶塞	橡胶类药包材标准
69	YBB00052005—2015	注射用无菌粉末用卤化丁基橡胶塞	
70	YBB00232004—2015	药用合成聚异戊二烯垫片	
71	YBB00222004—2015	口服制剂用硅橡胶胶塞、垫片	
72	YBB00112004—2015	预灌封注射器组合件（带注射针）	预灌封类药包材标准
73	YBB00062004—2015	预灌封注射器用硼硅玻璃针管	
74	YBB00092004—2015	预灌封注射器用不锈钢注射针	
75	YBB00072004—2015	预灌封注射器用氯化丁基橡胶活塞	
76	YBB00082004—2015	预灌封注射器用溴化丁基橡胶活塞	
77	YBB00102004—2015	预灌封注射器用聚异戊二烯橡胶针头护帽	
78	YBB00122004—2015	笔式注射器用硼硅玻璃珠	
79	YBB00132004—2015	笔式注射器用硼硅玻璃套筒	
80	YBB00142004—2015	笔式注射器用铝盖	
81	YBB00152004—2015	笔式注射器用氯化丁基橡胶活塞和垫片	
82	YBB00162004—2015	笔式注射器用溴化丁基橡胶活塞和垫片	
83	YBB00122005—2015	固体药用纸袋装硅胶干燥剂	其他类药包材标准

序号	标 准 号	标 准 名 称	类别
84	YBB00262004—2015	包装材料红外光谱测定法	
85	YBB00272004—2015	包装材料不溶性微粒测定法	
86	YBB00282004—2015	乙醛测定法	
87	YBB00292004—2015	加热伸缩率测定法	
88	YBB00302004—2015	挥发性硫化物测定法	
89	YBB00312004—2015	包装材料溶剂残留量测定法	
90	YBB00322004—2015	注射剂用胶塞、垫片穿刺力测定法	
91	YBB00332004—2015	注射剂用胶塞、垫片穿刺落屑测定法	
92	YBB00342004—2015	玻璃耐沸腾盐酸浸蚀性测定法	
93	YBB00352004—2015	玻璃耐沸腾混合碱水溶液浸蚀性测定法	
94	YBB00362004—2015	玻璃颗粒在98℃耐水性测定法和分级	
95	YBB00372004—2015	砷、锑、铅、镉浸出量测定法	
96	YBB00382004—2015	抗机械冲击测定法	
97	YBB00392004—2015	直线度测定法	
98	YBB00402004—2015	药用陶瓷吸水率测定法	方法类药包材标准
99	YBB00412004—2015	药品包装材料生产厂房洁净室（区）的测试方法	
100	YBB00172005—2015	药用玻璃砷、锑、铅、镉浸出量限度	
101	YBB00182005—2015	药用陶瓷容器铅、镉浸出量限度	
102	YBB00192005—2015	药用陶瓷容器铅、镉浸出量测定法	
103	YBB00242005—2015	环氧乙烷残留量测定法	
104	YBB00262005—2015	橡胶灰分测定法	
105	YBB00012003—2015	细胞毒性检查法	
106	YBB00022003—2015	热原检查法	
107	YBB00032003—2015	溶血检查法	
108	YBB00042003—2015	急性全身毒性检查法	
109	YBB00052003—2015	皮肤致敏检查法	
110	YBB00062003—2015	皮内刺激检查法	
111	YBB00072003—2015	原发性皮肤刺激检查法	
112	YBB00082003—2015	气体透过量测定法	
113	YBB00092003—2015	水蒸气透过量测定法	
114	YBB00102003—2015	剥离强度测定法	

序号	标准号	标准名称	类别
115	YBB00112003—2015	拉伸性能测定法	
116	YBB00122003—2015	热合强度测定法	
117	YBB00132003—2015	密度测定法	
118	YBB00142003—2015	氯乙烯单体测定法	
119	YBB00152003—2015	偏二氯乙烯单体测定法	
120	YBB00162003—2015	内应力测定法	
121	YBB00172003—2015	耐内压力测定法	方法
122	YBB00182003—2015	热冲击和热冲击强度测定法	类药
123	YBB00192003—2015	垂直轴偏差测定法	包材
124	YBB00202003—2015	平均线热膨胀系数测定法	标准
125	YBB00212003—2015	线热膨胀系数测定法	
126	YBB00232003—2015	三氧化二硼测定法	
127	YBB00242003—2015	121℃内表面耐水性测定法和分级	
128	YBB00252003—2015	玻璃颗粒在121℃耐水性测定法和分级	
129	YBB00342003—2015	药用玻璃成分分类及理化参数	
130	YBB00142002—2015	药品包装材料与药物相容性试验指导原则	

《中国药典》(2020年版)四部首次收载了药包材通用检测方法,新增16个应用广泛、较为成熟的通用检测方法,进一步扩充了《中国药典》的药包材标准体系。这16个通用检测方法均来自《国家药包材标准》(2015年版),相比后者收载的47个测试方法,虽然数量较少,但均较为成熟,并且部分经过了修订。《中国药典》(2020年版)涉及药包材的内容包括了玻璃容器测试方法、机械性能测试方法、阻隔性能测试方法、材料鉴别测试方法、生物安全测试方法和指导原则,详见表2-2。

表2-2 《中国药典》(2020年版)药包材标准体系表

章	标准名称	标准类型
4001	121℃玻璃颗粒耐水性测定法	玻璃容器测试方法
4002	包装材料红外光谱测定法	材料鉴别测试方法

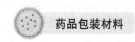

续 表

章	标 准 名 称	标 准 类 型
4003	玻璃内应力测定法	玻璃容器测试方法
4004	剥离强度测定法	机械性能测试方法
4005	拉伸性能测定法	机械性能测试方法
4006	内表面耐水性测定法	玻璃容器测试方法
4007	气体透过量测定法	阻隔性能测试方法
4008	热合强度测定法	机械性能测试方法
4009	三氧化二硼测定法	玻璃容器测试方法
4010	水蒸气透过量测定法	阻隔性能测试方法
4011	药包材急性全身毒性检查法	生物安全测试方法
4012	药包材密度测定法	材料鉴别测试方法
4013	药包材溶血检查法	生物安全测试方法
4014	药包材细胞毒性检查法	生物安全测试方法
4015	注射剂用胶塞、垫片穿刺力测定法	机械性能测试方法
4016	注射剂用胶塞、垫片穿刺落屑测定法	机械性能测试方法
9621	药包材通用要求指导原则	指导原则
9622	药用玻璃材料和容器指导原则	指导原则

此外,根据药包材行业共识,以行业企业标准为基础,行业协会制定了企业自愿执行的团体标准。团体标准在规范药包材行业自律、促进与药品生产企业的对接、保障患者的用药安全、指导临床使用、提高社会资源的有效利用及填补行业发展的空白方面起到重要作用。主要功能是规范行业的生产、统一产品质量、引进推广先进的科学技术与理念,可分为方法标准、分类标准、命名标准、指导原则等,团体标准更加注重于指导生产,即主要关注药包材的生产和使用性能,目前已发布的团体标准详见表 2-3。

表 2-3 药包材团体标准

团体名称	标准编号	标准名称	公布日期
中国医药包装协会	T/CNPPA 3020—2022	单剂量口服液体制剂选择复合膜/袋研究指南	2022-05-09

团体名称	标准编号	标准名称	公布日期
中国医药包装协会	T/CNPPA 3019—2022	上市药品包装变更等同性/可替代性及相容性研究指南	2022-01-20
中国医药包装协会	T/CNPPA 3017—2021	塑料和橡胶类药包材自身稳定性研究指南	2021-09-01
中国医药包装协会	T/CNPPA 3018—2021	药用玻璃容器分类和应用指南	2021-08-02
中国医药包装协会	T/CNPPA 3009—2020	药包材变更研究技术指南	2020-05-29
中国医药包装协会	T/CNPPA 3007—2020	吸入气雾剂包装系统提取研究指南	2020-03-16
中国医药包装协会	T/CNPPA 3005—2019	药包材生产质量管理指南	2019-05-08
中国医药包装协会	T/CNPPA 2006—2018	药用包装用合成聚异戊二烯橡胶	2018-08-22
中国医药包装协会	T/CNPPA 3002—2018	腹膜透析液包装系统技术指南	2018-07-31
中国医药包装协会	T/CNPPA 3001—2017	吹灌封一体化（BFS）输液技术指南	2017-01-18
中国医药包装协会	T/CNPPA 2004—2017	输液袋用高密度聚乙烯非织造布袋装铁基吸氧剂	2017-05-27
中国医药包装协会	T/CNPPA 2001—2017	口服固体药用高密度聚乙烯非织造布袋装干燥剂	2017-05-27
中国医药包装协会	T/CNPPA 2003—2017	口服固体药用高密度聚乙烯非织造布袋装铁基吸氧剂	2017-05-27
中国医药包装协会	T/CNPPA 2002—2017	口服固体药用高密度聚乙烯非织造布袋装活性炭	2017-05-27
全国城市工业品贸易中心联合会	T/QGCML 140—2021	口服液体瓶用扭断铝盖	2021-06-15
中国医药包装协会	T/CNPPA 3016—2021	一体成型输液容器用密封件技术指南	2021-02-25
浙江省医药包装药用辅料行业协会	T/ZJYBF 0001—2020	口服液瓶用易刺铝盖	2020-12-31
浙江省医药包装药用辅料行业协会	T/ZJYBF 0002—2020	口服液瓶用铝塑组合盖	2020-12-31

研究用指导原则也是标准体系中的重要一部分,目前已有 4 个各类制剂与包装材料的相容性研究技术指导原则由国家药品监督管理局或国家药品监督管理局药品审评中心发布,具体见表 2-4。

表 2-4 药包材技术指导原则

发布日期	指导原则
2020-10-21 颁布	化学药品注射剂生产所用的塑料组件系统相容性研究技术指南(试行)
2018-04-26 颁布	化学药品与弹性体密封件相容性研究技术指导原则(试行)
2015-07-28 颁布	化学药品注射剂与药用玻璃包装容器相容性研究技术指导原则(试行)
2012-09-07 颁布	化学药品注射剂与塑料包装材料相容性研究技术指导原则(试行)

GB 标准中有一些包装材料的性能测试方法可作为药包材标准起草时的参考,包含了药包材的抽样方法、物理、化学性能分析方法、生物学试验方法等,部分标准见表 2-5。

表 2-5 GB 标准中涉及药包材的部分标准列表

类别	标准编号	标准名称
玻璃	GB/T 6581—2007	玻璃在 100℃ 耐盐酸浸蚀性的火焰发射或原子吸收光谱测定方法
	GB/T 4547—2007/ISO 7459:2004	玻璃容器 抗热震性和热震耐久性试验方法
	GB/T 1549—2008	纤维玻璃化学分析方法
	GB/T 5432—2008	玻璃密度测定 浮力法
	GB/T 22934—2008/ISO 8113:2004	玻璃容器 耐垂直负荷试验方法
	GB/T 6552—2015	玻璃容器 抗机械冲击试验方法
	GB/T 15728—2021	玻璃耐沸腾盐酸侵蚀性的重量试验方法和分级
	GB/T 6580—2021	玻璃耐沸腾混合碱水溶液侵蚀性试验方法和分级
塑料	GB/T 2791—1995	胶黏剂 T 剥离强度试验方法 挠性材料对挠性材料
	GB/T 2918—1998	塑料试样状态调节和试验的标准环境

类别	标准编号	标　准　名　称
塑料	GB/T 6673—2001	塑料薄膜和薄片 长度和宽度的测定
	GB/T 6672—2001	塑料薄膜和薄片厚度测定 机械测量法
	GB/T 2410—2008	透明塑料透光率和雾度的测定
	GB/T 1033.1—2008/ ISO 1183-1：2004	塑料 非泡沫塑料密度的测定第1部分：浸渍法、液体比重瓶法和滴定法
	GB/T 10004—2008	包装用塑料复合膜、袋干法复合、挤出复合
	GB/T 9639.1—2008/ ISO 7765-1：1988	塑料薄膜和薄片 抗冲击性能试验方法 自由落镖法第1部分：梯级法
	GB/T 25277—2010	塑料 均聚聚丙烯(PP-H)中酚类抗氧剂和芥酸酰胺爽滑剂的测定 液相色谱法
	GB/T 10006—2021/ ISO 8295：1995	塑料 薄膜和薄片 摩擦系数的测定
	GB/T 16422.2—2022/ ISO 4892-2：2006	塑料 实验室光源暴露试验方法第2部分：氙弧灯
橡胶	GB/T 7764—2017/ ISO 4650：2012	橡胶鉴定 红外光谱法
	GB/T 531.1—2008/ ISO 7619-1：2004	硫化橡胶或热塑性橡胶 压入硬度试验方法第1部分：邵氏硬度计法(邵尔硬度)
	GB/T 531.2—2009/ ISO 7619-2：2004	硫化橡胶或热塑性橡胶 压入硬度试验方法第2部分：便携式橡胶国际硬度计法
金属	GB/T 228.1—2021	金属材料 拉伸试验第1部分：室温试验方法
抽样	GB/T 2828.1—2012/ ISO 2859-1：1999	计数抽样检验程序第1部分：按接收质量限(AQL)检索的逐批检验抽样计划

综上所述,我国现行的药包材标准比较多元化,既包括《中国药典》,又包括《国家药包材标准》、执行注册审批制时产生的国家标准和企业内控标准等。其中,《中国药典》《国家药包材标准》是强制标准,是药包材生产、流通、使用和监管必须遵循的法定技术要求。《中国药典》目前收载的多数为药包材通用检测方法。《国家药包材标准》内容详尽,几乎涉及了药包材所有的产品和方法标准,这也成为《中国药典》对药包材标准体系进行增修订的基础。行业标准、指导原则及 GB 标准多数是企业自愿或国家推荐执行的标准,对我国药包材标准体系起到重要的补充和参考作用。

二、国外药包材质量控制标准体系

《美国药典》(United States Pharmacopoeia, USP)、《欧洲药典》(European Pharmacopoeia, EP)、《日本药典》(The Japanese Pharmacopoeia, JP)等均很早就收载了相关药包材标准。从框架体系来看,他们更加侧重于以材料及其容器为主线的通用性要求,同时涵盖了满足通用要求评价的性能测试方法。此外,《美国药典》还设立了更为广泛的评价和研究指南性章节[7,8]。

1. 美国 《美国药典/国家处方集》(USP-NF 2022)版中,有关药包材的章节涉及面广泛,内容详细,主要包括生物试验、材料、包装储存要求、包装系统及组件、辅助包装组件、容器性能、指导原则等,并基于化学测试的方法建立了包装材料、组分和系统的适用性框架,详见表2-6。

表 2-6 《美国药典》(USP-NF2022)版药包材标准体系表

章/节	标 准 名 称	标准中文名称
87	Biological Reactivity Tests, *In Vitro*	体外生物反应测定
88	Biological Reactivity Tests, *In Vivo*	体内生物反应测定
381	Elastomeric Closures for Injections	注射剂的弹性体密封件(胶塞)
659	Packaging and Storage Requirements	包装和储藏要求
660	Containers – Glass	容器—玻璃
661	Plastic Packaging Systems and Their Materials of Construction	塑料包装系统及其构造材料
661.1	Plastic Materials of Construction	塑料构造材料
661.2	Plastic Packaging Systems for Pharmaceutical Use	药用塑料包装系统
661.3	Plastic Components and Systems Used In Pharmaceutical Manufacturing	制药中使用的塑料组件和系统
662	Containers – Metal Packaging Components and Their Materials of Construction	金属包装组件及其构造材料
665	Plastic Components and Systems Used to Manufacture Pharmaceutical Drug Products and Biopharmaceutical Drug Substances and Products	药品和生物制品制造中使用的塑料、组件和系统
670	Auxiliary Packaging Components	容器—辅助包装部件

章/节	标　准　名　称	标准中文名称
671	Containers – Performance Testing	容器—性能测试
681	Repackaging into Single-Unit Containers and Unit-Dose Containers for Nonsterile Solid and Liquid Dosage Forms	非无菌固体和液体剂型重新包装为单体容器和单位剂量容器
1031	The Biocompatibility of Materials Used in Drug Containers, Medical Devices, and Implants	药物容器、医疗器械和植入物中所用材料的生物相容性
1136	Packaging and Repackaging – Single-Unit Containers	包装和再包装——单位包装容器
1177	Good Packaging Practices	良好包装规范
1178	Good Repackaging Practices	良好再包装(分装)规范
1207	Package Integrity Evaluation – Sterile Products	密封包装完整性评价—无菌药品
1207.1	Package Integrity Testing in the Product Life Cycle – Test Method Selection and Validation	产品生命周期中的包装完整性检测—检测方法选择和验证
1207.2	Package Integrity Leak Test Technologies	包装完整性泄漏检测技术
1207.3	Package Seal Quality Test Technologies	包装密封质量检测技术
1660	Evaluation of the Inner Surface Durability of Glass Containers	玻璃容器内表面耐受性的评价
1661	Evaluation of Plastic for Pharmaceutical Use and Their Materials of Construction	塑料包装系统及其构造材料的评价
1663	Assessment of Extractables Associated with Pharmaceutical Packaging/Delivery Systems	与药物包装和给药系统相关的可提取物评估
1664	Assessment of Drug Product Leachables Associated with Pharmaceutical Packaging/Delivery Systems	与药物包装和给药系统相关的可浸出物评估
1665	Characteyization and Qualification of Plastic Components and Systems Used to Manufacture Pharmaceutical Drug Products and Biopharmaceutical Drug Substances and Products	药品和生物制品制造中使用的塑料组件和系统的特性和鉴定
1671	The Application of Moisture Vapor Transmission Rates For Solid Oral Dosage Forms In Plastic Packaging Systems	塑料包装系统中固体口服剂型的湿气透过率的应用

第 87、88 章详细介绍了弹性体和高分子材料的生物安全性评价(体外生物反应测定、体内生物反应测定),88 章节还对塑料进行了 Ⅰ~Ⅵ 的分类。

第 381、660、661、670 章涉及弹性体、玻璃、塑料及辅助包装部件(药用线圈、干燥剂等),提供了相应材料的试验方法和规范。相比我国的标准,增加了环烯烃共聚物、聚酰胺 6、聚碳酸酯、聚对苯二甲酸乙二醇酯、聚(乙烯-乙酸乙烯酯)和塑化聚氯乙烯的收载,形成了较为完整的常用药包材体系。

第 659 章提供了与活性成分、辅料和医疗产品的储存运输相关的包装和储藏要求。

第 671 章规定了口服制剂用包装系统的性能测试。

第 665、1665 章是《美国药典》专门针对一次性使用系统在业内被广泛应用的情况,而提出的用于评估与验证的方法,包括对风险矩阵、决定生产用塑料材质和组件测试的决策树、生产用塑料材质和组件的化学表征及毒理和生物活性评估。

第 1031 章提供了评价药物容器、医疗器械和植入物中所用材料的生物相容性及实施程序指南。

第 1136 章为单一单位包装容器的包装和再包装以及应用单位包装的使用和应用提供指导,该通则主要服务于药品生产商、分包商和药剂师。

第 1177、1178 章分别介绍了药品在储运和配送期间的良好包装规范,以及药品良好再包装(分装)规范。

第 1660 章阐述了玻璃容器内表面耐受性影响因素,推荐了由药品导致玻璃脱屑和内表面脱片趋势的评价方法,也提供了检测脱屑和脱片的方法。

第 1661 章是为了支持 661 章节系列通则而制定的信息类通则,传达 661 章节的重要概念,并提供应用和适用性的补充信息和指导建议。

第 1207 章是无菌药品密封包装完整性评价的指南,阐述了泄漏机制,说明包装如何确保维持无菌,并提供相关理化质量标准,还定义了相关术语。下设 3 个子通则,分别为:① 产品生命周期中的包装完整性检测——检测方法选择和验证;② 包装完整性泄露检测技术;③ 包装密封质量检测技术。

第 1663、1664 章分别介绍与药品包装和给药系统相关的可提取物与可浸出物评估的设计、论证和实施框架,确立了评估的关键点,并对各关键点进行了技术层面和应用层面的探讨,同时还对相关术语进行了详细的定义。

2. 欧盟 《欧洲药典》(10.0 版)中有关药包材的内容主要分为两大部分:"3.1 制造容器用材料"和"3.2 容器",详见表 2-7。

表 2-7 《欧洲药典》10.0 版药包材标准体系表

节	标 准 名 称	标准中文名称
3.1	Materials used for the manufacture of containers	制造容器用材料
3.1.3	Polyolefins	聚烯烃
3.1.4	Polyethylene without additives for containers for parenteral preparations and for ophthalmic preparation	用于注射剂与眼用制剂容器的无添加剂聚乙烯材料
3.1.5	Polyethylene with additives for containers for parenteral preparations and for ophthalmic preparations	用于注射剂与眼用制剂容器的含添加剂聚乙烯材料
3.1.6	Polypropylene for containers and closures for parenteral preparations and ophthalmic preparations	用于注射剂与眼用制剂容器及密封件的聚丙烯
3.1.7	Poly(ethylene-vinyl acetate) for containers and tubing for total parenteral nutrition preparations	全肠外营养制剂容器和管件用聚乙烯-乙酸乙烯酯材料
3.1.8	Silicone oil used as a lubricant	用作润滑剂的硅油
3.1.9	Silicone elastomer for closures and tubing	用于密封件和管件的硅橡胶弹性体
3.1.10	Materials based on non-plasticised poly(vinyl chloride) for containers for non-injectable, aqueous solutions	用于非注射水溶液容器的非塑化聚氯乙烯材料
3.1.11	Materials based on non-plasticised poly(vinyl chloride) for containers for solid dosage forms for oral administration	用于口服固体制剂容器的非塑化聚氯乙烯材料
3.1.13	Plastic additives	塑料添加剂
3.1.14	Materials based on plasticised poly(vinyl chloride) for containers for aqueous solutions for intravenous infusion	用于静脉输液水溶液容器的塑化聚氯乙烯材料
3.1.15	Polyethylene terephthalate for containers for preparations not for parenteral use	用于非注射制剂容器的聚对苯二甲酸乙二醇酯材料
3.2	Containers	容器
3.2.1	Glass containers for pharmaceutical use	药用玻璃容器
3.2.2	Plastic containers and closures for pharmaceutical use	药用塑料容器和密封件
3.2.2.1	Plastic containers for aqueous solutions for infusion	输液用塑料容器
3.2.9	Rubber closures for containers for aqueous parenteral preparations, for powders and for freeze-dried powders	用于注射剂、粉针剂和冻干粉剂容器的橡胶密封件

节	标　准　名　称	标准中文名称
3.3	Containers for human blood and blood components, and materials used in their manufacture; transfusion sets and materials used in their manufacture; syringes.	人血和血液成分的容器及制造材料;输液器及其制造中使用的材料;注射器
3.3.1	Materials for containers for human blood and blood components	人血和血液成分的容器材料
3.3.2	Materials based on plasticised poly(vinyl chloride) for containers for human blood and blood components.	装有人体血液和血液成分的聚乙烯材料
3.3.3	Materials based on plasticised poly(vinyl chloride) for tubing used in sets for the transfusion of blood and blood components	装有输血和血液成分的成套管件的聚乙烯材料
3.3.4	Sterile plastic containers for human blood and blood components	装有人血和血液成分的无菌塑料容器
3.3.5	Empty sterile containers of plasticised poly(vinyl chloride) for human blood and blood components	装有人血和血液成分的塑化聚氯乙烯无菌空容器
3.3.6	Sterile containers of plasticised poly(vinyl chloride) for human blood containing anticoagulant solution	装有抗凝剂溶液的用于人血的塑化聚氯乙烯无菌容器
3.3.7	Sets for the transfusion of blood and blood components	输血装置
3.3.8	Sterile single-use plastic syringes	无菌一次性塑料注射器

　　3.1 节所述的材料包括用于制造医疗产品及组件的材料,涵盖了聚烯烃(包含乙烯丙烯共聚物和混合物)、无添加剂聚乙烯、含添加剂聚乙烯、聚丙烯、聚(乙烯-乙酸乙烯酯)、硅油、硅橡胶弹性体、非塑化聚氯乙烯、塑料添加剂、塑化聚氯乙烯、聚对苯二甲酸乙二醇酯材料,并根据不同的剂型用途进行了分类。3.2 节所述的容器包括玻璃容器、塑料容器和密封件、橡胶密封件,均以注射剂包装容器为关注重点,其他低风险剂型如口服制剂包装均无涉及。另外,《欧洲药典》10.0 还设置了 3.3 节,专门介绍人血和血液成分的容器及制造材料、输血装置及材料和一次性塑料注射器,这虽然属于医疗器械范畴,但是也有共通之处,对于材料和容器的涵盖范围也比较全面。

　　3. 日本　《日本药典》(第 17 版)药包材标准体系概述较为简单,只有一个有关药包材试验方法的章,分为 3 节:玻璃容器、塑料容器、橡胶塞,且仅针对注射剂用容器,详见表 2-8。

表 2-8 《日本药典》(第 17 版)药包材标准体系表

章/节	标 准 名 称
7	容器包装材料试验法
7.01	注射剂用玻璃容器试验法
7.02	医药品塑料容器试验法
7.03	输液用橡胶塞试验法

与国内的《中国药典》《国家药包材标准》不同,国外药典均为非强制标准,其药包材系列标准更加侧重于以材料及其容器为主线的通用性标准,如玻璃、塑料、橡胶材料和(或)其成品的通用要求,同时涵盖了满足通用要求评价的性能测试方法。《美国药典》通过对包装材料、组分和包装材料使用适应性能的检查,健全了包装系统的质量保证体系,相比其他药典,《美国药典》体系更完善、内容更丰富、理念更先进,此外,《美国药典》还设立了更为广泛的评价和研究指南性内容,在此基础上的标准框架体系更有利于具体药包材产品的标准制定。《欧洲药典》更注重药包材的质量控制,按材料种类及用途分类,明确规定每类材料的性状、鉴别、允许的添加剂及其用量、浸出物、残留单体及其限度、灰分、抗氧剂等,并对塑料添加剂的分子式、结构式、化学名称等信息进行了详细讨论。相比其他药典,《欧洲药典》对材料和容器的介绍最为详细,特别是材料的检测项目、添加剂的种类及要求,而对其他类型风险评估的指导原则,《欧洲药典》还相对欠缺。《日本药典》中药包材标准体系的篇幅及品种均较少,关注点都是注射剂用包装容器。

与国内的行业标准类似,国外除药典标准外,也有国际标准化组织(International Organization for Standardization, ISO)、美国材料与试验协会(American Society of Testing and Materials, ASTM)、德国标准化学会(Deutsches Institut für Normung e.V., DIN)等团体标准,包含部分药包材产品标准和方法标准,没有专门的药包材技术委员会,各种材料的药包材分散在多个技术委员会中管理。输液器具技术委员会(ISO/TC76)涉及的产品标准为药包材品种标准,以及相应的通用方法标准。例如,注射容器和附件(ISO 8362)系列标准是注射剂用瓶、塞、盖的标准。ASTM 的 ASTM/C14 玻璃及玻璃制品、D11 橡胶、D20 塑料技术委员会与药包材产品紧密相关,标准以产品标准和通用方法为主。日本制造业协会的日本工业规格(简称 JIS)的标准中包含部分药包材产品标准和通用方法,各协会主要标准列表详见表 2-9。

表 2-9 国外各协会主要标准列表

序号	标准编号及名称	标 准 内 容
1	ISO 8362 注射容器和附件（Injection containers and accessories）	部分1：玻璃管制注射瓶（Injection vials made of glass tubing） 部分2：注射小瓶用瓶塞（Closures for injection vials） 部分3：注射瓶铝盖（Aluminium caps for injection vials） 部分4：模制玻璃注射瓶（Injection vials made of moulded glass） 部分5：注射小瓶用冷冻干燥瓶塞（Freeze drying closures for injection vials） 部分6：注射小瓶用铝塑组合盖（Caps made of aluminium-plastics combinations for injection vials） 部分7：无重叠塑料部件的由铝和塑料复合物制的注射小瓶帽盖（Injection caps made of aluminium-plastics combinations without overlapping plastics）
2	ISO 13926 笔式系统（Pen systems）	部分1：医用笔式注射器用玻璃圆筒（Glass cylinders for pen-injectors for medical use） 部分2：医用笔式注射器的活塞止动器（Plunger stoppers for pen-injectors for medical use） 部分3：医用笔式注射器密封件（Seals for pen-injectors for medical use）
3	ISO 3826 人体血液及血液成分用塑料可折叠容器（Plastics collapsible containers for human blood and blood components）	部分1：常规容器（Conventional containers） 部分2：用于标签和说明手册上的图形符号（Graphical symbol for use on labels and instruction leaflets） 部分3：集成相关装置的血袋系统（Blood bag systems with integrated features） 部分4：具有集成功能的机采血袋系（Aphaeresis blood bag systems with integrated features）
4	ISO 8536 输液设备医疗用品（Infusion equipment for medical use）	部分1：玻璃输液瓶（Infusion glass bottles） 部分2：输液瓶塞（Closures for infusion bottles） 部分3：输液瓶铝盖（Aluminium caps for infusion bottles） 部分4：一次性重力输液器（Infusion sets for single use, gravity feed） 部分5：一次性使用滴定管式输液器.重力输液式（Burette infusion sets for single use, gravity feed）

序号	标准编号及名称	标 准 内 容
4	ISO 8536 输液设备医疗用品（Infusion equipment for medical use）	部分6：输液瓶用冷冻干燥瓶塞（Freeze drying closures for infusion bottles） 部分7：输液瓶用铝塑组合盖（Caps made of aluminium-plastics combinations for infusion bottles） 部分8：带压力输液器的一次性输液器（Infusion sets for single use with pressure infusion apparatus） 部分9：压力输液设备一次性使用的流体管线（Fluid lines for single use with pressure infusion equipment） 部分10：压力输液设备一次性使用的管路附件（Accessories for fluid lines for use with pressure infusion equipment） 部分11：压力输液设备一次性使用的输液过滤器（Infusion filters for single use with pressure infusion equipment） 部分12：一次性使用止回阀（Check valves for single use） 部分13：接触液体的一次性分级流量调节器（Graduated flow regulators for single use with fluid contact） 部分14：无液体接触输液和输液设备用夹具和流量调节器（Clamps and flow regulators for transfusion and infusion equipment without fluid contact）
5	ISO 8871 非肠道用和制药设备用弹性部件（Elastomeric Parts for parenterals and for devices for pharmaceutical use）	部分1：水性高压灭菌器中的可萃取物（Extractables in aqueous autoclavates） 部分2：鉴别和特性（Identification and characterization） 部分3：释放粒子数的测定（Determination of released- particle count） 部分4：生物学要求和试验方法（Biological requirements and test methods） 部分5：功能要求和试验（Functional requirements and testing）
6	ISO 9187 医用注射器具（Injection equipment for medical use）	部分1：注射针安瓿（Ampoules for injectables） 部分2：色点刻（OPC）安瓿［One-point-cut（OPC）ampoules］
7	ISO 11040 预灌装注射器（Prefilled-syringes）	部分1：牙科局部麻醉器玻璃管（Glass cylinders for dental local anaesthetic cartridges） 部分2：牙科局部麻醉药筒用柱塞（Plunger stoppers for dental local anaesthetic cartridges）

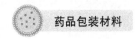

序号	标准编号及名称	标 准 内 容
7	ISO 11040 预灌装注射器（Prefilled-syringes）	部分3：牙科局部麻醉盒用密封件（Seals for dental local anaesthetic cartridges） 部分4：待灌装可注射和无菌子组装注射器用玻璃筒（Glass barrels for injectables and sterilized subassembled syringes ready for filling） 部分5：注射剂用胶塞（Plunger stoppers for injectables） 部分6：注射用塑料桶和准备充注的灭菌的分总成注射器（Plastic barrels for injectables and sterilized subassembled syringes ready for filling） 部分7：待灌装无菌子组装注射器用包装系统（Packaging systems for sterilized subassembled syringes ready for filling） 部分8：预灌装注射器成品要求和试验方法（Requirements and test methods for finished prefilled syringes）
8	ISO 11418 药品配制用容器及附件（Containers and accessories for pharmaceutical preparations）	部分1：点滴用玻璃瓶（Drop-dispensing glass bottles） 部分2：糖浆用螺口玻璃瓶（Screw-neck glass bottles for syrups） 部分3：用于固体和液体剂型的螺旋颈玻璃瓶［Screw-neck bottles（veral）for solid and liquid dosage forms］ 部分4：片剂用玻璃瓶（Tablet glass bottles） 部分5：滴管组件（Dropper assemblies） 部分7：液体剂型用玻璃管制成的螺旋颈小瓶（Screw-neck vials made of glass tubing for liquid dosage forms）
9	ISO 11608 医用针式注射系统-要求和试验方法（Needle-based injection systems for medical use-Requirements and test methods）	部分1：针式注射系统（Needle-based injection systems） 部分2：针（Needles） 部分3：成品容器（Finished containers） 部分4：电子和电动笔式注射器的要求和试验方法（Requirements and test methods for electronic and electromechanical pen-injectors） 部分5：自动化功能（Automated functions） 部分7：视力障碍者的辅助功能（Accessibility for persons with visual impairment）
10	ISO 15747：2018	用于静脉注射的塑料容器（Plastic containers for intravenous injections）

序号	标准编号及名称	标　准　内　容
11	ISO 4581：1994	塑料—苯乙烯/丙烯腈共聚物—残留丙烯腈单体含量的测定—气相色谱法（Plastics - Styrene/acrylonitrile copolymers - Determination of residual acrylonitrile monomer content - Gas chromatography method）
12	ISO 15378：2017	医药产品的基本包装材料——良好生产质量管理规范（GMP）［Primary packaging materials for medicinal products - Particular requirements for the application of ISO 9001：2015, with reference to good manufacturing practice（GMP）］
13	ISO 8537：2016	胰岛素用带或不带针头的一次性无菌注射器（Sterile single-use syringes, with or without needle, for insulin）
14	ISO 8872：2003	输血、输液和注射瓶铝盖——一般要求和试验方法（Aluminium caps for transfusion, infusion and injection bottles - General requirements and test methods）
15	ISO 9997：2020	牙科—筒式注射器（Dentistry - Cartridge syringes）
16	ISO 10985：2009	输液瓶和注射管用铝塑组合盖.要求和试验方法（Caps made of aluminium-plastics combinations for infusion bottles and injection vials - Requirements and test methods）
17	ISO 15010：1998	输血和输液瓶用一次性使用悬挂装置——要求和试验方法（Disposable hanging devices for transfusion and infusion bottles - Requirements and test methods）

第三节　国家药包材质量控制标准体系的发展动态

如前所述，目前我国的药包材品种标准、方法标准和指导原则均收载于《国家药包材标准》（2015 年版）中，没有收载的品种则采用企业标准的形式在执行备案时进行登记，《中国药典》（2020 年版）在《国家药包材标准》的基础上经过修订提高，收载了 16 个方法标准和 2 个指导原则，作为药品生产、流通、使用和监管必须遵循的法定技术要求。

《中国药典》（2020 年版）将药包材的重要性提高到与药品同等高度，强化了全生命周期管理的理念，也进一步体现了原料药、药用辅料、药包材在制剂研发、生产全链条过程中的重要价值。下一步，国家药典委员会将按照"总体规划,分步推进"的思路,在不断学习借鉴各国药典的基础上,收载越来越多成熟的检测方法和指导原则,进一步完善药包材标准体系。

未来我国将形成以《中国药典》为主阵地,以协会、团体标准为补充的具有我国自身特色的药包材标准体系。《中国药典》将主要针对研制、生产、工艺控制、保存运输、稳定性、关联评价等通用性技术要求和检验方法(理化、生物学、安全性控制要求),逐步形成以保障制剂质量为目标的原辅包标准体系,针对不同使用风险的制剂围绕生产过程中的各个环节分步考虑,从原料筛选、工艺过程到成品、包装、储藏运输再到终端使用,对每一环节中用到的包装材料都进行合适的质量控制,构建全过程质量控制体系。

参考文献

[1] 童清泉,彭文兵.浅谈药包材标准管理.中国药事,2008,22(9):739 − 742,745.

[2] 刘志强.药品标准与药品批准文号综述.中国药事,2005,19(9):557 − 561.

[3] 李宝林.直接接触药品包装材料和容器标准管理模式思考.解放军药学学报,2014,30(3):269 − 271.

[4] 王丹丹,俞辉.从药典视角谈构建中国药包材标准体系的建议.中国现代应用药学,2021,38(5):537 − 540.

[5] 李宝林.关于直接接触药品的包装材料和容器标准化管理的探讨和改进.中国药品标准,2012,13(2):129 − 132.

[6] 陈蕾,康笑博,宋宗华,等.《中国药典》2020 年版第四部药用辅料和药包材标准体系概述.中国药品标准,2020,21(4):6.

[7] 王丹丹,金宏,俞辉,等.国内外药品包装材料标准的比较.中国药品标准,2013(3),212 − 214.

[8] 陈超,王丹丹,程磊,等.《中华人民共和国药典》2020 年版和国外药典的药包材标准体系概述.中国医药工业杂志,2021,52(2):267 − 271.

第三章

药品包装材料的检验、检测新技术

本章介绍了药包材中检验检测的新技术,包括高温凝胶渗透色谱法、裂解气质法、X 射线荧光光谱法、电感耦合等离子体质谱法、扫描电镜法,对其原理、特点及在药包材中的应用进行阐述,同时介绍了常用的容器密封完整性检测技术,对其风险评估、测试方法等进行简要说明,以期对未来的检测工作提供建设性意见。

高温凝胶渗透色谱法和裂解气质法作为高分子材料的重要检测手段,是剖析高分子材料的重要手段。

X 射线荧光光谱法和电感耦合等离子体质谱法均可同时测定多种元素,是药包材和药物制剂中元素检测方面重要的分析手段,可以应用在药包材的质量监控和相容性研究中。

扫描电镜法广泛应用于各类药包材的检验检测、质量监控,如药品与玻璃药包材的相容性研究、塑料药包材内部结构及其质量监控、橡胶及金属药包材缺陷分析、镀膜玻璃及覆膜胶塞膜层的表征及厚度测定等方面。

常用的容器密封完整性检测技术对药包材的保护性能和药品的有效稳定提供了有力保障。

第一节　高温凝胶渗透色谱法在塑料类药包材中的应用

凝胶渗透色谱法(gel permeation chromatography, GPC)属于尺寸排阻色谱法(size exclusion chromatography, SEC),是以溶剂作为流动相,利用多孔凝胶固定相填料的独特性质,而产生的一种主要依据分子尺寸大小的差异来分离的液相色谱法[1]。该方法是由约翰·摩尔(J.C.Moore)在 1964 年首先研究成功的。他以高交联度聚苯乙烯-二乙烯基苯树脂用作柱填料,以连续式高灵敏度的示差折光仪作为检测器,并以体积计量方式作图,制成了快速且自动化的高聚物分子量及分子量分布的测定仪,从而创立了液相色谱中的凝胶渗透色谱技术。凝胶渗透色谱法不但可用于小分子物质的分离和鉴定,而且可以用来分析化学性质相同分子体积不同的高分子同系物。高温凝胶渗透色谱法常用的固定相填料为多孔凝胶聚合物,常用的流动相为有机溶剂:在室温或高温凝胶渗透色谱法中,最常见的洗脱液是四氢呋喃(tetrahydrofuran,THF)及130~150℃下的邻二氯苯和三氯苯。

随着聚合物技术的发展,在现代凝胶渗透色谱法中需要使用种类更加广泛的溶剂及更宽的温度范围。高温凝胶渗透色谱法(high temperature gel permeation chromatography,HT-GPC)由于在高温模式下运行,可使检测处在一个温度稳定的环境;同时,可尽量减轻分子间(样品分子间、样品和溶剂分子间、填料和样品分子间等)的弱相互作用,降低流动相黏度,使得色谱柱内部溶剂处于接近理想的高温凝胶渗透色谱状态;可降低操作压力,改善分辨率(尤其是对于高分子量样品的测定)。特别是针对常用的高分子量的聚烯烃类聚合物,采用高温凝胶渗透色谱法,更利于测定对应的分子量分布和分子量平均值[2]。

一、高温凝胶渗透色谱法的分离原理

高温凝胶渗透色谱法分离机制比较复杂,有体积排除理论、扩散理论和构象熵理论等理论解释。在此,对其基本原理做简单的介绍[3]:

(1)以多孔树脂为固定相,用流动相推动分子量大小不同的样品流经固定相后按照分子大小顺序流出分离。

(2)根据流出组分的保留时间(洗脱体积)推算其分子量(尺寸)的信息。

(3)通过检测器获得各流出组分的强度和流出时间。

(4)用已知分子量的标准品标定出流出时间和分子量的关系。

(5)用标定好的时间和分子量的关系对未知样各流出组分的保留时间(分子量)和强度进行统计计算得到分子量分布。

凝胶具有化学惰性,它不具有吸附、分配和离子交换作用。凝胶柱中可供分子通行的路径有粒子间的间隙(较大)和粒子内的通孔(较小)。当聚合物样品溶液流经色谱柱(凝胶颗粒)时,较大的分子(体积大于凝胶孔隙)由于不能通过通孔,而被排阻在粒子的通孔之外,其只能沿着凝胶颗粒之间的间隙通过色谱柱,速率较快,因此较早从柱子洗脱出来;而较小的分子能同时进入凝胶的大部分通孔,且从渗透的深度来说,小分子还能渗入通孔更深的内部,在柱子中受到更多的滞留,通过的速率要慢得多;中等体积的分子可以渗入较大的通孔中,但受到较小通孔的排阻,介于上述两种情况之间。上述情况反映到分子的分子质量上,则是经过一定长度的色谱柱,分子量大淋洗时间短,首先被分离出来;随后是中等大小的分子;分子量小的淋洗时间长,最后被分离出来。自样品进柱到被淋洗出来,所接受的淋出液总体积称为该样品的淋出体积。当仪器和实验条件确定后,溶质的淋出体积与其分子量有关,分子量越大,其淋出液体积越小。该过程以体积排除和限性扩散为手段,达到流动分离的效果(图3-1)[4]。每个色谱柱可分离的分子量范围有限,因此,应根据待分离分析物的分子量范围选择填料孔的大小。如果样品具有较宽的分子量范围,则可能需要使用多个高温凝胶渗透色谱柱串联以完全分离样品。高温凝胶渗透色谱法分离效果的影响因素有凝胶渗透色谱柱的柱填充和柱规格、流动相组成和流速、进样量等,因此在测定时,须谨慎挑选合适的系统和方法。

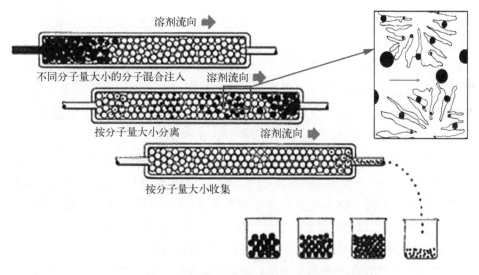

图3-1 高温凝胶渗透色谱法分离原理示意图

可以通过直接法和间接法测得粒子的分子量。

(1)直接法:在测定淋出液浓度的同时测定其黏度或光散射,从而求出其分子量。

(2)间接法:用一组分子量不等的、单分散的样品作为标准样品,分别测定它们的淋出体积和分子量,则可确定二者的关系。

二、高温凝胶渗透色谱仪系统

常见高温凝胶渗透色谱仪包括泵系统、色谱柱、检测系统和数据采集与处理系统。

(1)泵系统:包括一个溶剂储存器、一套脱气装置和一个活塞泵或蠕动泵。它的工作是使流动相以恒定的流速流入色谱柱。泵的工作状况好坏直接影响着最终数据的准确性。越是精密的仪器,要求泵的工作状态越稳定。

(2)色谱柱:为高温凝胶渗透色谱仪分离的核心部件。色谱柱是在一根不锈钢(或玻璃)空心细管中加入孔径不同的微粒作为填料。填料根据所使用的溶剂选择。常见填料种类包括:① 商业凝胶,如 PLgel 和 Styragel(交联聚苯乙烯二乙烯基苯,适用于有机溶剂,可耐高温);② HW-20 和 HW-40(羟基甲基丙烯酸聚合物);③ 多孔硅球(适用于水和有机溶剂)、多孔玻璃、多孔氧化铝(适用于水和有机溶剂)。每根色谱柱都有一定的分子量分离范围和渗透极限,色谱柱有使用的上限和下限。色谱柱的使用上限是当聚合物样品最小的分子的尺寸比色谱柱中最大的凝胶的尺寸还大,这时样品中高聚物进入不了凝胶颗粒孔径,全部从凝胶颗粒外部流过,这就没有达到分离不同分子量高聚物的目的。而且还有堵塞凝胶孔的可能,影响色谱柱的分离效果,降低其使用寿命。色谱柱的使用下限就是当聚合物中最大尺寸的体积比凝胶孔的最小孔径还要小,这时也没有达到分离不同分子量的目的。所以在使用凝胶渗透色谱仪测定分子量时,必须首先选择好与聚合物分子量范围相配的色谱柱。

(3)检测系统:可用于高温凝胶渗透色谱法的检测器类型很多,常见的通用型检测器,有示差折光检测器、紫外光检测器、黏度检测器,可适用于所有高聚物和有机化合物的检测。当示差折光检测器、黏度检测器和多角度激光光散射检测器联用时,可以同时测定分子量、特性黏度及支化度等信息。

(4)数据采集与处理:所得色谱图是聚合物的重量分布作为保留体积的函数。通过确定单分散聚合物标准品(如单分散聚苯乙烯在四氢呋喃中的溶液)的保留体积(或时间),绘制分子量对数与保留时间或体积的关系以获得校准曲线。一旦获得校准曲线,就可以在相同的溶剂中获得任何其他聚合物的凝胶渗透色谱图,并且可以确定聚合物的分子量[通常为 M_n 和重均分子量(M_w)]和完整的分子量分布。

常见的高温凝胶渗透色谱仪有美国 Agilent PL-GPC220 高温凝胶渗透色谱仪、Waters ALC/GPC 150 高温凝胶渗透色谱仪等。其中,美国 Agilent PL-

GPC220高温凝胶渗透色谱仪可用于几乎所有聚合物、溶剂及温度范围(30~220℃)。高温凝胶渗透色谱常用的流动相为1,2,4-三氯苯,使用较多的色谱柱温度为150℃。

三、高温凝胶渗透色谱法的应用

聚合物材料的分子量及分布影响其加工和使用性能,是最重要和最基本的参量。聚合物材料的分子量及分布与如下性能有关:材料机械性能、黏弹性、溶液的黏度与熔点、流变性质、溶解度、第二位力系数、成膜和抽丝、易加工性、可降解性;另外,还可以通过测定聚合物材料的分子量及分布,进行合成反应动力学、生产的可重复性、降解性能评估、批间一致性评价等的研究。因此,聚合物材料的分子量及分布是分析其性能的关键,而凝胶渗透色谱法是测定聚合物分子量及分布最有效的工具。

高温凝胶渗透色谱法作为测定聚合物材料分子量的常用方法。在塑料类药包材中,高温凝胶渗透色谱法除了应用于测定聚合物的分子量及分布外,还可用于研究塑料类药包材中迁移物的小分子分析与表征。

(一)塑料类药包材的分子量及分布的测定

塑料因不易破碎、便于储存和运输等优点而被广泛应用于药品的包装。常见的塑料类包装材料有高分子材料聚丙烯、聚乙烯等。聚丙烯和聚乙烯常被用于生产口服液、口服固体制剂、输液制剂、外用液体药品的包装,其物理性能和产品质量在很大程度上取决于分子量及其分布、支化度和结晶度等。其中,分子量是表征高分子的重要指标。

在使用高温凝胶渗透色谱法测定塑料类药包材的分子量及分布时,主要关注的是重均分子量和分子量分布(d)[5]。在应用新的加工方法制备聚乙烯产品后,其分子量和分布也是重点检测的项目[6]。

(二)聚丙烯、聚乙烯塑料类药包材迁移物的小分子分析与表征

在聚丙烯和聚乙烯的生产工艺中需要加入添加剂,以提高产品的加工成型性和自身稳定性,从而更好发挥其功能。例如,加入抗氧剂可以减缓聚合物材料的氧化过程;加入成核剂、增塑剂等可以调节材料的硬度;加入透明剂可以显著改善材料的透明度;加入抗静电剂可以防止材料积攒静电;加入除酸剂中和材料中的催化剂残留组分,可以保护设备装置免受腐蚀;加入润滑剂和防黏剂可以改

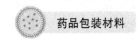

善材料的摩擦性能和黏着性能等。

塑料类药包材在使用过程中，聚合物生产过程中的反应中间体、副反应产物及降解产物可从材料中迁移出来，侵入与其直接接触的药品中（包装材料中的化学物质向药品中传递），同样发生迁移的物质还有生产中加入的添加剂及降解产物，这些迁移一方面会引起包装材料自身稳定性和功能性的下降，另一方面会造成药品的性能变化，或使其发生不可逆的质量变化甚至引发毒性，对使用者的身体健康造成安全隐患，因此应对迁移物质进行准确评估和严格控制。

在这些迁移物质中，有一类小分子物质称作寡聚物，其来源于塑料类药包材受到高温、高压和强紫外辐射时，发生氧化降解，而产生高分子链的断裂或交联。这些降解产物、反应中间体等可能会从包装材料迁移进入药品中，造成用药安全隐患，因此需要对迁移物进行有效表征分析和严格控制。该类物质可由非极性溶液提取，对应的分子量可用高温凝胶渗透色谱法测定。采用高温凝胶渗透色谱法测定无规共聚聚丙烯正己烷提取物的分子量，结果发现，其摩尔质量主要集中在 4 000~30 000 Da。测定再生塑料聚丙烯在异辛烷中的提取物的分子量，结果表明，再生塑料聚丙烯异辛烷提取物中分子量低于 1 000 Da 部分的含量并未随着再生塑料循环次数的增加而明显提高。采用高温凝胶渗透色谱法细致地对聚丙烯和聚乙烯的正己烷提取物进行了单组分的研究，结果发现，聚丙烯正己烷不挥发物中以规整度较低的乙烯丙烯共聚物为主，其由 5 组分分子量逐渐减小的各级寡聚物组成，随着组分分子量的减小，乙烯的无规插入逐渐增多，结构的规整性逐渐降低，黏弹态转变温度逐渐降低，热降解温度逐渐降低；聚乙烯正己烷不挥发物的主要组成成分为规整度较低的支化结构复杂的低分子量乙烯均聚物。

随着"碳达峰"和"碳中和"产业结构的调整，塑料类药包材逐步向着环保可降解的方向发展，现有多种可降解的高分子材料纷纷运用于包装行业，如聚乳酸和聚对苯二甲酸丁二醇酯-己二酸丁二醇酯。高温凝胶渗透色谱作为高分子材料的重要检测手段，未来将会更多地运用到可降解药包材的开发和研究过程中。

第二节　裂解气质法在塑料橡胶类药包材中的应用

裂解气相色谱-质谱联用法（pyrolysis gas chromatography mass spectrometry,

Py-GC/MS)（简称裂解气质法）是剖析高分子材料的重要手段,广泛用于高分子材料的结构表征、组分分析、热反应机制研究等诸多方面。借助裂解气质法可对塑料橡胶类药包材实现快速、灵敏、绿色的质量分析与质量控制。

一、裂解气质法的原理与特点

裂解气质法是一种将待测样品置于热裂解装置内,在严格控制的条件下加热,使之迅速裂解成可挥发性的小分子产物,然后把裂解产物送入气相色谱柱进行分离,再进行质谱检测,实现定性定量分析的技术。裂解气质法的工作流程示意图如图3-2所示,包括一个与载体气路相连接的固体进样和热裂解装置,以及与之联用的气相色谱和质谱。热裂解装置用于待测样品前处理,气相色谱用于分离组分,质谱用于检测组分。

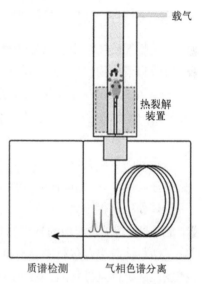

图 3-2　裂解气质法工作流程示意图

通过热裂解,裂解气质法的应用扩展到非挥发性有机固体材料。热裂解与以往常见的热分解、热降解有相似之处,即都是由热能引起的化学解离（通常在惰性气体下进行）,也有不同之处,热裂解通常在较高温度下（对于大部分聚合物和有机化合物,常用温度为400~900℃）瞬间完成,裂解产物分子量较低而挥发性较高,热分解则在温度不太高的情况下进行,热降解一般在更低温度和较长时间作用下进行,产物分子量相对较高。显然,对于气相质谱系统而言,热裂解是更为合适的样品前处理方式。

裂解气质法具有分析速度快、灵敏度高、分离效率高、分析操作方便、获得的信息量大等特点。

1. 裂解气质法检测快速、灵敏度高　裂解气质的样品前处理技术具有快速升温的特点,从而有效提高了检测速率,质谱检测器的高灵敏度赋予了裂解气质强大的检测功能。

2. 裂解气质法分离效率高　可有效分离结构相似物质。在一定的实验条件下,每一种物质通常具有较为稳定的特征裂解气相质谱图,样品在结构上的细微差别或少量组分变化在裂解气质上具有比较灵敏的反映。

3. 裂解气质法分析操作方便　不需要复杂的前处理操作,即可直接取样分析。通常对高分子材料及辅助剂进行分析时,需要借助繁杂的分离、浓缩等预处理手段,才能获得较好的分析结果,但裂解气质法可在不采用分离、浓缩等预处理手段的情况下,直接取样,有效鉴定高分子材料及辅助剂。

4. 裂解气质法获得的信息量大　可获得样品在不同裂解条件下的产物组成、结构及其分布的信息。丰富的信息量可帮助研究人员研究材料的热分解、热固化、动力学机制,以及热氧化、光氧化、光解和催化等多种化学反应过程。

二、裂解气质法的应用

裂解气质法常用于高分子材料的分析,利用以下两种测量模式可获得挥发性组分和聚合物组分两方面的信息。

1. 热脱附模式在塑料橡胶类药包材中的应用[7,8]　热脱附通常指被吸附于界面(固体吸附剂)的物质,在一定温度和载气流速下,离逸界面(吸附剂)重新进入体相的过程,是一种无溶剂、干净、通用、高灵敏度的样品前处理技术。裂解气质法的热脱附是指,在特定温度范围内加热样品,挥发性、半挥发性组分从样品中释放出来,在色谱柱的进样口端被冷阱捕集,并在热脱附程序结束后启动气相色谱程序进行分离并检测。裂解气质法的热脱附模式常用于分析高分子材料中的某些助剂(如增塑剂)、残留单体、溶剂和杂质。

塑料橡胶类药包材中含有抗氧剂、增塑剂、润滑剂、小分子物质、残留溶剂等挥发性或半挥发性物质,借助于裂解气质,可实现挥发性组分的快速分析。样品放入裂解器中,裂解器温度快速地从室温升至300℃(假定情形),药包材中的挥发性组分逃逸出来,进入气相进一步分离分析。需通过试验摸索升温区间和升温速率。定性分析时可检索添加剂谱库,自动匹配组分类型。

有研究利用裂解气质法分析聚氯乙烯树脂中的增塑剂,在300℃条件下进行热裂解测定,检测到聚氯乙烯树脂主要释放出邻苯二甲酸二丁酯。邻苯二甲酸二丁酯是一种增塑剂,用于增大聚氯乙烯树脂的可塑性和柔韧性。检测结果与实际结果一致。利用热脱附模式提取聚氯乙烯树脂中的增塑剂进行分析,明显快于传统的提取、分离、分析的方法。

2. 热裂解模式在塑料橡胶类药包材中的应用[9]　在热裂解模式中,聚合物在高温裂解炉中裂解。根据裂解图,借助于多种质谱库,如聚合物裂解产物质谱库、聚合物逸出气体分析谱库、聚合物裂解质谱库,可检索得知聚合物的结构信息。经过热脱附模式处理的样品可继续采用热裂解模式进行裂解,获得聚合物的结构信息。样品也可不经热脱附模式而直接采用热裂解模式进行裂解分析，获得助剂与聚合物的结构信息[10]。

相对于聚合反应，热裂解是高分子链负增长的反应，包括 4 个过程：链引发、链负增长、链转移和链终止。链引发过程指在热的作用下形成初始自由基的过程。引发过程可以从链末端开始，如聚四氟乙烯、聚 α-甲基苯乙烯等都是典型的末端引发高分子。引发过程也可以在分子链上任意化学键引发产生自由基，被称为无规裂解，如聚乙烯、聚丙烯的热引等过程。链负增长过程是大分子裂解生成小分子最主要的过程，其动力学与分子结构即解离能及裂解温度有关。热分解动力学遵循阿伦尼乌斯公式 $k = Ae^{-Ea/RT}$（式中，k 为反应速率常数，Ea 为活化能，A 为前因子，T 为绝对温度，R 为摩尔气体常数，e 为自然对数的底）。链转移过程是热裂解形成低聚小分子的过程，转移过程与键能及温度有关，但是当裂解温度大大高于可产生链转移的温度时，链转移并不遵循活化能规律，实际情况较为复杂。通常，链转移包括分子内链转移和分子间链转移。链终止过程是自由基结合形成稳定化合物的过程，包括双分子歧化和重合。

从聚合物裂解的过程可见，不同结构聚合物的自由基形成和终止途径不同，即裂解过程不同，产生的裂解产物及分布也不相同，不同高分子的热裂解机制也不相同。热裂解机制可分为四类：无规解聚、拉链解聚、侧链解聚、裂解碳化。按无规解聚模式裂解后，聚合物样品得到分子量不等的低聚体裂解产物，样品分子量迅速下降。代表性的聚合物有聚二甲基硅氧烷、聚乙烯、聚丙烯、聚丁二烯、天然橡胶等。按拉链解聚模式裂解的样品一般从端基引发形成自由基后，接着发生拉链式断裂，几乎全部生成单体，但是分子量降低过程比无规解聚要平缓得多。典型的聚合物如聚 α-甲基苯乙烯、聚甲基丙烯酸甲酯。侧链解聚模式裂解发生在侧基、取代基或侧链的键能较弱的情况下，样品在主链解聚前就能发生侧链断裂或消去反应，并在主链上形成双键，它们的裂解产物几乎不存在单体。这类聚合物有聚乙酸乙酯、聚乙烯醇。裂解碳化模式常见于许多芳杂环高分子及含氰侧基的高分子，在主链断裂的同时发生分子内成环、消去及交联等复杂反应，最后形成较多的碳或石墨结构，如聚丙烯腈在氮气中经过热裂解、环化，大量获得碳材料。

塑料橡胶类药包材中常见的聚乙烯、聚丙烯、卤化丁基橡胶的裂解方式为无规解聚。丁基橡胶及卤化丁基橡胶（氯化丁基橡胶和溴化丁基橡胶）的高温热裂解色谱图具有一定规律性，色谱图上可见明显的异丁烯单体及二聚体、三聚体、四聚体和五聚体峰，呈现出典型的无规解聚规律。氯化丁基橡胶和溴化丁基橡胶在裂解过程中产生的 HCl 和 HBr 未被气质系统捕获,因此与具有相似单体的丁基橡胶、氯化丁基橡胶和溴化丁基橡胶的高温热裂解色谱图基本一致。

异戊橡胶与的热裂解图谱明显不同于丁基橡胶、氯化丁基橡胶和溴化丁基橡胶的热裂解图谱。异戊橡胶的主要裂解色谱峰为异戊二烯和异戊二烯二聚体[1-甲基-4-(1-甲基乙烯基)环己烯],其中异戊二烯二聚体色谱峰为异戊橡胶特有,用于异戊橡胶的特征鉴别。

第三节　X射线荧光光谱法与电感耦合等离子体质谱法在药包材中的应用

玻璃、塑料、橡胶、金属等材料广泛应用在药包材中,这些材料在制备和加工运输过程中不可避免地会引入一些外来元素,甚至包括有毒有害元素,其潜在危害不容忽视。这些有毒有害元素在包装、运输、储存与使用过程中,均可能迁移至药品中,引发药品的安全风险,对人体造成健康危害,因此需要对包装材料中的元素进行检测分析和质量监控。

常见的元素定性定量分析方法包括 X 射线荧光光谱法(X-ray fluorescence spectrometry)、电感耦合等离子体质谱(inductively coupled plasma mass spectrometry, ICP-MS)、电感耦合等离子体发射光谱法(inductively coupled plasma optical emission spectrometer, ICP-OES)、原子吸收光谱法(atomic absorption spectrometry)、原子荧光光谱法(atomic fluorescence spectrometry)等。X 射线荧光光谱法与电感耦合等离子体质谱法能够同时测定药包材中的多种元素,并且具有分析速率快、线性范围宽等优点。

一、原理与特点

1. X 射线荧光光谱法的原理与特点　1895 年 11 月,德国物理学家威廉·康拉德·伦琴(Wilhelm Conrad Röntgen)第一次发现了 X 射线,至 1923 年,科研人员利用 X 射线检测到了化学元素,开启了 X 射线光谱对元素定性定量分析的研究。1948 年,美国研发出了 X 射线光谱仪,随着技术的发展,现如今,X 射线荧光光谱法已经在科学研发方面广泛运用于生物、医药、刑侦、冶金、煤矿、石油、化工、考古和环境等诸多领域。

X 射线荧光光谱法的基本原理是原子核的内层电子受到与其同一数量级的

X射线能量照射时,内层电子吸收了射线的辐射能量后发生跃迁,从而在内层电子轨道上留下一个空穴,高能态的外层电子进入空穴,同时释放出该元素的特征X射线荧光谱线。释放的X射线荧光谱线的能量与电子层间跃迁能量相同,可据此测出X射线荧光谱线的波长,即可对元素进行定性分析;在一定条件下,荧光强度与样品中特定元素浓度成正比,通过比较样品与标准品的荧光强度大小,即可对元素进行定量分析。液体样品可以直接进样分析,固体样品可以直接压片或与适当的辅助剂混合处理后压片进样分析。

X射线荧光光谱法具有较高的灵敏度、较宽的线性范围、较好的重现性,以及操作简单、适用范围广、自动化程度高等优势。同时,其不受化学方面的影响,除氢元素之外,X射线荧光光谱法可以进行定量分析的矫正,克服基体吸收和增加效应,因此谱线较为简单。基于以上优势,X射线荧光光谱法广泛应用于液体、粉末及固体材料中元素种类的确定、元素含量的分析研究中,并逐渐扩展至样品来源的区分、厚度的确定及材料生产的质量控制中。

2. 电感耦合等离子体质谱法的原理与特点 电感耦合等离子体质谱法是20世纪80年代发展起来的无机元素和同位素分析测试技术,它是以独特的接口技术将电感耦合等离子体的高温电离特性与质谱计的灵敏快速扫描优点相结合,而形成的一种高灵敏度分析技术。主要用于进行多种元素的同时测定,并可与其他色谱分离技术联用,进行元素形态及其价态分析。

电感耦合等离子体质谱仪由样品引入系统、电感耦合等离子体离子源、接口系统、离子透镜系统、质量分析器、检测器等构成,其他支持系统有真空系统、冷却系统、气体控制系统、计算机控制及数据处理系统等。在电感耦合等离子体质谱仪器中,样品一般采用液体进样的方式,由样品引入系统完成样品的导入和雾化,在载气的作用下样品形成小雾滴进入等离子体离子源。等离子体离子源利用电感线圈上施加强功率的高频射频信号,使样品气溶胶在6 000~10 000 K的高温下,发生去溶剂、蒸发、解离、原子化、电离等过程,转化成带正电荷的正离子。这些正离子通过接口系统(采样锥和截取锥)后,在离子透镜系统的作用下聚焦到质量分析器,并阻止中性原子进入和减少来自电感耦合等离子体的光子进入质谱仪。通过质谱仪中的质量分析器和检测器,检测不同质荷比的离子的强度,进而计算出某元素的浓度。

直接进样的电感耦合等离子体质谱样品一般需要进行前处理,包括湿法消解、干法灰化-酸溶法、碱溶-酸处理法、微波消解等方法。常用的消解试剂一般是酸类,包括硝酸、盐酸、高氯酸、硫酸、氢氟酸,以及一定比例的混合酸,也可使用少量过氧化氢;其中硝酸引起的干扰最小,是样品制备的首选酸。电感耦合等离子体质谱法也可以同其他色谱等技术联用,如高效液相色谱-电感耦合等离子体质谱法,进行元素形态及其价态分析,样品的前处理应符合联用技术的样品要求。

电感耦合等离子体质谱法具有检测限低、灵敏度高、准确性和精密度好的特点,适用于从痕量到微量的元素分析,尤其是痕量重金属元素的测定;其检测速度快,可在几分钟内完成几十个元素的定量测定;同时,电感耦合等离子体质谱法谱线简单,干扰相对于光谱技术要少;线性范围可达 7~9 个数量级;样品的制备和引入相对于其他质谱技术简单。电感耦合等离子体质谱法可以进行单元素、多元素及同位素的检测。

二、在元素分析中的应用

1. X 射线荧光光谱法在药包材元素分析中的应用 塑料类材料在生产制备过程中,需要添加各种添加剂,在此过程中,使用的无机金属类添加剂或催化剂会在材料中引入重金属元素。X 射线荧光光谱法作为一种元素定性定量分析的手段,通过对药包材和所保护的药品中的元素进行含量分析,实现药包材和药品的安全质量控制,同时,X 射线荧光光谱法结合多种数据分析手段,还可以对药包材中的元素进行聚类分析,区分不同来源的药包材。

X 射线荧光光谱法在分析镀层、薄膜等塑料类材料时具有非破坏性、非接触性、样品不需要预处理、不需要加载电荷(可以分析绝缘体)、速度快、准确度高等特点,以及能同时测定组成和厚度等优点,目前在该类材料领域有着广泛的研究和应用。利用 X 射线荧光光谱法可以进行多层镀层或多层薄膜的测定,可同时测定分析的元素多达 40 多种,厚度的测量范围一般为 1 nm~0.1 mm,有效实现了材料中元素种类与含量的检测与控制。

铝塑组合盖或铝塑包装片是塑料类包材中的一种。铝塑包装片是由铝箔片和塑料膜经热压封合而成的,具有防潮、耐腐蚀、抗震防冲击、防火、隔热、质轻、易加工成型等特点,广泛应用于胶囊药品和片剂药品的包装。目前,常用的药品铝塑包装片的主要成分为聚氯乙烯,此类材料在生产过程中,通常会添加一些添加剂,包括填料(如碳酸钙、滑石粉、硅藻土、二氧化硅、云母粉、金属及其氧化物)、着色剂(如钛白粉、锌粉)、稳定剂(如金属皂、有机锡、有机锑)、发泡剂、塑化剂[如邻苯二甲酸二(2-乙基己)酯、邻苯二甲酸二乙酯、邻苯二甲酸二甲酯和邻苯二甲酸二丁酯]等,以达到提高产品性能降低成本的目的。添加剂种类较多,因此不同厂家、不同药品所用的铝塑药包材的成分会有所不同。X 射线荧光光谱法能够实现多元素快速准确测定,因此可以利用 X 射线荧光光谱法对药品铝塑包装片进行检验,并根据样品中所含元素种类及含量差异加以区分[11]。X 射线荧光光谱法还可以与傅里叶变换红外光谱相结合,通过对不同品牌不同规格的塑料瓶、塑料袋中的元素种类和含量的分析,利用各种聚类分析数据软件,如 SPSS 聚类分析、Ward 法等,准确快速无损地检验和区分样品来源[12]。

橡胶也是应用广泛的药包材种类,常用于高风险的注射剂瓶的包装中。溴化丁基橡胶塞中的溴含量不但直接关系到硫化过程中的交联密度,而且影响双键的反应活性,X 射线荧光光谱法可以对溴化丁基橡胶塞中的溴含量进行检测,以此控制产品生产质量。橡胶塞在生产制备的过程中通常会加入许多添加剂,因此也需要对元素进行有效控制,避免有毒有害元素迁移至药品中。同样,X 射线荧光光谱法也可以对橡胶类进行归类分析。通过对不同品牌、不同系列的橡胶样品中的无机元素进行检验。结合多元统计学,分别选用主成分分析法、k 均值聚类法及判别分析法等对实验结果进行分析,可以简便快速、准确且无损地对样品进行分类分析[13]。

X 射线荧光光谱法对样品前处理要求简单,因此可以满足快速检测的需求,在生产过程中可以应用至样品的质量监控中。随着仪器的不断更新换代,特别是衍射晶体和超薄检测器窗口膜的出现,X 射线荧光光谱法实现了硼元素的检测。在玻璃生产过程中,可以应用 X 射线荧光光谱法对玻璃的化学成分进行监测以便适时调整工艺参数,获得不同性能的玻璃,对玻璃生产过程监控和产品质量控制具有非常重要的意义[14]。

2. 电感耦合等离子体质谱法在药包材元素分析中的应用　金属催化剂在塑料类药包材的生产工艺中不可或缺,它的加入拓展了塑料制备的新技术,改善塑料的结构和性能,但在加工过程中其不可避免地会残留在塑料中。电感耦合等离子体质谱法可以实现多元素的同时检测,可以快速有效地对塑料药包材中的元素含量进行含量分析。电感耦合等离子体质谱法同样可以应用至橡胶塞中元素含量的检测中。

在玻璃的熔制过程中,铅作为玻璃组成成分、镉作为着色剂而被引入玻璃制品中,为了排除玻璃中的气泡、增加透明度,三氧化二砷及三氧化二锑作为澄清剂加入玻璃中。这些元素若迁移入药品中,则会对人体健康造成危害。相对于紫外分光光度法、原子吸收分光光度法等,电感耦合等离子体质谱法可以同时测定药用玻璃中的砷、锑、铅、镉浸出量,具有操作简单快捷、灵敏度高、可重复性高等优点。

有机锡是一种硅橡胶中广泛应用的催化剂,其用量对于硅橡胶的物理性能有重要影响。采用电感耦合等离子体质谱法对硅橡胶中痕量锡进行含量测定,方法简单快捷,可有效去除基体干扰,适合于硅橡胶中有机锡含量的检测[15]。

预灌封注射器主要用于一些特殊药品的包装储存并直接用于注射或用于眼科、耳科、骨科等手术的冲洗中。主要由玻璃针筒、橡胶活塞、注射针、护帽、推杆5部分组成,其中直接接触药品的部件为玻璃针筒、橡胶活塞及护帽。制备加工预灌封注射器时,会使用含有金属钨的针头,金属钨在400℃时会被氧化为氧化钨,在800℃时,氧化钨会发生升华,因此在预灌封注射器加工过程中的高温环境下,在玻璃针筒表层可能会形成金属钨残留物。钨在玻璃针管内表面的残留会影响其内表面耐受性,钨和预灌封注射器中的硅油结合还可能会引起蛋白质聚合,因此需要对预灌封注射器中的钨进行质量控制,以免其进入药物。使用4%的乙酸作为提取溶剂,灌装入预灌封注射器至标识容量,121℃下浸提后,使用电感耦合等离子体质谱法即可对钨的含量进行监测分析[16]。

3. X 射线荧光光谱法与电感耦合等离子体质谱法联用在药包材元素分析中的应用 X 射线荧光光谱法、电感耦合等离子体发射光谱法与电感耦合等离子体质谱法等可以同时测定多种元素,且均具有分析速率快、线性范围宽等优点,因此被广泛应用于药包材的元素含量测定。其中,电感耦合等离子体质谱法检出限低、灵敏度高、准确度高,但样品前处理烦琐耗时,需要使用硝酸等对药包材进行消解或浸提,存在酸用量大、易污染环境等问题。常规的电感耦合等离子体质谱法定量分析需要测定每一种元素的标准溶液,建立方法学或方法学验证后,方可对样品中的元素进行含量测定,且样品中元素的含量需要在标准曲线的线性范围内才能准确定量。由于样品中所含元素往往未知且含量范围广,若在测试药包材中元素含量时直接使用电感耦合等离子体质谱法,则需要根据经验估算样品中的元素含量的数量级,或通过初步检测摸索后,才能选择样品的前处理方法。此过程不仅烦琐,需要消耗大量的时间,还会造成样品和试剂的浪费,且多次稀释易污染样品造成损失或引入误差导致结果异常,尤其当样品量大时,给工作造成很大的不便。X 射线荧光光谱法可直接分析固态样品,制样简单,是一种无损的快速分析方法,目前已被《美国药典》和《欧洲药典》收载作为法定的检测方法,可用于未知样品的快速筛查,但由于缺乏 X 射线荧光光谱法标准品而较难建立标准曲线进行特定元素的定量分析。因此,更多的检测机构选择 X 射线荧光光谱法和电感耦合等离子体质谱法的联用,结合两种仪器的测试优势,通过 X 射线荧光光谱法无标准样品半定量分析快速筛查样品中元素组成及含量范围,为全定量分析提供数据参考,以便进一步选择测定元素、确定标准曲线的线性范围、选择样品消解方法及稀释倍数和优化电感耦合等离子体质谱法工作条件等,准确快速地应用电感耦合等离子体质谱法对样品中的特定元素进行准确的全定量分析[17]。

第四节　扫描电镜法在药包材理化性能研究中的应用

扫描电子显微镜(scanning electron microscope,SEM)简称扫描电镜,自1932 年诞生以来,已广泛应用于各个领域。在医药领域中,扫描电镜法无论是在新药研发还是在药物生产及质量控制中均有不可或缺的作用。近年来,随着药包材行业检测技术的不断提升,扫描电镜法已不断应用于各类药包材理化性能的研究中。

一、扫描电镜法的原理与特点

(一)扫描电镜法的原理

1. 扫描电镜法的原理概述　扫描电镜是电子显微镜中重要的一类。1932 年,Knoll 提出了扫描电镜可成像放大的概念,并于 1935 年制成了原始的模型,1965 年第一台商品扫描电镜问世。它是通过聚集电子束在样品表面扫描,电子束与样品接触时会产生很多携带样品表面形状信息的信号,把这些信号收集处理后形成扫描电镜图像。

扫描电镜主要由 9 个系统组成,分别是电子光学系统、扫描系统、信号检测系统、放大系统、图像显示系统、记录系统、计算机控制系统、真空系统及电源,其结构如图 3-3 所示。首先由顶部的电子枪阴极发射电子,在受阳极加速电压的加速作用下,形成一个几微米的交叉点,再经过 2 个或 3 个电磁透镜聚焦后汇聚,形成直径只有几纳米的电子束。电子束在物镜上方偏转线圈的驱动下,在试样表面作有序的光栅扫描。由于高能电子束入射试样后在试样表面会激发出二次电子(secondary electron,SE)、背散射电子(backscattered electron,BSE)和 X 射线等多种信息。这些信息由相应的检测器检测,经放大后传送到监视器屏幕上来调制监视器屏幕的亮度,根据每个点的亮度来分析样品表面的形貌[18]。

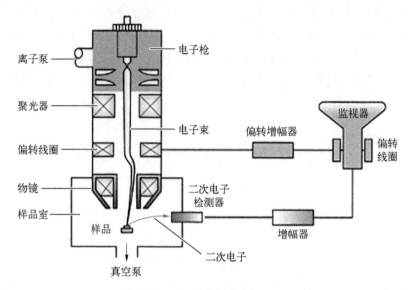

图 3-3　扫描电镜的主体结构

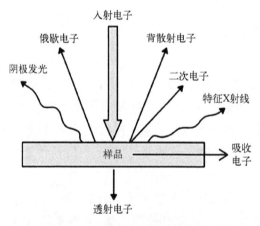

图 3-4　电子束对样品的作用

2. 入射电子与试样相互作用及产生的信号电子　一定能量的入射电子束到达试样后,经过复杂的散射过程,样品产生背散射电子、二次电子、俄歇电子(Auger electron)、特征 X 射线(characteristic X ray)、阴极荧光(cathode fluorescence)等信号(图3-4)。这些信号被不同的检测器接收,经过放大器送到显像管中可以生成不同的扫描电镜图像,如二次电子像、背散射电子像、吸收电子(absorbed electron, AE)像和阴极荧光像等。电子束与样品相互作用产生的各种信号是扫描电镜获得图像的基础。

样品受高能电子束激发产生的信号主要有以下 7 种: ① 背散射电子;② 二次电子;③ 吸收电子;④ 透射电子(transmitted electron, TE);⑤ 俄歇电子;⑥ 特征 X 射线;⑦ 阴极荧光。

其中,特征 X 射线是当试样原子内层被入射电子激发或电离后,会在内层电子处产生一个空缺,原子就会处于能量较高的激发状态,此时外层电子会向内层跃迁以填补内层电子的空缺,从而释放出具有特定能量的电磁辐射光子。特征 X 射线携带样品的化学成分信息,具有元素固有的能量,所以,将它们展开成能谱后,根据它的能量值就可以确定元素的种类,而且根据能谱的强度分析就可以确定其含量。对于试样产生的特征 X 射线,有两种展成谱的方法即能量色散 X 射线谱法(energy dispersive X-ray spectroscopy,EDS)和波长色散 X 射线谱法(wavelength dispersive X-ray spectroscopy,WDS)。

(二)扫描电镜法的特点和种类

1. 扫描电镜法的特点

(1)图像放大倍数大,可放大几十倍到几十万倍,基本上包括了从放大镜、光学显微镜直到透射电镜的放大范围;分辨率高,分辨率介于光学显微镜与透射电镜之间,可达 3~0.4nm。

(2)能够直接观察样品表面结构,不需要对试样进行任何化学处理,电子束对样品的损伤与污染程度较小,可做到无损分析。

(3)样品制备过程简单,试样可以是自然表面、断口、块体、反光光片及透光光片。

(4)景深大,扫描电镜的景深较光学显微镜大几百倍,比透射电镜大几十倍,图像富有立体感。

(5)可配置多种附件如能谱仪和波谱仪等,在观察形貌的同时,可利用样品发出的其他信号做微区成分分析。

2. 扫描电镜的种类　电子枪的作用是用来产生电子,主要分为热游离式电子枪与场发射电子枪两大类。根据电子枪的特点,目前市场提供的扫描电镜主要分为两类:场发射扫描电镜和常规扫描电镜,场发射扫描电镜具有更高分辨率和更大的放大倍率,两类电镜特点见表 3-1。

表 3-1　扫描电镜几种常见性能指标

	常规扫描电镜		场发射扫描电镜	
电子枪	热电子发射		场发射	
电子源	钨灯丝	六硼化镧(LaB$_6$)	冷场发射	热场发射
束斑直径(nm)	30 000	10 000	5~10	15~20
分辨率(nm)	3~15	4~5	1.0~1.4	1.2~3

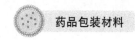

	常规扫描电镜		场发射扫描电镜	
放大倍数(kx)	10~300	10~300	10~900	10~900
加速电压(kv)	0.5~30	0.5~30	0.1~30	0.1~30
工作温度(K)	2 800	1 800	室温	1 800
真空度(Pa)	10^{-4}	10^{-5}	10^{-8}	10^{-7}
侧重点	图像及 多功能分析	图像及 多功能分析	高分辨图像	高质量图像、 多功能分析

二、扫描电镜法的应用

（一）扫描电镜法在玻璃类药包材中的应用

玻璃类药包材具有配方简单、生物安全性高、保护性能优越、化学稳定性好、透明、可高温消毒、原料丰富、产品生产能源消耗低等特点，一直以来为注射剂最常用的包装形式。玻璃类药包材从形制上可分为安瓿、输液瓶、注射剂瓶、笔式注射器用玻璃套筒、预灌封注射器用玻璃针管等几种常见形式，可用于多种制剂形式。随着科技的发展，药品监管水平的提升，扫描电镜已成为玻璃类药包材研究中不可或缺的技术手段之一，目前主要应用于玻璃表面侵蚀行为研究、镀膜玻璃容器膜层表征及厚度测定、玻璃容器包装注射剂中可见异物检测及来源分析等方面。

1. 玻璃表面侵蚀行为研究　玻璃容器盛装药品后经高压灭菌或长期储存药液时，玻璃容器内表面会与药液发生相互作用，严重时甚至产生玻璃脱片。其机制为当药液侵蚀玻璃表面时，玻璃中所含的碱金属离子(主要是 Na^+)溶出，在玻璃表面残存层状含水硅氧骨架即硅胶膜，当药液继续侵蚀这层硅胶膜，使之产生空穴，具有侵蚀性的药液沿着形成的空穴向内层进一步渗透、侵蚀，使空穴不规则地向玻璃表面深层发展，使玻璃表面在一定厚度内形成疏松的多孔硅胶膜。当玻璃容器受冷热交替作用或外力振动及摇动时，硅胶膜层发生溃散或成片剥离，形成大小、厚薄、外形不规则的闪光薄片。玻璃表面被侵蚀后，内表面会留下坑洞、表面剥离等形貌变化。

（1）玻璃包装容器与药物相容性研究：《化学药品注射剂与药用玻璃包装容器相容性研究技术指导原则（试行）》中指出，可用扫描电镜观察药物对玻璃内表面的影响,从而对玻璃表面的侵蚀程度进行考察。目前,扫描电镜已广泛应用于各类玻璃包装容器的质量评价与相容性研究中。相容性研究过程中,扫描电镜观察玻璃容器被侵蚀程度通常包含两部分。首先是对玻璃包装容器进行模拟试验,玻璃容器被明显侵蚀后,扫描电镜观察容器内表面可能出现的侵蚀形貌,即阳性模式。阳性模式中出现的侵蚀形貌并非说明该玻璃包装容器不能用于制剂,而是反映玻璃容器可能发生的被侵蚀趋势及反应区域。不同种类样品典型代表的侵蚀形貌如图 3-5 所示。其次是研究玻璃包装容器与药物相容性,将药品放置不同时间,扫描电镜观察玻璃包装容器内表面是否被药物侵蚀,并对比阳性模式判断侵蚀程度(图 3-6)。扫描电镜结果可为玻璃包装容器与药物相容性的评价提供依据。

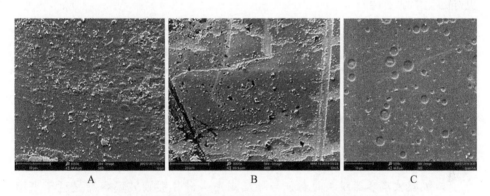

图 3-5　玻璃包装容器被侵蚀形貌的典型代表扫描电镜图(阳性模式)

A. 中硼硅玻璃模制注射剂瓶经 pH 8.0、3%枸橼酸钠溶液于 80℃条件下侵蚀 24 h(放大 6 000 倍);
B. 为钠钙玻璃输液瓶经 0.005 mol/L 氢氧化钠溶液 121℃侵蚀 1 h(放大 3 000 倍);C. 为中硼硅玻璃管制注射剂瓶经 pH 8.0、0.9%氯化钾溶液 121℃侵蚀 1 h(放大 5 700 倍)

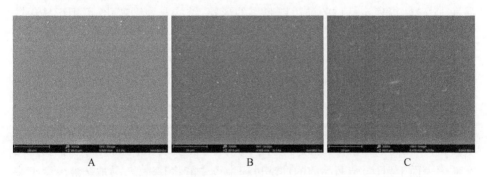

图 3-6　药品与玻璃包装容器的相容性研究的典型扫描电镜图

A. 0 个月;B. 加速 3 个月;C. 加速 6 个月(放大倍数:3 000 倍;加速条件:温度为 40℃,湿度为 75%RH)

（2）生产工艺过程对玻璃包装容器质量的影响研究：玻璃包装容器按照生产工艺可分为管制瓶与模制瓶,管制瓶与模制瓶包装相同药物或模拟溶液相同条件存储,扫描电镜可观察到管制瓶更容易观察到被侵蚀的形貌,且不同部位被侵蚀程度不同,瓶底部附近区域被侵蚀程度更加明显。由于管制瓶是以玻璃管为原料,借助火焰热加工成型,由于局部受热,玻璃成分中易挥发组成,如碱硼相挥发并沉积在玻璃容器表面,导致玻璃容器不同部位化学组成及结构不同,底部附近区域化学耐受性要低于其他未受热区域。同时,加热还促进碱金属氧化物迁移至玻璃表面,导致玻璃表面和亚表面的结构与化学成分不同,碱金属氧化物大量富集于玻璃内表面,也会降低玻璃容器的化学耐受性。模制瓶为一次成型,不同部位及玻璃表面和亚表面的结构与化学组成相同,相比于管制瓶,模制瓶有更好的化学耐受性。

根据药品的生产工艺,玻璃包装容器包装药品后会经过清洗、去热原、终端灭菌、冷冻干燥等过程。扫描电镜分析玻璃包装容器经过不同生产工艺过程形貌的变化,并结合表面粗糙度分析、电感耦合等离子体质谱法等,研究不同工艺过程对玻璃包装容器质量的影响。例如,玻璃容器在清洗后进行去热原处理,扫描电镜下可观察到处理前后玻璃内表面形貌发生明显变化,主要为清洗后残留水的对玻璃容器内表面的侵蚀作用,即使只有 $50~\mu L$ 的水也足以改变玻璃容器内表面的形貌,减弱玻璃表面耐受性[19~21]。

2. 镀膜玻璃容器膜层的表征与厚度测定　硅化镀膜玻璃容器是近年来市场上涌现的一种新型产品,特点是玻璃内表面具有疏水性,瓶壁不粘挂药液。扫描电镜可表征镀膜层薄膜的形貌和结构,测定镀膜层的厚度。

扫描电镜分析硅化镀膜玻璃容器经过超声清洗、耐高温、耐热性、耐水性、耐酸性、耐碱性等稳定性试验前后镀膜层的形貌、结构与厚度变化,可用于硅化镀膜玻璃容器膜层的稳定性和均一性评价[22~24]。

3. 玻璃包装容器中可见异物的检测与来源分析　扫描电镜-X 射线能谱联用仪可对注射剂中可见异物形貌和成分进行分析,分析可见异物的来源。玻璃包装容器产生的可见异物一般有 3 种,即玻璃屑、玻璃脱片与浑浊的硅胶。玻璃在生产过程中受到刮伤、破裂、断裂及吹裂的地方经常产生一些粉末、小碎片等残留物,其在高温工艺,如退火等过程中,会有一部分粉末、小碎片等残留物熔结在玻璃表面上,且包装药品前的冲洗过程中也未能将其洗掉,易被药液溶解下来形成玻璃落屑。玻璃脱片是指药液对玻璃容器的侵蚀导致玻璃成分的迁出或是表面剥下一薄层,而后碎裂成大大小小的玻璃脱片。扫描电镜可对玻璃相关的

3 种可见异物进行表征[25,26]，扫描电镜与 X 射线能谱仪联用分析可见异物的成分，从而对不同的来源可见异物进行区分，对探究玻璃相关可见异物产生的原因、改善玻璃包装容器生产工艺、保证药品的质量安全具有重要的作用。

（二）扫描电镜法在塑料类药包材中的应用

塑料材料因质量轻、强度高、化学性能稳定及价廉等优点被广泛应用于医药包装领域。药用塑料包装材料应用广泛，涉及塑料组件和塑料容器。塑料类药包材形式多样，包括输液瓶、输液用膜（袋）、液体瓶、固体瓶、复合硬片、复合膜、复合袋、封口垫片、组合盖等。扫描电镜目前主要用于复合膜膜层的表征与厚度测定、塑料基体与填料界面结合情况的表征、塑料包装材料受光降解的结构表征等方面。

1. 复合膜膜层的表征与厚度测定　复合膜指各种材质的塑料与纸、金属或其他塑料通过黏合剂组合而形成的膜，其厚度一般不大于 0.25 mm。复合膜各层基材的选择及厚度的变化、制造工艺与方法的不同，特别是功能层的材质和厚度对复合包装材料性能的影响很大。当功能层厚度降低或用价格低廉、性能不足的材料取代功能性强、品质好的材料时，可能会使复合膜中的有害物质迁移到药品中，影响药品质量。因此，可利用扫描电镜对复合膜层数和膜层厚度进行表征和测量。

用切片机对包装用复合膜进行切片，获取其横截面，在低真空模式下，对截面进行扫描电镜测试，得到切片截面的显微放大图[27]。扫描电镜能够明显区分复合膜和共挤膜结构，为判断膜材的加工方式、层数提供依据。扫描电镜还可以对每一层的厚度进行测量计算，最终得到每个单层膜的厚度，以判定功能层厚度是否满足实际使用要求。

2. 塑料基体与填料界面结合情况的表征　为改善塑料包装材料强度或增加其功能性，一般会向基体材料中加入填料，扫描电镜可用于表征塑料基体与填料界面结合情况。填料与基体的结合有物理结合和化学结合两种方式，物理结合方式主要是通过共混的方式将填料分散在基体材料中，通过扫描电镜观察，优良共混条件得到的材料，填料在基体中分散均匀，且填料与基体界面清晰没有黏结。化学结合方式主要是添加剂与基体材料发生化学反应或产生极性作用，添加剂以接枝、嵌段、改善界面张力等方式与基体材料结合。经扫描电镜观察，良好的化学结合使得填料与基体材料间界面模糊，基本看不见裸露的填料。

3. 塑料包装材料受光降解的结构表征　扫描电镜不仅可以观察分层结构和

界面结合情况,还可以观测到塑料包材表面及断面的形貌特征。目前,可降解塑料在药包材中的应用有着重要的研究价值,而扫描电镜在研究塑料降解条件及过程方面也发挥着不可替代的作用。扫描电镜观察光降解前后的塑料膜发现,光降解前,塑料表面和拉断截面均显示出较强的弹性和韧性,分子间作用力较大,塑料膜表面较为光滑,而光降解后的塑料膜表面布满细小裂纹,拉断截面发生脆化,出现明显的小碎片。光降解程度越大,拉断截面的碎片化现象越明显[28]。扫描电镜观测到的变化可以为判断塑料包装材料是否发生光降解提供可靠依据。

(三)扫描电镜法在橡胶类药包材中的应用

橡胶密封件及热塑性弹性体密封件多以组件的形式用于药品包装系统中,如胶塞、垫片等。橡胶密封件及热塑性弹性体的配方和工艺较为复杂,就配方而言,橡胶材料是由生胶与有机、无机添加剂组成的;就工艺而言,以生胶为主要原材料,需要经过混炼、压延或压出、硫化、冲切、清洗、包装等工序。无论是橡胶配方的不合理性,还是生产工艺的缺陷,都会直接影响橡胶包装材料的质量。

1. 覆膜胶塞膜层的表征与膜厚测定　覆膜胶塞是在常规胶塞与药品接触表面覆盖了一层高阻隔性的膜材料,所附膜层可以阻止胶塞和药品之间的物质迁移和吸附,从而显著提高药品相容性。覆膜胶塞主要用于高敏感度、高活性或强酸碱性等药品的包装。覆膜工艺的核心在于实现膜材料与裸塞的覆合,涉及膜预处理技术、硫化工艺技术、膜与裸塞的覆合处理技术、膜自洁控制技术等特殊工艺,最终保证膜材料与裸塞的覆合牢度。通过扫描电镜的检测,可以对膜材料与裸塞覆合牢度进行观察,并监测覆膜厚度的均匀性。如图3－7所示,对覆膜胶塞的截面进行扫描电镜观测,从电镜图中可以明显看出所覆薄膜与裸塞的覆合牢度,图3－7A中薄膜与裸塞中间间隙明显,表明膜与裸塞的覆合强度较差,反观图3－7B中覆膜状态,没有明显间隙,覆合强度较好。通过扫描电镜的测算模块,可以直接测量所覆薄膜的厚度。

2. 橡胶及其制品的质量控制　扫描电镜可用于检查并表征胶塞的缺陷,并通过扫描电镜-X射线能谱联用技术可对缺陷成分进行分析,辅助分析胶塞缺陷产生原因,改善生产工艺,提升产品质量,图3－8为胶塞中典型的表面的缺陷。

扫描电镜-X射线能谱联用技术还可用于橡胶体系中无机填料的质量控制[29]。有研究发现,橡胶密度低于规定值,用扫描电镜-X射线能谱联用技术对橡胶体系中可疑填料的组分进行分析,结果表明,填料中元素组成及比例存在问题,以次充好,主成分含量远低于规定含量,从而导致橡胶材料的整体密度不符合要求。

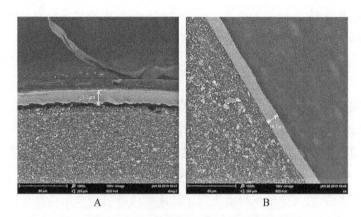

图3-7 覆膜胶塞截面的扫描电镜图片

A. 放大1 000倍,膜与裸塞覆合牢度差;B. 放大1 000倍,膜与裸塞覆合牢度好

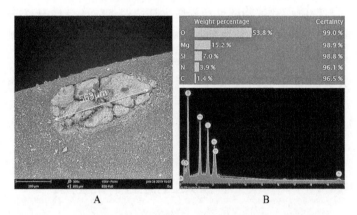

图3-8 胶塞缺陷的扫描电镜-X射线能谱联用仪扫描图片

A. 放大300倍,胶塞缺陷的微观形态;B. 胶塞缺陷的元素构成

(四)扫描电镜在金属类药包材中的应用

金属类药包材具有高强度、高阻隔性及良好的加工使用性能等特点,这些优异的性能使得金属类药包材在包装材料领域具有非常重要的地位。然而,金属类药包材也有不容忽视的弊端,金属类药包材易发生腐蚀,腐蚀会引起内容物发生变质,严重时直接关系到药品安全问题。常用的金属类药包材有铝箔、软膏管和药用铝盖等。

1. **金属类药包材腐蚀行为的表征**　金属包装的食品或药品在运输和搬运过程中不可避免地会受到外界冲击发生磕碰,从而造成内部涂层受损,使得内容物与金属包材的基体直接接触,从而发生局部腐蚀。扫描电镜在金属包材腐蚀失效分析中的应用主要表现在 3 个方面:

(1) 检测金属包材发生腐蚀的现象,并持续监测腐蚀行为的发展过程。

(2) 对于金属包装内壁的腐蚀问题,尤其是焊缝等加工变形量大的区域,通过对内涂膜缺陷状况、焊缝补涂效果、腐蚀穿孔形貌等方面的检测,结合能谱仪对腐蚀产物成分的检测,分析金属包材腐蚀的原因及过程机制。

(3) 对内容物中异物颗粒进行元素分析,并推测其成分物质,确定其来源[30]。

2. **药用铝箔缺陷的表征**　药用铝箔最常见的质量问题是外观和针孔,铝箔原材料的生产工艺及精细化程度决定了药用铝箔不可避免地会存在针孔和黑线油斑的问题[31]。扫描电镜可对药用铝箔中的针孔进行检测,并测量其尺寸。此外,还可以对铝箔的擦伤、脏污或夹杂点等微观形貌进行监测,清晰地观测到铝箔表面的状态,检测局部缺陷的损伤程度。在铝箔的生产过程中,对铝箔表面印刷涂布和焊缝的质量控制也至关重要。通过扫描电镜检测,可以观测涂膜固化效果,对涂布漏涂、杂质点、熔锡和缩孔等问题进行检测分析并测量计算。结合扫描电镜-X 射线能谱联用技术进行元素分析,根据元素成分追溯污染异物来源[30]。

第五节　常用的容器密封完整性检测技术在无菌制剂中的应用

包装系统密封性也称容器密封完整性(container closure integrity, CCI),指在无菌产品生命周期内包装能够保证产品理化性质和微生物性质符合质量要求的能力。主要体现在 3 个方面:一是包装无内容物损失;二是包装无微生物侵入;三是包装无气体或其他物质进入。通过上述 3 个方面共同保证产品质量符合要求。无菌制剂容器密封完整性对于维持产品关键质量属性及确保产品使用前的无菌性至关重要[32]。本节重点梳理了各国容器密封完整性相关法规标准,概述了无菌制剂药品包装系统常见的泄漏风险,归纳了容器密封完整性泄漏测试方法,提供容器密封完整性泄漏测试方法选择策略,最后以应用实例说明密封泄漏测试操作思路。

一、容器密封完整性在无菌制剂质量控制中的重要性

20世纪90年代起,国外药品监督管理部门已经发布关于容器密封完整性的建议和指南,近年来,随着技术的发展,各国机构组织和药品监督管理部门越发重视容器密封完整性对无菌保障的重要性。

（一）国内研究进展

近年来,医药行业产业的升级和仿制药一致性评价的推进,直接带动了我国医药企业对药包材容器密封完整性研究工作。目前我国药包材容器密封完整性研究工作正在如火如荼地推进,虽然起步晚,底子薄,国内尚没有发布相关技术要求,但是我国药品监督管理部门对容器密封完整性重视程度与日俱增,一系列国家标准正在相继出台,将逐步走向规范化。

《药品生产质量管理规范（2010年修订）》附录1：无菌药品第十三章"无菌药品的最终处理"第77条指出："无菌药品包装容器的密封性应当经过验证,避免遭受污染。熔封的产品（如玻璃安瓿或塑料安瓿）应当作100%的检漏试验,其它包装容器的密封性应当根据操作规程进行抽验检查。"第78条指出"在抽真空状态下密封的产品包装容器,应当在预先确定时间后,检查其真空度。"

《无菌医疗器械包装试验方法》（YY/T 0681—2020）标准中共有5部分涵盖密封性检测手段,分别为"第2部分：软性屏障材料的密封强度"（YY/T 0681.2—2020）、"第4部分：染色液穿透法测定透气包装的密封泄漏"（YY/T 0681.4—2020）、"第5部分：内压法检测粗大泄漏（气泡法）"（YY/T 0681.5—2020）、"第11部分：目力检测医用包装密封完整性"（YY/T 0681.11—2020）、"第18部分：用真空衰减法无损检测包装泄漏"（YY/T 0681.18—2020）。

国家药品监督管理局药品审评中心在2020年5月14日发布了《化学药品注射剂仿制药质量和疗效一致性评价技术要求》,在灭菌/无菌工艺验证部分,指出对于终端灭菌和无菌灌装产品至少进行并提交以下验证报告中含包材密封性验证。在稳定性研究技术要求部分指出"稳定性考察初期和末期进行无菌检查,其他时间点可采用容器密封性替代。容器的密封性可采用物理完整测试方法（如压力/真空衰减等）进行检测,并进行方法学验证。一般应提供不少于6个月的稳定性研究数据。"2020年10月21日,国家药品监督管理局药品审评中心发布《化学药品注射剂包装系统密封性研究技术指南（试行）》,重点对注射剂

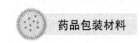

容器密封完整性检查方法的选择和验证进行阐述,旨在促进现阶段化学药品注射剂的研究和评价工作的开展。

《中国药典》(2020 年版)三部人用疫苗总论部分,在稳定性检测指标和检测方法部分提及"一些常用检测也可作为稳定性研究的一部分,如一般安全性、聚合物程度、pH、水分、抑菌剂、容器以及密封程度,内包材的影响因素等。"通则生物制品分包装及储存管理,分装要求中提及"液体制品分装后立即密封,冻干制品分装后应立即进入冻干工艺过程。除另有规定外,应采取减压法或其他适宜的方法进行容器密闭性检查。用减压法时,应避免将安瓿泡入液体中。经熔封的制品应逐瓶进行容器密封性检查,其他包装容器的密封性应进行抽样检查。"冻干要求中提及"真空封口者应在成品检定中测定真空度。充氮封口应充足氮量,氮气标示纯度应不低于99.99%。"对于包装后的灯检要求中提及除另有规定外,熔封后的安瓿或密封的分装容器应进行容器密封性检查。

(二)国外研究进展

国外针对密封性的相关研究,无论是监管政策或是技术性指导文件均比较成熟,发布的相关指南为药企开展研究提供有利指导。

早在 1998 年,美国食品药品监督管理局(Food and Drug Administration,FDA)就发布指导文件,建议制造商可以在产品放行前无菌检验以外的时间点,使用容器密封完整性试验代替无菌试验。2008 年 2 月,FDA 发布正式文件表明如果用容器密封完整性检测代替无菌检测,可能包括任何经过适当验证的物理或化学密封完整性检测试验或微生物密封完整性试验,在证明产品在保质期内可能受到污染方面,此类试验可能比无菌试验更有用。

2020 年,《欧盟药品生产管理规范》附录 1 无菌产品生产中关于容器密封完整性部分的规范做了相关补充,目前还处于征求意见稿阶段,其中 8.18 部分指出应通过适当验证过的方法密封容器。8.19 部分指出真空条件下密封的容器应在适当、预定期限后及货架期期间检测真空维持水平。8.20 部分指出容器密封系统的完整性验证应考虑任何运输或装运要求。

《美国药典》的 1207 章专门针对包装系统密封性做了介绍,主要包括 1207 章包装完整性评价——无菌产品、1207.1 产品生命周期中的包装完整性检测——检测方法选择和验证、1207.2 包装完整性泄漏检测技术、1207.3 包装密封质量检测技术。

1998 年,美国注射剂协会技术报告第 27 号(Parenteral Drug Association

Technical Report 27，PDA TR27）指出了整个生命周期内评价产品容器密封完整性的关键因素信息，介绍了 18 种不同的容器密封完整性检测方法，意图帮助用户在产品生命周期过程中开发出完整性评价策略。2021 年的 TR86 技术报告在此基础上进行更新，所提供的信息旨在帮助用户在产品生命周期的各个阶段推进当前的完整性评估和检测策略。该报告从 3 个主要方面论述了容器封闭的完整性：复杂系统和包装完整性方法的挑战、利用现有技术进行完整性检测的创新方法、药品容器密封完整性的额外考虑。

（三）无菌制剂药品包装容器泄漏风险评估

容器密封系统由于制作工艺或产品本身的风险，包装可能存在的泄漏部位具有一定可预见性。应基于风险评估原则，找到检测包装潜在的质量风险点，选择合适的密封性检测方法进行检测和验证，方法验证时所用阳性样品的制备应尽可能接近风险点，从而提高检出能力，降低检测成本。

1. 熔封产品　这类包装主要指玻璃安瓿类产品，其主要的泄漏风险为熔封部位、瓶颈部位、瓶底部位有裂纹或破碎。

2. 热封袋　这类包装主要指吹灌封（blow-fill-seal，BFS）、成型灌封（form-fill-seal，FFS）类产品，如软袋、软质瓶等，其主要的泄漏风险有：① 弱密封；② 褶皱密封；③ 密封间隙；④ 密封通道；⑤ 产品卡封。

3. 带塞的瓶制包装　这类包装主要有玻璃管制/模制注射剂瓶、玻璃输液瓶类产品，其主要的泄漏风险有：① 小瓶存在通道缺陷；② 轧盖不严；③ 胶塞松动、跳塞；④ 产品卡在塞子和小瓶之间。

4. 预灌封注射器　这类包装主要的泄漏风险有：① 针罩被针头刺穿；② 活塞有缺陷。

5. 滴眼液瓶　这类包装主要的泄漏风险有：① 盖子松散；② 滴管尖端缺失或插入不良；③ 尖端或盖子缺陷。

二、8 种无菌制剂容器密封完整性泄漏检测方法与选择策略

无菌制剂容器密封完整性泄漏检测方法主要可分为确定性检测方法和概率性检测方法两类，其中确定性检测方法主要包括真空衰减法、质量提取法、高压放电法、压力衰减法、激光顶空分析法、真空氦检法；概率性检测方法主要包括微生物挑战法和色水法。

（一）确定性方法

确定性检测方法主要是物理性的容器密封完整性测试方法（physical container-closure integrity test，pCCIT）。

1. 真空衰减法

（1）测试原理：真空衰减法主要通过使用压力传感器（绝压传感器与差压传感器）检测腔体内的压力变化，从而判断检测包装的泄漏情况[33]。采用微型流量计引入已知泄漏率的空气到检测腔体获得压力变化作为对照，在检测阶段结束时，如果真空衰减大于给定的阈值，则表明容器有泄漏，测定原理如图 3-9 所示。

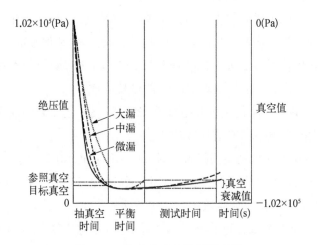

图 3-9　真空衰减法检测原理图

（2）方法适用性

1）测试包装：刚性或柔性包装均可检测；当暴露于检测真空条件时，柔性包装或具有非固定组件的包装需要用工具限制包装膨胀或移动。

2）包装内容物：常压、微负压和高真空的各类容器；含气体、液体和（或）固体材料的包装均可检测。不适用于含颗粒物的悬浊液或乳状液样品的检测，如蛋白质样品；亦不适合高黏度物质测试，如糖浆样品。

2. 质量提取法

（1）测试原理：是基于质量守恒定律，从测试腔体中提取的稳态条件下的质量流量等于进入测试腔体中的包装泄漏量。通过监测真空状态下从测试包装中提取到的质量流量来检测包装泄漏，检测原理如图 3-10 所示。

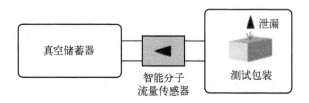

图3-10 质量提取法检测原理

（2）方法适用性

1）测试包装：刚性或柔性包装均可检测；当暴露于测试真空条件时，柔性包装或具有非固定组件的包装需要用工具限制包装膨胀或移动。

2）包装内容物：常压、微负压和高真空的各类容器；含气体、液体和（或）固体材料的包装均可检测。含颗粒物的悬浊液、乳状液或者高黏度的样品则不适用，如蛋白质样品、糖浆样品等。

3. 高压放电法

（1）测试原理：指在待测包装上外加高压电，根据有缺陷及无缺陷时电学参数的差异实现对待测包装密封性的检测。高频高压（V）应用于由非导电材料制成的产品填充容器，仪表控制部分产生的高压由高压变压器中升压后，应用于检测电极；通过检测电极向检测电路发送信号，如果容器发生泄漏，则会向容器中放电（图3-11）。

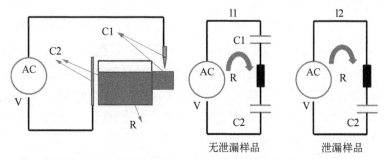

V，高频电压；C1，检测极与样品之间电容；C2，接收极与样品之间电容；
I1，无泄漏样品电流；I2，泄漏产品样品电流；R，药品溶液电阻；AC，交流电

图3-11 高压放电法检测原理图

（2）方法适用性

1）测试包装：包装组件必须是相对不导电的，产品相对于包装必须是导电的。测试样品相对于测试样品包装的电导率差异越大，越能提高泄漏检测灵敏度。

2）包装内容物：产品不得易燃；泄漏检查位置或泄漏位点附近须有产品存在。适用于含液体或半液体产品的包装，尤其可用于检测含颗粒物的乳状液或混悬液、黏稠液体和蛋白质等生物制品的检测。

3）可判断测试包装中泄漏的存在及可能泄漏的位置，即可做到定量检测和定位检测。

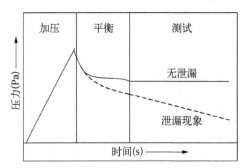

图 3-12　压力衰减法检测原理图

4. 压力衰减法

（1）测试原理：通过测试包装所在的密封腔在加压后压力随时间下降变化来检测包装泄漏。监测到的压力衰减变化值如果超过使用阴性对照确定的预定极限的衰减变化值表明容器存有泄漏，检测原理如图 3-12 所示。

（2）方法适用性

1）测试包装：刚性或柔性包装均可检测；当暴露于测试真空条件时，柔性包装或具有非固定组件的包装需要用工具限制包装膨胀或移动。

2）包装内容物：具有一定顶空气体、无液体填充的包装，泄漏部位必须有气体，只能测气漏。

5. 激光顶空分析法

（1）测试原理：激光顶空分析法是应用可调谐半导体激光吸收光谱术（tunable diode laser absorption spectroscopy，TDLAS）检测技术，通过对包装容器的顶空压力、水气、氧或二氧化碳这些关键指标的监测实现间接检测[32]。容器密封完整性的破坏伴随着容器顶空与周围环境之间的气体交换。因此，如果周围气体环境与顶空环境不同，表征顶空总压和（或）与气体成分相关的分压会显示差异，检测原理如图 3-13 所示。

（2）方法适用性

1）包装内容物：测试样品需要具有一定顶空体积和顶空路径长度。

2）测试包装：须有一定透光性（透明或半透明材料，琥珀色或无色），允许近红外光的透射。

6. 真空氦检法

（1）测试原理：真空氦检法要求检测时测试样品包装内存有示踪气体氦气，仪器真空泵首先将测试腔抽真空，若测试包装存在泄漏，示踪气体将通过漏

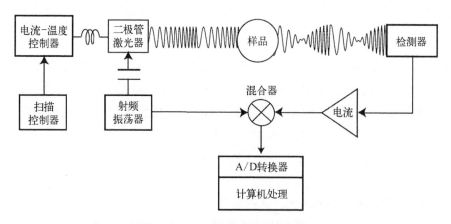

图 3-13 激光顶空分析检测原理

孔且被吸入光谱分析仪,进行定量。

(2)方法适用性

1)测试包装:应保证示踪气体渗透率最小化,避免掩盖测试样品的泄漏问题;柔性包装或具有非固定组件的包装可能需要工具限制包装膨胀或移动。

2)包装内容物:泄漏路径中不能存在液体或固体材料,它们可能会阻碍示踪气体的流动,影响最终测试结果。在测试充满液体的包装时需要小心操作,避免蒸汽或液体被吸入测试系统从而损坏仪器。

(二)概率性方法

概率性检测方法主要包括微生物挑战法和色水法,这两种方法也已被《美国药典》收载。

1. 微生物挑战法

(1)测试原理:微生物挑战法测试样品泄漏是通过测试包装内的挑战微生物的生长情况来证明。制备挑战菌悬浮液,将测试样品浸入悬浮液中,放置一定的时间,浸没期间要保证测试包装内的无菌培养基应充分接触封口内表面,封口的外表面及样品的颈口部应完全浸泡在菌悬浮液中。然后在促进生长的条件下孵育样品,并检查测试包装内的微生物生长情况。改善方法包括将浸没的测试样品暴露于正压力条件下,或暴露于多个真空和(或)压力条件循环中。

(2)方法适用性:测试包装必须是能够承受液体浸没的无菌药品包装,当没有适当且经过验证的物理化学泄漏测试方法时,或当测试结果需要预防微生物侵入的直接证据时,通过浸没进行的微生物挑战测试是最有用的。

2. 色水法

（1）测试原理：色水法使用亚甲蓝或其他有色液体来确定包装是否存在泄漏现象。测试过程中,可施加一定压差,加速染料转移,以提高方法的灵敏度。如果包装有泄漏,染色溶液会从泄漏部位通过毛细管作用进入包装容器中,导致药液颜色变化,从而判断包装是否泄漏。也可以采用紫外-可见分光光度计进行半定量,与目视分析相比,分光光度法检测的灵敏度更高。

（2）方法适用性：检测包装必须能够耐浸没。

（三）包装密封泄漏检测方法的选择策略

对于容器密封完整性测试方法的选择,没有"一刀切"的解决方案。没有一种包装泄漏测试方法可以适用于所有包装系统。

1. 不同产品密封完整性泄漏检测方法选择　注射剂药包材系统类型大概可分为安瓿、玻璃注射瓶、输液瓶、输液袋、预灌封注射器、笔式注射器等。整体来讲,不同的密封性检测方法对药包材类型的选择性并不大,主要根据包装内容物性质来确定测试方法的应用,可考虑既往经验、测试成本等因素综合选择。

包装内容物的性质是第一决定因素。包装是否含有液体或固体成分,是否有惰性气体、空气、真空顶空或者无顶空,都会影响泄漏测试方法的选择。例如,通过真空衰减或质量提取法来测试较高浓度/黏度包装样品,测试真空条件可能会导致某些成分泄漏途径中固化,从而堵塞气体流动并造成测试无效,这种情况可采用高压放电法测试,但该测试要求液体产品比包装材料更导电。又如,当测试包装具备充氮或者负压工艺时,可以采用激光顶空分析法来监测容器顶空变化从而判断包装容器是否泄漏。表 3 - 2 提供了不同产品特性针对的确定性测试方法选择。

表 3 - 2　不同产品特性针对的确定性测试方法选择

产品特性		适用方法
溶液黏度	低浓度溶液	真空衰减法、质量提取法、压力衰减法等
	高浓度溶液	高压放电法
	乳状液/混悬液	高压放电法
	气体保护	激光顶空分析法
	导电性	高压放电法

2. 不同生命周期阶段密封测试方法选择

（1）产品开发阶段：在包装开发和确认期间主要应保证产品的固有包装完整性。固有包装完整性指采用无缺陷包装组件组装完好的容器密闭系统的泄漏特性。确定容器密闭系统的可接受固有包装完整性，是产品生命周期中包装完整性验证的第一步。此阶段可以采用具有较高灵敏度的泄漏检测方法进行验证，如示踪气体检测（真空模式）。

（2）产品生产阶段：对于商业化产品的密封完整性检查，可以采用包装泄漏测试、辅助包装密封质量测试和目检共同保障所生产的产品包装的质量。此阶段可以根据监管要求、所选方法是否能够对完整性保证持续的评估角度（破坏性/非破坏性方法）选择测试方法。须注意，当产品、包装设计、包装材料或生产/加工条件发生变更时，需要考虑包装完整性的重新评估。

（3）产品稳定性研究阶段：稳定性研究初期和末期进行无菌检查，其他阶段可选择包装密封泄漏测试方法代替无菌检验。

3. 确定性检测方法/概率性检测方法的选择 密封性检测方法建议优先选择能够检出产品最大泄漏限度的方法，但不限于确定性方法。基于现阶段我国密封性研究现状，概率性检测方法并非要被确定性检测方法替代。无论是选择确定性检测方法还是概率性检测方法，关键是方法应是已经被验证过的方法，只要经过了验证，就可以用于日常的密封性检查。

第六节　机　遇　与　挑　战

玻璃、橡胶、塑料、金属等材料都是重要的药包材，大部分材料配方复杂，在较长时间的储存中受温度、湿度、空气、光、微生物等的影响，可能与药物发生相互作用，即可能引入存在安全风险的浸出物，因此需要对不同配方的药包材进行全面评估。

目前，随着行业检测技术和仪器功能的不断提高，便携性能和自动化程度的提高，各检测技术的应用逐步扩大至大批量样品的快速、现场或在线检测。不同检测手段之间的联用技术也引来了更高层次的开发与运用，逐步扩大了其应用范围。在新设备、新技术的发展下，新的检验检测技术必将在药包材及药品安全方面发挥更加重要的作用。

参考文献

[1] 施良和.凝胶渗透色谱法.北京：科学出版社,1978：1－4.

［2］ ASTM International. ASTM D6474－12 standard test method for determining molecular weight distribution and molecular weight averages of polyolefins by high temperature gel permeation chromatography, 2012.

［3］ SKOOG D A. Principles of Instrumental Analysis. 6th ed. Belmont：Saunders College Publishing, 2006：851－864.

［4］ 曾幸荣.高分子近代测试分析技术.广州：华南理工大学出版社,2009：275－286.

［5］ 杨芳,贾慧青,笪敏峰.高温双检测器凝胶渗透色谱法表征聚乙烯.合成树脂及塑料,2017,34(3)：46－48.

［6］ 李瑞,姜艳峰,吴双,等.双向拉伸聚乙烯的微观结构及热学表征.合成树脂及塑料,2020,37(2)：63－71.

［7］ 连秋燕,田晓蕊,黄宗雄,等.热裂解气质联用法鉴别复合纤维.合成纤维,2021,50(12)：42－46.

［8］ 胡慧廉,施嘉亮,郎蕾,等.热裂解气质联用鉴别 PA56、PA66 和 PA6.中国塑料,2021,35(11)：120－124.

［9］ 谢甲增.裂解气质联用法测定混纺纤维中聚氨酯弹性纤维的研究.杭州：浙江理工大学,2019.

［10］ 邓思娟,周衡刚.气质联用技术在涂料剖析中的应用.合成材料老化与应用,2016,45(4)：109－113.

［11］ 姜红,任继伟,鞠晨阳,等.X 射线荧光光谱结合聚类分析检验药品铝塑包装片.化工新型材料,2019,47(11)：194－198.

［12］ 姜红,鞠晨阳,张冰钰,等.红外光谱结合 X 射线荧光光谱分析多种塑料袋组份的研究.化学研究与应用,2019,31(3)：391－396.

［13］ 姜红,徐乐乐,付钧泽.X 射线荧光光谱法对橡胶鞋底的分类.化学研究与应用,2020,32(5)：832－834.

［14］ 徐峥,李志进.X 射线荧光光谱法测定浮法硼硅酸盐玻璃的成分.理化检验-化学分册,2020,56：1229－1231.

［15］ 马清芳,郝超伟,潘庆华,等.微波消解-电感耦合等离子体质谱结合标准加入法测定有机硅橡胶中痕量锡.杭州师范大学学报(自然科学版),2019,18(3)：225－229.

［16］ 张广湘,蓝建华,徐苏华,等.ICP－MS 测定预灌封注射器中的可提取钨.中国医疗器械杂志,2016,40(2)：137－139.

［17］ 吴雅清.X 射线荧光光谱法半定量和电感耦合等离子体质谱法全定量快速测定花草茶中多种元素.理化检验(化学分册),2021(2)：132－139.

［18］ 崔林.利用扫描电镜观测聚乙烯基纳米电介质微结构方法的研究.哈尔滨：哈尔滨理工大学,2016.

［19］ DOMINIQUE D, HANNS-CHRISTIAN M, LINUS G, et al. Impact of vial washing and depyrogenation on surface properties and delamination risk of glass vials. Pharmaceutical Research, 2018, 35(7)：146.

［20］ SRINIVASAN C, MA Y, LIU Y, et al. Quality attributes and evaluation of pharmaceutical glass containers for parenterals. International Journal of Pharmaceutics, 2019, 568：118510.

[21] MA Y, ASHRAF M, SRINIVASAN C. Microscopic evaluation of pharmaceutical glass container-formulation interactions under stressed conditions. International Journal of Pharmaceutics, 2021,596: 120248.

[22] 范能全,周爱梅,范勇,等.利用扫描电镜检测硅化镀膜注射剂玻璃瓶膜层厚度方法的探讨.中国药师,2017(7): 1-3.

[23] 李文杰.玻璃瓶内壁 SiO_2 薄膜的 PECVD 法沉积及其阻隔性能研究.杭州:浙江大学,2015.

[24] 朱恒伟.玻璃容器内壁沉积 SiO_2 薄膜的 PECVD 设备研制与工艺研究.杭州:浙江大学,2015.

[25] 姚羽,徐向炜,陈文璐.玻璃安瓿与盐酸利多卡因注射液质量的相关性研究.中国药事,2017,31(6): 5.

[26] 张圆,裘婧,张云楚,等.肝素钠注射液中的可见异物成因与定性方法研究.中国药品标准,2020,21(4): 313-320.

[27] 张召艳,孙洪峰.快速分析食品包装复合膜材质结构的方法研究.食品安全质量检测学报,2021,12(3): 1229-1234.

[28] 蒋凤华,谢林青,孙承君,等.常见塑料薄膜制品在 UV 作用下的性能变化特征.科学通报,2021,66(13): 1571-1579.

[29] 张海潮,许耀东,张秀娥,等.SEM/EDS 联用技术在橡胶行业的应用.橡胶工业,2016,63(10): 623-626.

[30] 王洁琼,柏建国.扫描电子显微镜在金属包装检测中的应用.全面腐蚀控制,2020,34(10): 23-26,85.

[31] 苏毅,张军.口服固体制剂包装中药用铝箔及药用复合膜的质量控制.印刷技术,2021(1): 40-42.

[32] 杨梦雨,赵霞,孙会敏.无菌制剂容器密封完整性检测技术和相关法规研究进展.中国新药杂志,2022,31(3): 245-250.

[33] The United States Pharmacopieial Convention. United States pharmacopeia: 43 general chapter 1207 package integrity evaluation—sterile products. Rockville: The United States Pharmacopieial Convention, 2020.

第四章

新型有机包装材料与工艺的研究进展

　　绿色与可降解、原材料的国产化及新型材料的应用，是药用材料领域的新方向，本章主要针对药用卤化丁基橡胶密封件、药用热塑性弹性体的应用、可降解药包材及其相关研究进展展开介绍，简述各类材料的特点与分类、制备方法或工艺、在药包材领域的应用拓展、与药物相容性的研究进展等，并提出了未来新型有机包装材料与工艺发展的机遇与挑战。

第一节　概　　述

　　2006年起，我国药用丁基胶塞全面取代天然胶塞，成为一种非常重要的药包材。作为丁基橡胶的改性产品，卤化丁基橡胶同时具有普通丁基橡胶的密封和化学稳定性能，还具有相容性好、耐热性能优异等特性，特别是溴化丁基橡胶成为目前国内外常用的一种药包材，广泛应用于各类注射剂、冻干粉针剂、口服液等包装材料。卤化丁基橡胶生产技术和工艺比较复杂，生产流程长，操控难度大，生产成本较高，我国于2010年才实现卤化丁基橡胶的国产化。未来仍需加快推进国产卤化丁基橡胶塞的新技术开发和实施应用。

　　热塑性弹性体（thermoplastic elastomer）是在常温下显示橡胶的高弹性，高温下又能塑化成型的高分子材料（不需要硫化）。热塑性弹性体的结构特点包括化学组成不同的树脂段和橡胶段，树脂段凭借链间作用力形成玻璃凝聚态作为物理交联点，橡胶段（相）则由柔性链段聚集而成，贡献弹性。塑脂段的物理交联随温度的变化而呈可逆变化，显示了热塑性弹性体的塑料加工特性。因此，热塑性弹性体兼具硫化橡胶的弹性力学性能和塑料的可热塑加工性能，是介于橡胶与树脂之间的一种新型高分子材料，常被人们称为第三代合成橡胶。在当今石油资源日益匮乏、环境污染日益严重的背景下,热塑性弹性体具有极其重要的商业价值和环保意义,已成为高分子材料领域的一个研究热点。热塑性弹性体由于其具有柔韧性、耐屈挠、透明、易加工、良好的生物相容性等特点,已经逐步应用在了医疗器械方面。在药包材领域,热塑性弹性体也逐渐应用在了药用胶塞、注射器密封胶封等组件中。随着不同种类热塑性弹性体的研发,其在药包材领域的应用将逐步扩大。

可降解药包材指使用后易被环境降解的一类包装材料。目前,市场上常见的药包材有聚乙烯、聚丙烯和聚氯乙烯等,它们都是来源于化石原料。包装废弃物造成的环境污染是一个不容忽视的严重问题。通常采用焚烧或填埋的方法处理包装废弃物,这样不仅会造成严重的水质和土壤污染,燃烧时会产生强致癌物质二噁英。因此,绿色与可降解是药包材的发展趋势。

第二节　药用卤化丁基橡胶密封件的研究进展

药用卤化丁基橡胶根据卤族元素的不同,分为药用氯化丁基橡胶和药用溴化丁基橡胶,药用卤化丁基橡胶密封件也主要分为药用氯化丁基橡胶密封件和药用溴化丁基橡胶密封件。密封件的形式有多种,如各种形式的橡胶塞、注射器活塞、垫片、护帽等。

一、药用卤化丁基橡胶

1. 卤化丁基橡胶的结构与性能特点

(1) 卤化异丁烯-异戊二烯橡胶(halogenated isobutylene-isoprene rubber, HIIR):是将普通丁基橡胶(isobutylene-isoprene rubber, IIR)溶解于烷烃溶剂后与卤素(包括氯或溴)混合并发生正离子机制的卤化反应而形成的化学改性产品,分为氯化丁基橡胶(chlorinated isobutylene-isoprene rubber, CIIR)和溴化丁基橡胶(brominated isobutylene-isoprene rubber, BIIR),是制备卤化丁基橡胶密封件的关键原材料。普通丁基橡胶产品中通过1,4-共聚的异戊二烯结构单元中的丙烯基,在其甲基的推电子作用下碳碳双键中 π 键的成键电子对与亲电试剂卤素分子通过诱导极化作用发生异裂形成新的碳卤 σ 键和叔碳正离子-卤负离子的离子对,由于叔碳正离子不稳定,通过 β-质子消除反应从相邻甲基脱除 HX(X 代表卤素)形成外双键结构,即转化为烯丙基卤结构。外双键的烯丙基卤结构在酸性或较高温度环境中可以发生重排而转变为内双键结构。氯化丁基橡胶结合氯的含量一般为（1.5±0.1）mol%，溴化丁基橡胶的结合溴含量一般为（1.0±0.1）mol%。

卤化异丁烯-异戊二烯橡胶保持了普通丁基橡胶的基本结构和性能，更赋予其新的性能。由于在大分子主链上引入了烯丙基卤结构，其硫化活性高、硫化速率快、硫化宽容度大幅度提高，可以与其他通用橡胶共混、共硫化；提高了分子链极性，使其在极性材料表面的黏附性能增强。

由于氯和溴的原子极化作用不同，所形成的碳卤键热稳定性和反应活性有一定差异，以 $CH_3CH_2—X$ 为例，C—Cl 键的键能为 340.7 kJ/mol，C—Br 键的键能为 288.7 kJ/mol。因此，烯丙基溴结构要比烯丙基氯结构更加活泼，溴化丁基橡胶的硫化速率远高于氯化丁基橡胶，由此也导致溴化丁基橡胶的热稳定性显著下降，容易发生脱溴反应致使产品劣质化，因此在生产、储存及混炼加工过程中通常需要严格控制温度，并在产品中加入较高含量和多种类的质量稳定助剂。

（2）溴化异丁烯-对甲基苯乙烯橡胶（brominated isobutylene-p-methyl styrene rubber, BIMS）：是异丁烯与对甲基苯乙烯共聚物经过自由基溴化反应形成具有硫化活性的苄基溴功能基团的新型产品。其主要特点是大分子主链具有全饱和结构，使其具有更优异的气密性和耐热性。在医药包装领域应用的商业化产品牌号为 Exxpro™ 3433，其对甲基苯乙烯结合量约为 5 mass%，溴含量为（0.75±0.07）mol%。

溴化异丁烯-对甲基苯乙烯橡胶由于优异的质量稳定性，其添加的助剂种类少、含量低，如不需要添加环氧大豆油和抗氧剂，不含有 $C_{13}H_{24}$ 和 $C_{21}H_{40}$ 等环状低聚物副产物，是一种高洁净度的合成橡胶产品，更适合对抗氧剂和卤化低聚物等极性物质敏感的药物包装。从原材料洁净程度对比来看，溴化异丁烯-对甲基苯乙烯橡胶好于氯化丁基橡胶，氯化丁基橡胶好于溴化丁基橡胶，具体见表 4-1。

表 4-1 不同卤化丁基橡胶产品中添加剂和副产物含量对比[1]

分　类	副产物添加剂	溴化异丁烯-对甲基苯乙烯橡胶	氯化丁基橡胶	溴化丁基橡胶
单体卤化物（μg/g）	$C_4H_8X_2$	—	1~2	1~2
	$C_5H_8X_4$	0	ND	ND
低聚物及其卤化物（μg/g）	C_8H_{16}	0	<5	<5
	$C_8H_{16}X_2$	0	<5	<5

续　表

分　类	副产物 添加剂	溴化异丁烯- 对甲基苯乙烯橡胶	氯化 丁基橡胶	溴化 丁基橡胶
低聚物及其 卤化物（μg/g）	$C_{13}H_{24}$	0	500	50
	$C_{13}H_{24}X_2$	0	250	1 000
	$C_{21}H_{40}$	0	1 500	1 000
	$C_{21}H_{40}X_2$	0	150	250
添加剂 （mass%）	抗氧剂	0	0.05	<0.1
	硬脂酸钙	1.3	1.2	2.0~2.5
	硬脂酸	<0.2	—	<0.25
	环氧大豆油	—	—	1.3
	偶氮化合物	<0.1	—	—

注：ND，未检出；X，Cl 或 Br。

2. 药用卤化丁基橡胶的性能要求

（1）优异的气体阻隔性和化学稳定性：卤化丁基橡胶以更加优异的水、气阻隔性和化学稳定性在医药包装领域得到广泛应用，包括注射剂（疫苗、生物制剂、抗生素、大输液）密封用橡胶塞、口服液密封用橡胶塞及预灌封注射器和笔式注射器活塞、护帽、垫片等。

（2）良好的加工和硫化性能：为了提高药用密封件的生产效率，一般要求卤化丁基橡胶原材料具有容易加工成型、充模速率快、制品外观缺陷率低等要求。不同企业生产的卤化丁基橡胶，即使是同种类别和相同门尼黏度的产品，由于其平均分子量和分子量分布、卤素含量等不尽相同，产品的加工应用性能表现出较明显的差异。

溴化丁基橡胶的烯丙基溴官能团比氯化丁基橡胶的烯丙基氯和溴化异丁烯-对甲基苯乙烯橡胶的苄基溴官能团更活泼，具有硫化速率快、硫化效率高、硫化剂用量少等优点，并且可实现无硫、无锌硫化，大幅度提高了药品包装密封件的生产效率和硫化配方设计的灵活性。此外，由于溴化丁基橡胶可供选择的产品牌号多、原料来源途径广、市场价格低，其以更令人满意的性价比优势在医药包装领域成为绝对主流的产品。

（3）良好的药物相容性：由于卤化丁基橡胶密封件属于直接接触药物的药包材，特别是用于高风险剂型注射剂、吸入制剂的密封件，其与药物的相容性对药品安全性和稳定性起重要作用。卤化丁基橡胶本身与药物相容性良好,但其在生产过程中引入的添加剂和残留的杂质及橡胶加工过程中添加的各种助剂是导致卤化丁基橡胶密封件产生药物相容性问题的主要原因。

3. 卤化丁基橡胶生产新技术 卤化丁基橡胶生产技术和工艺比较复杂,工艺流程长,操控难度大,生产成本较高。目前虽然已经实现国产化,但由于我国技术研发起步晚,生产工艺不成熟,产品质量不稳定,市场供给率较低等,相对于国际知名企业仍有一定的差距,尤其是医药包装领域用产品仍然依赖进口。

我国卤化丁基橡胶生产技术还需要在关键核心设备和先进工艺技术方面加强攻关开发,加快推进技术先进化和绿色化进程,实现产品高性能化和差异化发展。具体包括以下几个方面。

(1) 聚合反应器:是丁基橡胶生产的关键核心设备,与生产效率和产品品质有直接关系。目前,我国还不具备聚合反应器的自主设计开发能力,尤其是新一代的高效淤浆聚合反应器,具有更高的撤热效率和生产效率,降低聚合能耗,提升产品质量和性能。

(2) 己烷汽提工艺:是卤化丁基橡胶生产的先进溶胶工艺技术。采用热己烷与低温丁基橡胶的氯甲烷淤浆直接接触进行溶剂替换的同时完成溶胶过程,形成丁基橡胶/己烷溶液用于卤化反应。该工艺技术可以彻底解决我国现有水凝聚再溶胶工艺存在的氯甲烷水解、腐蚀、尾气处理量大、氯甲烷消耗高、溶胶浓度不稳定等问题。

(3) 高温淤浆聚合技术:以氟烷烃或氟烯烃为稀释剂替代氯甲烷,可以实现较高温度的淤浆聚合,如在接近丁基橡胶玻璃化转变温度条件下进行聚合反应($-80 \sim -75$℃),可以提高反应器的撤热富余量,使聚合反应和产品质量更加稳定。尤其是采用氟烯烃为稀释剂的聚合技术,如四氟丙烯,替代或部分替代氯甲烷,可以明显抑制聚合过程中的成环副反应,大幅度降低产品中 $C_{13}H_{24}$ 和 $C_{21}H_{40}$ 环状低聚物的产生量[2]。

(4) 高浓度胶液卤化技术:提高胶液浓度可以提高卤化反应效率,降低卤素消耗,降低己烷回收能耗。可以通过技术改进,实现20%胶液浓度的高效卤化反应控制技术。

(5) 其他节能降耗、降本增效技术:目前,我国卤化丁基橡胶生产还存在废气、废水处理量大、成本高、综合回收利用率低等问题,也有待技术改进或升级,以实现资源节约,降低碳排放。

二、药用卤化丁基橡胶密封件

1. 药用卤化丁基橡胶密封件的分类

（1）按用途分类：可分为注射剂包装用橡胶密封件、吸入制剂包装用橡胶密封件、口服制剂包装用橡胶密封件及其他制剂包装用橡胶密封件等。

（2）按结构分类：可分为通用橡胶密封件、阻隔膜橡胶密封件。阻隔膜橡胶密封件，按成膜工艺和材料的不同又可分为覆膜、涂膜、镀膜橡胶密封件等，使用的膜材包括乙烯-四氟乙烯共聚物、四氟乙烯-六氟丙烯共聚物、聚四氟乙烯、聚对苯二甲酸乙二醇酯、交联聚二甲基硅氧烷、聚对二甲苯及其他的有机氟、有机硅材料等。

常用卤化丁基橡胶密封件包括：

1）注射用无菌粉末用卤化丁基橡胶塞（含阻隔膜橡胶塞）。

2）注射液用卤化丁基橡胶塞（含阻隔膜橡胶塞）。

3）注射用冷冻干燥用卤化丁基橡胶塞（含阻隔膜橡胶塞）。

4）笔式注射器用卤化丁基橡胶活塞和垫片。

5）预灌封注射器用卤化丁基橡胶活塞（含阻隔膜活塞）。

6）预灌封注射器用卤化丁基橡胶针头护帽。

7）预灌封注射器用卤化丁基橡胶锥头护帽。

8）口服制剂用卤化丁基橡胶塞。

2. 药用卤化丁基橡胶密封件的配方设计

药用卤化丁基橡胶密封件的配方包括生胶、硫化体系、补强填充体系、加工助剂体系、着色体系等。

（1）配方设计要求：配方设计要从保护性、相容性、安全性、功能性4个方面考虑，既要符合相关产品标准，还要符合国家药品监督管理局药品评审中心颁布的《化学药品与弹性体密封件相容性研究技术指导原则（试行）》要求，特别是其附录名单列出的相关化学品，要慎重选择和使用。

1）保护性：指包装系统为特定药物在有效期内避免光、热、气体等对药物产生的不良影响提供的保护性能。

2）相容性：指药包材与药物之间是否发生相互作用，导致发生迁移或吸附，进而影响药物质量和安全性的试验过程。相容性研究包括可提取物研究、浸出物研究和吸附研究，药包材企业主要进行可提取物研究。

3）安全性：指包装组件的组成材料不应该产生对药物有影响和对人体健康有害的物质或过量的物质。药包材企业可以通过包装组件/系统的添加剂法规和生物反应性试验数据等方式进行初步判断。

4）功能性：指包装系统按照预期设计发挥作用的能力,如预灌封注射器活塞既要有包材的密封特性也要具有器械的应用功能。

（2）密封件性能要求：药用卤化丁基橡胶密封件具有如下性能：

1）优异的安全性和药物相容性。

2）气体和水蒸气的低渗透性。

3）低吸水性。

4）良好的物理、化学性能。

5）优良的密封性和再密封性。

6）优良的消毒性能(耐辐射、耐蒸汽灭菌)。

7）易于针刺、不掉屑。

8）色泽稳定、无毒无味。

9）低的萃取性、无活性物质析出。

10）符合药品生产工艺要求。

（3）生胶的选择：生胶是配方成分中最重要、最核心的组分,要求用少量硫化剂即可硫化,所含杂质量极少,要具有良好的气密性和水密性、化学和生物惰性、耐老化和耐消毒性能。目前,市售的医药包装用卤化丁基橡胶产品牌号见表4－2。

表4－2　医药包装用卤化丁基橡胶产品牌号

类　别	牌　号	门尼黏度 [ML(1+8)125℃]	卤素含量 (mass%)	备　注
溴化丁基橡胶	2 211[①]	32±5	2.1	快速硫化
溴化丁基橡胶	2 244[①]	46±5	2.1	
溴化丁基橡胶	2 030[②]	32±4	1.8	
溴化丁基橡胶	X2[②]	46±4	1.8	快速硫化
溴化丁基橡胶	232[③]	35±5	2.0	
溴化异丁烯-对甲 基苯乙烯橡胶	3 433[①]	35±5	0.75(摩尔百分比)	
氯化丁基橡胶	1 066[①]	32±4	1.26	
氯化丁基橡胶	1 240[②]	38±4	1.25	

① 美国 ExxonMobil。
② 沙特 ARLANXEO。
③ 俄罗斯 NKNK。

（4）硫化体系设计：硫化体系与橡胶大分子通过化学作用，使橡胶线形大分子交联形成立体网状结构，提高橡胶的性能并提供稳定的形态。硫化体系主要由硫化剂、促进剂和活性剂组成。

常用的硫化体系：

1）硫黄硫化体系：仅用于溴化丁基橡胶，可以不用氧化锌，产品中会有硫残留。

2）含硫有机物硫化体系：适用于所有卤化丁基橡胶，需要氧化锌和硬脂酸作活性剂，硫化速度比较快，产品中残留的低分子有机物质比较多，容易迁移出来。

3）树脂硫化体系：主要有溴化辛基酚醛树脂、辛基酚醛树脂等，需要氧化锌和硬脂酸作活性剂，产品无硫，综合性能好，硫化时容易粘模具，可能会有微量甲醛残留。

4）金属氧化物硫化体系：主要指氧化锌和氧化镁，产品无硫化物残留，硫化速度慢，压缩变形比较大。

根据橡胶类型和工艺及性能要求可以选择不同硫化体系，如硫黄硫化体系适用于溴化丁基胶，可以制成无锌橡胶密封件；树脂硫化体系适合所有卤化丁基橡胶硫化，可以制成无硫橡胶密封件。

值得注意的是，含硫有机物作为硫化剂，其硫化后的低分子物质易从产品中提取出来，是与药物相容性差的主要原因之一，也是影响细胞毒性的主要因素。因此，药物密封件配方设计中尽量不用含硫有机物。

（5）补强填充体系设计：补强填充体系包括补强剂和填充剂，可以改善胶料的加工工艺性能，提高硫化橡胶的力学性能。补强剂指可提高硫化橡胶物理机械性能的物质，常用的补强剂有天然气炭黑、白炭黑（二氧化硅）矿物填料；填充剂指在胶料中起增加容积作用的物质，常用的填充剂有碳酸钙、煅烧高岭土（水合硅酸铝）、滑石粉（硅酸镁）等。

（6）着色体系设计：着色体系主要是为了调整橡胶密封件的标识色，常用的着色剂有氧化铁（红色）、钛白粉（白色）、天然气炭黑（灰色）等。特别指出，以油类为原料的炭黑有带入多环芳烃的风险；有机染料有害，不适合作为着色剂。

（7）加工助剂体系设计：加工助剂主要用于控制硬度和改善加工性能，如流动性、脱模性。常用的品种包括烷烃油（如石蜡油）、药用凡士林、聚合物类软化剂（如低分子量聚乙烯、低分子量聚异丁烯）等。有研究表明，低分子量聚乙烯会迁移到头孢曲松制剂中，有潜在相容性风险；石蜡油、药用凡士林有带入多

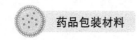

环芳烃的风险。

（8）防老体系设计：通常药用橡胶密封件配方中不添加防老剂（抗氧剂），但在卤化丁基橡胶生产过程中有少量添加，不同厂家添加的防老剂品种不同，常用品种有抗氧剂264、抗氧剂1076、抗氧剂1010、抗氧剂1330等。

3. 药用卤化丁基橡胶密封件生产工艺　橡胶密封件的制备过程一般包括混炼、预成型、硫化、冲切、清洗、包装等工序。

（1）混炼：将各种配合剂混入生胶中制成质量均匀的混炼胶的工艺过程。

（2）预成型：利用压延机或冷喂料挤出机，使混炼胶发生塑性流动，制成具有一定断面尺寸和几何形状的片状材料的工艺过程。

（3）硫化：橡胶密封件的成型和定型工序，即混炼胶在一定的温度和压力下，橡胶大分子由线形结构变成网状结构的交联过程。硫化后的橡胶由塑性的混炼胶转变为高弹性的交联橡胶，从而获得更完善的物理机械性能和化学性能。硫化工艺主要有注射工艺和模压工艺。

（4）冲切：将硫化好的成片橡胶密封件用冲切设备冲成单只产品。

（5）清洗：使用纯化水或注射用水对橡胶密封件进行清洗、硅化，然后干燥；清洗过程中加入适量二甲硅油硅化，目的是使橡胶密封件表面更滑爽，在药厂分装线走机时更顺畅。

（6）包装：在C+A洁净区域，用双层塑料洁净袋包装（免清洗橡胶密封件应使用无菌袋），然后移到外包装间用纸箱封装。

4. 药用卤化丁基橡胶密封件性能要求　产品标准是为保证产品的适用性，对产品必须达到的某些或全部要求所制订的规范。产品标准是产品生产、检验、验收、使用、维护和洽谈贸易的技术依据，对于保证和提高产品质量、提高生产和使用的经济效益，具有重要意义。

欧盟、美国、日本等地区执行药典标准，如《欧洲药典》《美国药典》《日本药典》，标准的内容主要包括：

（1）产品的适用范围。

（2）产品的品种、规格和结构形式。

（3）产品的技术要求，如鉴别、物理性能、化学性能、生物性能等。

（4）产品的试验方法，包括取样方法、试验用材料、测试器具与设备、试验条件、试验步骤及试验结果的评定等。

我国目前执行国家药品监督管理局的行业标准，包括《注射液用卤化丁基橡胶塞》（YBB00042005—2015）、《注射用无菌粉末用卤化丁基橡胶塞》

（YBB00052005—2015）、《预灌封胶塞注射器用氯化丁基橡胶塞》（YBB00072004—2015）、《预灌封胶塞注射器用溴化丁基橡胶塞》（YBB00082004—2015）、《笔式注射器用氯化丁基橡胶活塞和垫片》（YBB00152004—2015）、《笔式注射器用溴化丁基橡胶活塞和垫片》（YBB00162004—2015）等，标准的内容与上述国外药典标准内容相似，但增加了灰分总量和产品的检验规则。

此外，ISO 标准也是国内外药包材企业参考使用的标准之一。ISO 包括 ISO 8536 – 2 Infusion equipment for medical use – Part 2: Closures for infusion bottles、ISO 8536 – 6 Infusion equipment for medical use – Part 6: Freeze drying closures for infusion bottles、ISO 8362 – 2 Injection containers and accessories – Part 2: Closures for injection vials、ISO 8362 – 5 Injection containers and accessories – Part 5: Freeze drying closures for injection vials 等，还增加了产品标识、包装材料、包装方式与技术要求、运输及储存要求等。

对于注射剂包装，由于涉及灌装设备及塑料或玻璃容器、铝盖等配件，标准中加入具体尺寸是很有必要的，标准化的设计和生产有助于提高企业生产效率，降低制造成本，提升总体社会效益。

三、药用卤化丁基橡胶密封件生产技术进展

1. 配方与产品结构设计

（1）超洁净橡胶塞：卤化丁基橡胶在生产过程中会产生副反应低聚物，硫化过程中会产生游离硫、小分子有机物等硫化剂衍生物，这些低分子或小分子有机物容易迁移到封装的药物中，对药物的安全性和有效性产生影响，近年来对橡胶塞与药物相容性研究的大量数据表明了这一点。因此，减少橡胶塞内部低分子有机物种类和含量是解决药物相容性问题的有效途径之一。例如，配方设计采用更纯净的溴化异丁烯-对甲苯乙烯橡胶，使用单一硫化剂就可以生产出无抗氧剂、无低聚物的洁净胶塞；生产工艺采用高温、高压提取工艺，在碱性介质中可以提取出大部分低分子有机物，在酸性介质中可以去除大部分游离硫，这种工艺可以大幅度减少橡胶塞中可迁移的有机物质，是制造超洁净橡胶塞的主要手段。

（2）低摩擦阻力橡胶塞：为了克服橡胶塞表面摩擦阻力，在清洗过程中都会使用二甲硅油硅化，使其表面非常滑爽，便于走机。对于预灌封注射器用活塞，其在针筒内部移动时，硅油会大量脱落，造成不溶性微粒超标，有潜在的安全风险；部分对硅油敏感的药物，也会产生药物相容性问题。因此，设计低摩擦阻

力的橡胶塞配方是减少硅油用量和脱落的有效方法之一。最新的配方技术是在配方里面加入低摩擦系数的超高分子量聚乙烯微粒或聚四氟乙烯微粒,以滑石粉作为添加剂,避免使用有黏性的树脂硫化。橡胶塞表面涂覆聚硅氧烷,在紫外或高热条件下聚合成膜也可以明显降低橡胶塞表面摩擦力。另外,橡胶塞表面加工成亚光状态也是降低摩擦阻力的有效方法。

(3)耐辐射灭菌橡胶塞:随着医药工业的飞速发展、新型药物的发明、新的治疗技术的出现,辐射灭菌技术应用越来越广泛。卤化丁基橡胶具有优异的化学稳定性和气密性,是药用橡胶密封件最佳的主体材料,但是在辐射环境下其异丁烯基骨架大分子很容易断链,弹性会明显降低,压塑变形明显增大,这些性能变差对于橡胶塞是致命的,会造成药物包装系统的密封失败,进而导致药物发生重大质量问题。目前,新的配方技术采用卤化丁基橡胶为主体材料,通过添加辐射能量吸收助剂减少橡胶基体对辐射能量的吸收,或添加大分子断链损伤修复助剂使橡胶塞具备自我修复功能,或添加特殊的无机填料阻隔射线能量对橡胶分子的破坏,或添加对橡胶自由基防护作用明显的防老剂,即时终止橡胶分子的断链反应,最大限度减少辐射对橡胶塞性能的影响。上述配方技术生产的耐辐射橡胶塞性能良好,符合药用要求。

(4)阻隔膜橡胶塞:近年来,新型药物的不断出现和监管法规的日益严格,都对包装材料的安全性、药物相容性提出了更高的要求,密封件包覆阻隔膜技术发展迅速,橡胶塞的结构设计、膜材的品种、覆膜技术都有明显的进步。目前,市场大量应用的阻隔膜橡胶塞有覆膜橡胶塞、镀膜橡胶塞和涂膜橡胶塞。覆膜橡胶塞是橡胶塞硫化定型时,在与药物接触的部位通过热压交联方式黏合上(非黏合剂黏合)一层具有良好阻隔效果的高分子材料阻隔层,以减少橡胶塞内部的物质向药物中迁移。根据膜层材料的不同,覆膜橡胶塞可分为聚四氟乙烯、四氟乙烯-六氟乙烯共聚物、乙烯-四氟乙烯共聚物、聚对苯二甲酸乙二醇酯等不同种类。镀膜橡胶塞是在成品橡胶塞的关键部位聚合一层具有良好阻隔效果的高分子材料膜。例如,聚对二甲苯,是一种完全线性的高度结晶结构的高分子聚合物。采用真空气相沉积工艺,由对二甲苯双聚体高温裂解成活性小分子在基材表面"生长"出完全敷形的聚合物薄膜涂层,其能涂敷到各种形状的表面,包括尖锐的棱边、裂缝里和内表面。涂膜橡胶塞是在成品橡胶塞的关键部位通过喷涂、刷涂、浸涂等方式涂覆一层具有良好阻隔效果的高分子材料,如硅氧烷类、氟树脂类、偏二氯乙烯类等。

(5)叠层橡胶密封件:单一的密封件配方既要考虑到合规性、药物相容性、安全性等,又要顾及加工性能、制造成本等因素,通常对多种性能的要求只能寻求平衡,往往会顾此失彼,但通过将不同性能橡胶进行叠层复合的技术,可以赋予橡胶塞更多的功能。目前,成功运用在生产技术上的实例有以下 3 个:实例一为笔式注射器双层复合垫片,一层为低硬度高弹性异戊橡胶,一层为卤化丁基橡胶,两者的结合保证了药物的相容性,同时高弹性异戊橡胶层避免了使用时多次穿刺的漏液问题;实例二为药用橡胶塞,主体结构使用高硬度卤化丁基橡胶,穿刺部位采用低硬度高弹性橡胶,两者的结合既保证了橡胶塞走机流畅,又解决了穿刺落屑问题;实例三为药用橡胶塞,与药物接触部分使用药物相容性好的橡胶,冠部使用摩擦阻力小的橡胶,两者的结合保证在减少硅油用量的情况下橡胶塞走机流畅,药物相容性优异。

(6)生物制剂专用橡胶密封件:随着生物技术的迅猛发展,生物大分子药物已被广泛应用于治疗肿瘤、自身免疫病和代谢性疾病等。大分子药物主要包括三类:一类是具有药理活性的大分子药物,如蛋白质与多肽类物质;二类是多种以 DNA 为基础的基因治疗药物;三类是人工合成或天然具有生物相容性的可溶性聚合物包裹药物,包括纳米载体如脂质体和聚合物胶束。与传统小分子药物相比,生物大分子药物具有分子量和流体半径大、亲水性好、稳定性差等特性。这些药物对药包材金属离子含量要求比较苛刻,对硅油很敏感且容易造成蓄积,也很容易被药包材吸附。通过使用无金属离子添加剂、无硫硫化体系等一系列技术创新手段,生产的专用橡胶密封件具有金属离子含量低、无硅油脱落等优点,可满足生物制剂的包装要求。

(7)免洗、免灭菌橡胶密封件:橡胶密封件的传统使用方法是药厂使用前对其进行洁净清洗、灭菌、烘干,随洗随用,由于不同药厂清洗工艺(特别是水温)不同,密封件表面硅油脱落而影响滑爽性。为保证走机顺畅,药厂通常自己再次添加硅油,造成硅化不均匀等问题,影响药品质量。

免洗、免灭菌橡胶密封件就是将药厂清洗灭菌工艺前置到药包材生产厂,药包材生产厂在与药厂相同环境下,采用全自动清洗机经过纯化水清洗、注射水清洗、注射水漂洗、注射水中硅化、蒸汽灭菌、烘干后在 A 级洁净环境下封装。免清洗橡胶密封件采用可湿热灭菌包装袋包装,同时外包 2~3 层无菌袋。免灭菌橡胶密封件采用多层无菌塑料袋密封包装,在辐照环境下进行灭菌。

药厂使用免洗、免灭菌橡胶密封件可以快速投入生产,避免二次清洗造成的质量损伤及其对药物的影响,减少水资源浪费。对于多品种小批量生产的特殊药品,选用免洗免灭菌包材也是越来越普遍。

2. 生产技术 传统的橡胶行业人员密集,手工操作多,劳动强度大。随着药包材行业对产品质量稳定性要求不断提高,人工成本也不断增加,安全高效生产越来越受到重视,越来越多的企业都在加快工业自动化的实施。

(1) 混炼胶自动化生产线:是采用计算机控制系统,物料可以自动称量、自动纠错、自动投料,全自动生产线包括自动混炼、冷却、检测、挤出压延,胶片自动裁切、自动称量、自动抓取码放,智能车辆自动储存运输。整套生产线具有环境清洁、生产高效、技术保密性好、无差错管理、质量稳定等优点。

(2) 硫化工序自动化系统:可以利用计算机图像识别系统自动定位,采用机械手自动摆放胶片半成品,自动抓取硫化成品胶片,完成一个硫化周期后自动喷涂脱膜剂,整个过程无人员参与,生产效率高、噪声小、安全环保。

(3) 自动冲切设备:可以采用机械手的方式自动拿取半成品胶片、自动定位、自动冲切,6 s 即可完成一个冲切周期,无人员参与、节省人力、生产安全高效。

(4) 产品自动识别剔除系统:产品外观的传统检测方式是采用人眼对外观质量进行判别和手工剔除,劳动强度大,容易造成工人视觉疲劳,出现外观漏检造成质量问题。随着计算机视觉识别、数字图像处理技术的发展,新的视觉识别系统已经成功运用到密封件生产中,通过系统对图像数据的采集、与标准品参数对比,控制系统可准确剔除外观和尺寸不合格的产品。该系统完全自动化操作显著降低了劳动力成本,产品外观质量合格率达到 100%。

(5) 模具定位清洗技术:橡胶制品在硫化过程中使用的金属模具,在化学反应、高温氧化等因素的作用下,表面会逐步形成一层积垢,从而影响产品的外观和尺寸,一般情况下 3~5 天就要清洗一次。常用的清洗方法有化学法(碱液浸泡处理)和物理法(玻璃微珠喷砂处理或超声波清洗),这些方法均存在不同程度的环境污染和对模具的损伤,特别是这些金属模具都要拆下来清洗,仅硫化机降温升温和拆卸安装就要 4 h 以上,不但降低生产效率而且浪费能源。近几年发展的模具定位干冰在线清洗技术,由于效率高、成本低、环境污染小等优势在橡胶行业得到了广泛应用。

干冰在线清洗技术于 21 世纪 80 年代后期进入民用工业领域,并获得迅速发展。其清洗过程是利用 ≥0.5 MPa 的压缩空气作为动力,通过专用喷枪,不断把干冰颗粒喷射到模具表面,达到清洁模具的目的,具体清洗原理可以描述为:

1) 冲击力作用:高压下干冰颗粒高速撞击到模具表面,撞击能量使其表面污垢脱落。

2）热膨胀作用：干冰颗粒与高温模具（≥175℃）表面接触后瞬间气化，体积瞬间膨胀近 800 倍,强大的膨胀力将模具表面污垢剥离。

3）热胀冷缩作用：两种不同热膨胀系数的材料,当存在足够大的温差时会严重破坏材料间的结合。高温模具遇到温度极低（-78.5℃）的干冰颗粒时,表面污垢被冷冻至脆化,随后在干冰颗粒的冲击下迅速脱落。在这样不断的冲击和热胀冷缩的循环过程中模具被快速清洗干净。

干冰在线清洗模具技术的优点：

1）清洗模具无死角,效果好,无损伤。

2）无废弃物,节能环保,经济效益明显。

3）安全环保,对人体无毒害,对环境无污染。

4）不需要模具拆装,操作简便,清洗快速,效率高。

干冰在线清洗技术要配置干冰制备系统。通常将液态 CO_2 制作成直径 3 mm、长度 2~10 mm 的高密度干冰颗粒。

四、药用卤化丁基橡胶密封件与药物相容性研究进展

卤化丁基橡胶密封件,尤其是橡胶塞与药物接触过程中产生的药物相容性问题主要包括提取与浸出、吸附和微粒污染等,其中浸出（迁移）问题最为复杂。由于药物性质千差万别,包装用橡胶塞的生产配方体系也十分复杂,当橡胶塞质量本身符合规定,但包装不同种类和性质的药物制剂时,不一定是安全合格的,必须高度重视其与药物的相容性问题,需要根据药物自身特性及相容性试验,选择与药物匹配的橡胶塞。

1. 提取与浸出　在卤化丁基橡胶生产和药物包装用密封件加工制作过程中,需要使用的助剂、添加剂及填充剂种类繁多,一方面助剂本身会引入其他杂质成分,另一方面助剂在加工或硫化过程中可能发生反应或降解使其化学性质发生变化,导致密封件与药物接触过程中的安全风险增加。因此,提取和浸出试验的研究设计和分析技术对准确测定提取物和浸出物的种类及含量十分关键,是安全性评估的基础。

卤化丁基橡胶原材料中通常带有硬脂酸钙、环氧大豆油、防老剂、硅油、烷烃溶剂、低分子齐聚物及钙、镁、铝、钠、铁等金属元素。橡胶密封件的制作配方体系更是十分复杂,通常包括填充剂、补强剂、硫化剂、硫化促进剂或活化剂、增塑剂、着色剂等,再经过混炼、压延、硫化等制作工序,可能产生各种化学反应而形

成的新物质,这都会成为密封件与药物接触过程中潜在的浸出物,增加人体用药的安全风险。2018年,国家药品监督管理局发布的《化学药品与弹性体密封件相容性研究技术指导原则(试行)》指出,密封件可提取物的种类主要包括硬脂酸和软脂酸、正己烷、酚类抗氧剂、硫、氯化物和溴化物、亚硝胺及亚硝胺类化合物、2-疏基苯并噻唑、多环芳烃等。李志艳等[3]采用气相色谱-质谱联用(gas chromatography-mass spectrometry, GC-MS)的动态顶空进样方法,测定了18种药用卤化丁基橡胶密封件中可能存在的化学物质,共检出12类112种易挥发性潜在化学物质,其中包括硅氧烷类8种、烷烃类31种、烯烃类8种、卤代化合物5种、芳烃类4种、酯类5种、醇类18种、醚类1种、酮类9种、醛类8种、酚类2种、胺类2种及其他11种,其中硅氧烷类、烷烃类及醇类是检测中普遍存在的物质,2,6-二叔丁基对甲酚是药用卤化丁基橡胶密封件中广泛存在的抗氧剂。方旻等[4]采用气相色谱-质谱联用仪,以60%的异丙醇作为提取溶剂、以2-氟联苯为内标物,在烘箱中恒温70℃对覆膜氯化丁基橡胶塞和未覆膜溴化丁基橡胶塞进行不同时间(0~96 h)的倒置提取,对提取液进行质谱全扫描分析。结果表明,覆膜氯化丁基橡胶塞中的可提取物有抗氧剂2,6-二叔丁基对甲酚、磺酸酯和棕榈酸,而未覆膜溴化丁基橡胶塞的可提取物十分复杂,按照化学结构大体可分为低聚物、脂肪酸(酯)、抗氧剂、酚类与磺酸酯五大类,且溶出物质的种类和浓度大体上随着提取时间的增加而不断上升,其中有部分特殊物质由于水解可能存在后期浓度下降。

近年来,人们对卤化丁基橡胶密封件与药物相容性的问题越来越重视,提取分析技术水平不断提高和标准化,包括优化检查方法,进一步降低药物中杂质的阈值设定限度,尤其是对基因毒性和致癌毒性杂质、无机物杂质等的控制,建立更加科学、合理的测定方法和更加高效、准确的现代化分析技术以加强对药物的有效性和一致性控制。

提取试验指采用适宜溶剂,在较剧烈的条件下对包装材料进行提取研究,目的是对可提取物进行初步风险评估,以明确潜在的目标浸出物。浸出试验是采用所建立的方法检测药物制剂在有效期内产生的真实浸出物情况,确定浸出物是否会引起药物质量发生变化,包括与药物活性成分发生化学反应,或引起药物外观、色泽、pH等性能指标变化等。在提取和浸出试验研究基础上进行安全性评估,确定提取物和浸出物的量是否符合《中国药典》规定的人体耐受阈值限度范围。

在提取试验研究中,由于实验条件不同,提取物质种类和含量会有较大差异。提取试验条件包括提取溶剂类别和性质、提取方式(静置、回流、超声、微波)、提取时间(数十分钟至数十天)和提取温度等。

对提取物的分析技术,通常根据待测物的性质和测试目的采用不同的分析技术。例如,易挥发性物质,提取试验中极易损失,宜用顶空气相色谱法;挥发及半挥发性物质常用气相色谱法和气相色谱-质谱联用法;非挥发性物质,一般使用反相高效液相色谱法(reversed phase – high performance liquid chromatography, RP-HPLC)与二极管阵列检测器(photo-diode array/diode array deteetor, PDA/DAD)和质谱(mass spectrometry, MS)联用法;金属元素分析,多采用电感耦合等离子体质谱法或电感耦合等离子体发射光谱法(感应耦合等离子发射谱或电感耦合等离子体发射光谱法)等。

(1)挥发性及半挥发性物质提取与分析技术:己烷是卤化丁基橡胶生产过程中使用的溶剂,一般采用60%以上的工业正己烷,其中包含 2 -甲基戊烷、3 -甲基戊烷、甲基环戊烷等同分异构体。己烷为低沸点物质,容易向药物中发生迁移。吴红洋等[5]采用气相色谱,以乙酸乙酯为提取溶剂对氯化丁基橡胶塞在(25±2)℃条件下进行超声提取 1 h。该方法测定正己烷质量浓度为 0.5~50 μg/mL 时线性关系良好,检测限为 0.22 μg/mL,定量限为 0.74 μg/mL,检测灵敏度高,稳定性和回收率均较好,操作简单,可用于药用卤化丁基橡胶塞中正己烷含量测定及在药品中的迁移量分析。

药用卤化丁基橡胶塞生产过程中使用的硫化剂或硫化促进剂(如秋兰姆)易降解生成仲胺,仲胺与空气或配合剂中的氮氧化物在酸性条件下生成稳定的 N -亚硝胺,即众所周知的强致癌物。2018 年,国家药品监督管理局发布的《化学药品与弹性体密封件相容性研究技术指导原则(试行)》中特别指出,在现有分析技术条件下不得检出亚硝胺、亚硝基类物质。因此,需要开发更加灵敏的检测方法对橡胶密封件中的可能残留物进行检测。

赵画等[6]采用气相色谱-热能检测器法,分别以甲醇、pH 2.5 缓冲液和 pH 8.0 缓冲液为提取溶剂,以 N -亚硝基-双异丙基胺为内标,直接提取的方法进行测试,建立了药用卤化丁基橡胶塞中 11 种 N -亚硝胺及亚硝胺可生成物的检定方法,包括 N -亚硝基-二甲基胺(N-nitroso-dimethylamine)、N -亚硝基-甲基乙基胺(N-nitroso-ethylmethylamine)、N -亚硝基-二乙基胺(N-nitroso-diethylamine)、N -亚硝基-双异丙基胺(N-nitroso-diisopropylamine)、N -亚硝基-二丙基胺(N-nitroso-di-n-propylamine)、N -亚硝基-二丁基胺(N-nitroso-di-n-butylamine)、N -亚硝基-哌啶(N-nitroso-piperidine)、N -亚硝基-吡咯烷(N-nitroso-pyrrolidine)、

N-亚硝基-吗啉(N-nitroso-morpholine)、N-亚硝基-N-乙基苯胺(N-nitroso-N-ethylaniline)、N-亚硝基-N-甲基苯胺(N-nitroso-N-methylaniline)和N-亚硝基-二苄基胺(N-nitroso-dibenzylamine)。该方法覆盖了极性、酸性和碱性的药物,11种N-亚硝胺均能达到完全分离,在浓度为2~100 ng/mL 或5~100 ng/mL 时线性良好,检测下限为 0.6~4.4 ng/mL,定量下限为 1.6~15 ng/mL,检测灵敏度达到 0.001 2~0.009 mg/kg,满足欧盟规定的 0.01 mg/kg 的限度标准,且重复性好,前处理方法简单,可广泛用于药用卤化丁基橡胶塞中的N-亚硝胺提取迁移量的测定及橡胶塞中亚硝胺可生成物的筛查。

(2)非挥发性低分子有机物质提取与分析技术:多环芳烃(polycyclic aromatic hydrocarbon, PAH)毒性较高,具有致癌和致突变作用。美国环境保护署(Environmental Protection Agency, EPA)已将 16 种多环芳烃列入有限污染物清单,包括萘(naphthalene)、苊烯(acenaphthylene)、苊(acenaphthene)、芴(fluorene)、菲(phenanthrene)、蒽(anthracene)、荧蒽(fluoranthene)、芘(pyrene)、苯并(a)蒽[benzo(a)anthracene]、䓛(chrysene)、苯并(b)荧蒽[benzo(b)fluoranthene]、苯并(k)荧蒽[benzo(k)fluoranthene]、苯并(a)芘[benzo(a)pyrene]、茚苯(1,2,3-cd)芘[indeno(1,2,3-cd)pyrene]、二苯并(a,h)蒽[dibenzo(a,h)anthracene]、苯并(g,h,i)苝[benzo(g,h,i)perylene]。美国环境保护署将苯并(a)芘列为致癌物,将分子量较大的 6 种多环芳烃列为可能致癌物,并计算部分非致癌多环芳烃口服途径的参考剂量(reference dose, RfD)。为警示橡胶密封件中多环芳烃迁移所导致的安全风险,我国国家药品监督管理局已经将上述多环芳烃列为对弹性体密封件需要重点关注的可提取物。多环芳烃的检测方法主要包括高效液相色谱法(high performance liquid chromatography, HPLC)、气相色谱-质谱联用法和气相色谱串联质谱联用(gas chromatography-massspectrometry/mass spectrometry, GC-MS/MS)方法,其中气相色谱串联质谱联用可以采用多重反应检测(multiple reaction monitoring, MRM)模式,具有更高灵敏度和较高选择性,适用于复杂基质样品的相关检测。余成等[7]采用气相色谱串联质谱联用方法建立了卤化丁基橡胶塞中 17 种可提取多环芳烃的筛查方法。该方法采用 7693-7000D 型号气相色谱(HP-5MS 型号毛细色谱柱)串联三重四级杆质谱仪,柱温为程序升温(50~300℃),高纯氦气为载气,柱流速 1.5 mL/min,进样口温度 320℃,进样量 1.0 μL;多反应监测模式离子源温度为 300℃;以二氯甲烷-丙酮(1∶1)为溶剂,对卤化丁基橡胶塞样品(1 cm×1 cm)进行匝盖密封静置 24 h 提取。采用该方法对 17 种多环芳烃进行检测,在检测浓度范围内线性良好($R^2 > 0.999$),检测下限为 0.05～2 ng/mL,3 个水平加标回收率试验的平均回收率($n = 9$)为 94.0%～118.9%,相对标准差(relative standard deviation,RSD)为 0.38%～6.9%,且预处理简便,灵敏度高,专属性好,适用于卤化丁基橡胶塞中可提取多环芳烃的筛查。

卤化丁基橡胶密封件中的添加剂如抗氧剂、游离硫等不参与反应的物质或者热分解产物,可能会通过吸附、吸收、渗透和抽提等方式与药物发生反应,不但影响和污染药物,并且可能会随药物进入人体后引起不良反应,危害健康。朱碧君等[8]以无水乙醇为溶剂于 80℃对卤化丁基橡胶塞剪碎样品进行回流提取 4 h,采用高效液相色谱法配紫外可变波长检测器,以甲醇-水为流动相,柱温 25℃,流速为 1 mL/min,进样量 10 μL,检测波长 220 nm,建立了 5 种抗氧剂包括抗氧剂 264(2,6-二叔丁基-4-甲基苯酚)、抗氧剂 1010{四[β-(3,5-二叔丁基-4-羟基苯基)丙酸]季戊四醇酯}、抗氧剂 1330[1,3,5-三甲基-2,4,6-三(3,5-二叔丁基-4-羟基苄基)苯]、抗氧剂 1076[β-(3,5-二叔丁基-4-羟基苯基)丙酸正十八碳醇酯]和抗氧剂 168[三(2,4-二叔丁基)亚磷酸苯酯]及游离硫黄的同时检测方法。该方法灵敏快速、操作简便、重复性好,可以用于同时测定药用卤化丁基橡胶塞中 5 种常用抗氧剂和游离硫的浸出量。李春焕等[9]采用高效液相色谱法(Inertsil ODS-SP C18 色谱柱)开发出同时检测溴化丁基橡胶塞中 11 种抗氧剂或抗氧剂降解产物,包括抗氧剂 264 及其降解产物、抗氧剂 1310(3,5-二叔丁基-4-羟基苯丙酸)、抗氧剂 3114[1,3,5-三(3,5-二叔丁基-4-羟基苄基)异氰尿酸]、抗氧剂 1330、抗氧剂 1010、抗氧剂 1076、抗氧剂 168 及游离硫浸出量的方法。选择 0.1%乙酸水溶液-甲醇-乙腈体系在优化的梯度洗脱条件下,流速为 1.0 mL/min,检测波长 277 nm,可以使 11 种抗氧剂及游离硫完全分离,分离度均大于 1.5,在浓度为 2.47～54.51 μg/mL 时线性关系良好(R^2 均大于 0.999),检出限为 0.021～0.403 μg/mL。以无水乙醇为溶剂对溴化丁基橡胶塞加热回流提取 4 h,加标回收率为 82.8%～115.3%,相对标准偏差范围为 1.1%～6.1%。以模拟药液为提取溶剂时,加标回收率为 62.9%～103.2%,相对标准偏差为 1.4%～5.6%。该方法可以用于药物与橡胶密封件相容性检定中包括受阻胺类、受阻酚类、亚磷酸酯类的抗氧剂与游离硫的迁移量检测。

(3)金属元素提取与分析技术:在药用卤化丁基橡胶塞生产过程中,为提高胶体的耐磨性、拉伸强度及定伸强度,需要加入滑石粉(水和硅酸镁)、煅烧高岭土等填充剂;为抵御外界对制品稳定性的损害,需要加入钛白粉、氧化锌等。这些无机填料引入的金属元素或离子都有可能迁移到药物中,金属离子易加速药物化学反应,有的甚至与药物形成螯合物而产生沉淀,直接影响药物的纯度变化并导致稳定性下降。目前,我国药用卤化丁基橡胶密封件的标准中并未提及控制金属元素的含量。王悦雯等[10]建立了采用电感耦合等离子体发射光谱法同时测定卤化丁基橡胶塞中 Al、Ca、Mg、Fe、Si、Ti、Zn 7 种金属元素浸出量的方法。7 种元素在浓度为 0.05～5 μg/mL 时是良好的线性关系,加样回收率为93.8%～107.2%,精密度试验的相对标准差为 0.28%～1.6%,检测下限为 0.15～3.51 ng/mL。参考《注射液用卤化丁基橡胶塞》(YBB00042005—2015)中"供试液的制备"方法,对 10 个批次的注射用无菌粉末用卤化丁基橡胶塞中的浸出液进行 7 种金属元素的浸出量检测,发现 Ca、Mg、Si、Zn 4 种金属元素的浸出量较高,并建议增加对橡胶密封件中 4 种金属元素浸出量的监测。

2. 吸附　指被包装的药物与橡胶塞之间存在交互作用,这种交互作用通常是药物先被吸附于橡胶塞的表面,然后是药物向橡胶塞基体内扩散。这种扩散可能是极度轻微的,甚至无法测定,但始终是在缓缓进行中。例如,盐酸胺碘酮、梳柳汞、苯酚、三氯叔丁醇、氯化甲酚、硝基苯汞等都可被橡胶塞不同程度地吸附;橡胶塞还可吸附部分含蛋白质的药物如胰岛素,导致药物失效;对抑菌剂如三氯叔丁醇的吸附,则使其抑菌效能降低[11]。

3. 不溶性微粒　指在药物生产或应用中经过各种途径引入的微小颗粒杂质,其粒径为 1～50 μm。目前,普通输液器只能截留粒径 ≥20 μm 的微粒,而人体只能将粒径在 2 μm 以内的微粒通过肾脏交换排出体外,粒径为 2～20 μm 的微粒将无法排出。不溶性微粒可引起血栓、过敏反应、静脉炎、微循环堵塞、热原反应、动脉硬化、肉芽肿、水肿、肺栓塞等多种不良反应,还可以使肺泡变厚及肺动脉瓣闭锁不全,有的甚至可以造成死亡[12~14]。因此,需要对药物制剂中的不溶性微粒进行质量控制。

卤化丁基橡胶塞是输液制剂微粒污染的主要因素之一,原因是橡胶塞中的粉体填料与橡胶基体的相容性不佳,被抽提出来形成不溶性微粒;橡胶塞之间相互摩擦也会产生不溶性微粒;橡胶塞表面还可能会脱落胶丝、胶屑、杂质、悬浮物、纤维、毛边等不溶性微粒。药厂在使用橡胶塞时,应尽量减少清洗、灭菌、运输等程序,尤其应注意避免橡胶塞之间的摩擦,以减少橡胶塞导致的微粒污染。此外,药物的配置过程、配置环境、放置时间等因素也会影响药液中的微粒数。例如,在超净操作台配药比在治疗室配药能显著降低微粒数量,使用侧口型注射器比使用斜口型注射器也能减少微粒数量[15,16]。静脉输液用橡胶塞的穿刺方式、穿刺次数和放置时间对穿刺后大于 10 μm 的微粒数有显著影响。

《国家药包材标准》（2015 年版）中规定了橡胶类药包材的不溶性微粒数。注射液用卤化丁基橡胶塞不溶性微粒要求每 1 mL 中含 10 μm 以上的微粒不超过 30 粒,含 25 μm 以上的微粒不超过 3 粒;注射用无菌粉末用、预灌封注射器用和笔式注射器用卤化丁基橡胶塞不溶性微粒要求每 1 mL 中含 10 μm 以上的微粒不超过 60 粒,含 25 μm 以上的微粒不超过 6 粒。

第三节　药用热塑性弹性体的研究与应用进展

热塑性弹性体按照制备方法分为共聚型(化学合成型)热塑性弹性体和共混型(橡胶共混型)热塑性弹性体;按照化学结构可分为苯乙烯类热塑性弹性体(styrene block copolymer, SBC)、热塑性聚氨酯弹性体(thermoplastic polyurethanes, TPU)、热塑性聚酯弹性体(thermoplastic polyethylene elastomer, TPEE)、聚酰胺热塑性弹性体(thermoplastic polyamide elastomer, TPAE)和热塑性聚烯烃(thermoplastic polyolefin, TPO)弹性体等。

医用热塑性弹性体材料制成的主要产品有药用胶塞、注射器密封胶封、输血袋等各种储液袋、软管、导管、密封件、阀、输血胶管等。热塑性弹性体代替硫化橡胶用于各种医用材料的实例(表 4 - 3)。热塑性弹性体的物理性能(弹性、永久变形等)不如硫化橡胶,但从热塑性弹性体的加工性能,即柔软性、低析出性、原料成本 3 个方面考虑,则热塑性弹性体优于硫化橡胶。

表 4 - 3　热塑性弹性体代替硫化橡胶应用于各种医用包装材料实例及其优势

传统硫化橡胶制品	热塑性弹性体材料替代的优势
注射器活塞	低毒性,无析出
采血管活塞	与血液、药品相容性好
软管	低抽出,屈挠性好
瓶盖、滴液口	低抽出性,低成本
密封垫片	低析出性,热密封性好
密封件	低析出性,热密封性好
浆液瓶盖	低析出性,热密封性好
针保护套管	低析出性,低成本
橡胶阀	低析出性,热密封性好

一、苯乙烯类热塑性弹性体在药品包装中的应用

苯乙烯类热塑性弹性体指由共轭二烯烃与乙烯基芳香烃共聚形成的热塑性弹性体及其加氢产物的一类材料,其中,乙烯基芳香烃一般是苯乙烯。苯乙烯类热塑性弹性体主要包括苯乙烯-丁二烯-苯乙烯嵌段共聚物(styrene butadiene styrene block copolymer, SBS)、氢化苯乙烯-丁二烯-苯乙烯嵌段共聚物(hydrogenated styrene butadiene styrene block copolymer, SEBS)、苯乙烯-异戊二烯-苯乙烯嵌段共聚物(styrene isoprene styrene block copolymer, SIS)、氢化苯乙烯-异戊二烯-苯乙烯嵌段共聚物(hydrogenated styrene isoprene styrene block copolymer, SEPS)4类。SBS是苯乙烯与丁二烯经阴离子溶液聚合而成,其结构是丁二烯和苯乙烯的嵌段共聚物,可分为线形和星形共聚物;SIS是苯乙烯与异戊二烯经阴离子溶液聚合而成,其结构是异戊二烯和苯乙烯的嵌段共聚物,亦可分为线形和星形共聚物;SEBS和SEPS分别是SBS和SIS加氢而成,SIS的加氢比SBS加氢的难度大。SEBS和SBS合成的原料完全相同,但SEBS属于饱和的聚烯烃弹性体,其结构中丁二烯的两个双键都变成了C—C键,而苯环上的双键并未被氢化,SEBS比SBS的耐受性更好;SEPS和SIS合成的原料完全相同,但SEPS属于饱和聚烯烃弹性体。SEBS和SEPS是氢化产物,不含不饱和双键,所以耐热、耐氧、耐老化、耐紫外线性能优异。苯乙烯类热塑性弹性体作为硫化橡胶制品或聚氯乙烯制品的替代材料,具有优良的物理机械性能、人体和环境友好性。

在苯乙烯类热塑性弹性体中,SEBS弹性好、断裂伸长率大、热稳定与化学稳定性好,在药品包装领域可制作各种输液袋等。由于SEBS在加工时不需要加入热稳定剂,在安全性上好于聚氯乙烯,在替代软质聚氯乙烯方面有着广阔的应用前景。

赵家春[17]等在"热塑性弹性体在医药包装应用的探讨"一文中论述了以SEBS为代表的苯乙烯类热塑性弹性体材料在药包材领域中应用的优势:该项研究从化学稳定性和生物惰性、针刺性能、密封性能、外观与尺寸稳定性、灭菌性能等几个方面提供了数据,支持SEBS材料应用于胶塞和组合盖产品。杨荣基等发明了一种药用热塑性弹性体瓶塞[18],其中SEBS占据瓶塞总质量的60%~65%,符合直接接触药品的包装材料和容器标准。赵立品、马百钧[19]等发明了一种透明医用热塑性胶塞及其制备方法,采用SEBS和医用级矿物油的混合物,辅以抗氧剂,得到一种互穿网络结构的合金材料,完全满足医用胶塞的性能要

求。制得的医用热塑性胶塞具有优良的稳定性和生物相容性,同时相较于传统的异戊二烯胶塞、丁基胶塞,穿刺落屑情况得到明显的改善。尹云山、王春艳[20]等发明一种热塑性注射器胶塞材料及其经过双螺杆挤出机造粒生产而成,本发明具备可注塑成型特点,减少了传统橡胶胶塞的混炼、硫化、除边、硅化等复杂步骤,实现了一步成型,同时降低了复杂的生产过程引起的风险。热塑性注射器胶塞材料兼具橡胶胶塞的特性,具有较好的密封性、回弹性和耐老化性能。Jacques Thilly 等的专利公开了一种由乙烯-乙酸乙烯酯共聚物(ethylene vinyl acetate, EVA)、低密度聚乙烯、聚丙烯、SEBS、SBS 和着色剂共混所得的热塑性弹性体材料制成的胶塞,可有效吸收激光,针刺后激光聚焦于穿刺部位可实现再次密封[21]。

大输液药物包装在我国经历了玻璃瓶到聚丙烯塑料瓶再到输液软袋的发展历程。聚丙烯塑料瓶难以兼有气体阻隔性和避免负压交叉感染两个性能,属于过渡产品。大输液药物包装属于药包材,特点是与药物接触时间长。三层或五层输液软袋有优异的阻隔性能,同时也可以避免负压导致交叉感染,特别是可以避免药物错配的多室袋的研发,为安全输液提供了有力保障。国内市场上主流的大输液软袋多为三层共挤出薄膜结构,采用原料主要为聚丙烯与 SEBS 的共混物,用其制备的输液膜具有高透明、超柔软、药物相容性好、耐低温性强等特点,符合药用和环保要求,是输液包装材料发展的方向[22,23]。殷敬华、李忠志[24]等发明了一种热塑性弹性体复合材料,其由热塑性聚烯烃弹性体、苯乙烯类热塑性弹性体、热塑性聚氨酯弹性体组成,化学性质稳定,加工不易分解,无烟雾,焚烧处理产生二氧化碳,不污染环境;制造的输液器不需要添加稳定剂、润滑剂、颜料等小分子化合物。国内某大型石化公司输液管、输液袋用 SEBS/聚丙烯弹性体专用料的开发及应用项目通过了技术鉴定。该项成果在深入研究阴离子聚合工艺控制技术及聚合物微观结构布的基础上,采用独特的专利技术,开发出医用热塑性弹性体 SEBS 新材料,填补了国内空白,整体技术具有显著创新性,达到国际先进水平;医用 SEBS 新材料的成功开发促进了医用高分子制品行业,国内某大型医疗用品生产企业研发的医用热塑橡胶 SEBS 加快实现医用输注器械的国产化进程[25]。

余文俊发明了涉及一种用于医疗防疫药品的无菌包装膜[26],涉及医疗包装的技术领域,其包括铝箔基材层,铝箔基材层的一侧依次层叠设置有阻隔膜层、抗菌层、杀菌层和抗冲击层,铝箔基材层远离阻隔膜层的一侧设有内层,内层为聚乙烯层;抗冲击层为聚乙烯热塑性弹性体抗冲击层。这项发明具有便于缓冲外界带来的冲击力,降低无菌包装膜内侧物品因较大的冲击力而受到损坏的概率,同时由于无菌包装膜的抗冲击性较佳,抗压能力也有所提升,工作人员能够在不超重的前提下,装载更多的由无菌包装膜包装的产品,在疫情等特殊情况中,能够运输更多的药品的效果。Yatagai E[27]发明了一种耐油性、强度、透明性优异的医用注射成型品或医用吹塑成型品的制造方法,可以提高材料的透明性、强度等性能。李云豹、刘华龙[28]等发明了一种用于医用输液器软管的热塑性弹性体材料及其制备方法,该热塑性弹性体材料包括按下述重量配比的原料:100重量份的 SEBS,30 重量份的共聚聚丙烯。其对多种药物无吸附作用,这样药物用量的准确性和药物的治疗效果有了保证。

二、热塑性溴化丁基橡胶在药用密封件中的应用

热塑性溴化丁基橡胶为大量溴化丁基橡胶和少量聚丙烯通过动态硫化反应技术制备,可热塑性加工且具有热固性溴化丁基橡胶的使用性能,具有优异的弹性、密封性,可回收循环,材料组成简单洁净、无硫,不添加防老剂和稳定剂,提高了弹性体材料在医药包装应用中的安全性,可直接注塑成型胶塞、组合盖、输液袋(瓶)的垫片等,生产过程更加清洁、工艺简单、大幅降低能耗、有效降低制品成本[29]。

热塑性溴化丁基橡胶通过橡塑共混、动态全硫化制备而成。基于"完全预分散-动态硫化制备热塑性硫化橡胶的工业化技术",在混炼机械的高速剪切应力作用下,共混体系发生相反转,被硫化的橡胶以微米级的颗粒分散在作为连续相聚丙烯中,形成相态结构为"海-岛"的热塑性溴化丁基橡胶,这种特殊的微观结构不仅为材料提供了弹性和加工流动性,更重要的是,洁净程度更优的聚丙烯连续相将需要硫化体系配合的溴化丁基橡胶相分散成的小颗粒包覆其中,在直接接触药品使用特别是长期储存时,更能降低药品有效成分浸入包装材料及材料中可能存在的可抽出物对药品质量产生影响和穿刺落屑的风险。

(1)热塑性溴化丁基橡胶制备胶塞特点:相对于传统热固性丁基橡胶制备胶塞,热塑性溴化丁基橡胶具有低成本、低能耗、无边角料损耗等优点,更符合我国目前节约资源能源、减少环境污染的产业政策导向。其制备工艺具有以下 3个方面的特点。

1)工艺简单,投资少,能耗低,效率高:在保证医用胶塞优良的使用性能(气密性能等)的前提下,采用热塑性溴化丁基橡胶可直接注塑成型制造胶塞,可使能耗降低 75%、生产效率提高 10 倍以上。如采用热固性溴化丁基橡胶,胶

塞制造企业必须购买成套的橡胶加工设备和各种原材料,经过混炼、返炼和硫化等复杂工序才能获得产品,设备投资大。

2）无边角料损耗,节约资源,减少环境污染:热塑性溴化丁基橡胶具有热塑性,不产生边角余料和废料,无污染。而热固性溴化丁基橡胶制造胶塞通常采用模压硫化成型,产生的边角余料和废料约占总原料的15%。

3）综合成本低:由于热塑性溴化丁基橡胶在生产上具有工艺简化、生产流程短、不产生边角余料和废料等优点,热塑性溴化丁基橡胶比使用热固性溴化丁基橡胶综合成本约低10.7%。

（2）热塑性溴化丁基橡胶提升医用胶塞安全等级:在使用安全性上,热塑性溴化丁基橡胶使用安全性能较热固性溴化丁基橡胶更高。这主要是由热塑性溴化丁基橡胶的微观结构决定的,聚丙烯连续相包裹着橡胶粒子,使得其在针刺过程中不容易落屑,热塑性溴化丁基橡胶是采用动态硫化技术制备的,动态硫化技术特点是硫化效率极高、硫化彻底、硫化剂残留量极低,同时可以在较低含溴量、无硫黄和无氧化锌的条件下实现较高的硫化程度,且连续相聚丙烯的存在还可以阻止橡胶配方中的成分迁移入药液,从而使其安全性得到大大提高。

热塑性溴化丁基橡胶的密封性能更加可靠,具有优异的隔绝水、空气性能,氧气透过率相当于用于医用胶塞的热固性溴化丁基橡胶的硫化胶;穿刺后对针的静态保持力出色;拔针后针孔再密封完好。

采用热塑性溴化丁基橡胶生产胶塞,是洁净室操作的,可控制微粒和致热原物质,避免环境污染,提高了输液洁净度。而热固性溴化丁基橡胶制造胶塞生产过程中可产生粉尘、硫化烟气,很难控制超净的环境。

（3）热塑性溴化丁基橡胶应用于药用密封制品的局限性:热塑性溴化丁基橡胶材料以聚丙烯为塑料相,因此回弹性能比传统硫化的(卤化)丁基橡胶密封制品要差一些,尤其是其在低温储存环境下的回弹性能有待进一步提升,因此对于非穿刺和非低温储存的密封制品适用性更好。

三、热塑性弹性体类高阻隔膜在药品包装中的应用

高阻隔性能是药品包装最需要考虑的准则之一,高阻隔性包装材料可有效地阻止气体、水汽、气味、光线等进入包装内,充分保证药品的有效性。高阻隔性包装材料的应用在欧洲和日本已非常普遍,我国自20世纪80年代引入聚偏二氯乙烯等高阻隔包装材料后,也非常重视高阻隔包装材料的开发和使

用,各类阻隔材料及其特点如表4-4所示,目前的阻隔材料综合性能仍有待提高且存在价格昂贵等问题,所以发展新型的、价格低廉的高阻隔性材料是药包材发展趋势[30,31]。

表4-4　各类阻隔材料及其特点

材　料	OTR	优　　势	劣　　势
PA6	70	机械强度高,适合挤出加工	高温、高湿下阻隔性下降
聚酯	80	高透、硬挺、印刷性好、适合注塑	阻隔性不足,加工方式受限制
乙烯-乙烯醇共聚物	0.4	气体阻隔性高,适合挤出加工	高温、高湿下阻隔性下降
聚偏二氯乙烯	2.6	稳定的气体阻隔、水阻隔性能	热稳定性不良,燃烧产生二噁英
聚乙烯醇	0.1	低温下高阻隔特性	无法共挤出,易溶于水,高温、高湿下阻隔性下降

注：OTR,氧气透过率,单位为 $cc \cdot 20 \ \mu m/m^2 \cdot d \cdot atm$。

通过采用多层共挤复合技术生产出来的薄膜,不仅可以发挥每层材料的优点,还可以弥补单层塑料薄膜所存在的一些性能缺陷,从而获得性能更优或是满足当前特殊要求的包装薄膜。多层共挤复合膜可以同时拥有多种包装材料的特性,如阻隔性能、高强度、热封性、低成本等。

高阻隔材料除了用于复合挤出薄膜外,也用于密封胶塞的覆膜,受胶塞中复杂组分及原材料浓度梯度等影响,胶塞在与敏感药物接触时,可能会与药物相互作用而产生相容性问题。覆膜胶塞因表面覆有一层具有一定附着力及柔韧性的惰性屏蔽膜而杜绝了胶塞与药物的直接接触,胶塞中的活性物质被惰性膜材阻隔在药物密封过程中不会污染药物[32]。常用的覆膜材料有聚二甲基硅氧烷膜、聚对二甲苯膜、聚四氟乙烯膜、乙烯-四氟乙烯共聚物膜、聚酯膜等。主要成型工艺包括贴膜、浸涂、喷涂和刷涂技术、真空覆膜工艺[33]。

我国覆膜胶塞发展时间较晚,能够批量生产覆膜胶塞而且产品质量比较稳定的厂家不多,国产覆膜胶塞供给量相对较低,且覆膜胶塞价格相对较高,因此与欧美等发达国家相比,覆膜胶塞在国内的应用渗透率仍相对较低。在药品质量监管日趋严格及公众对药品安全日益重视的背景下,制药企业对药用胶塞的质量要求不断提升,由追求低成本向追求高质量、高稳定性转变,在高端注射剂领域转向使用覆膜胶塞,高阻隔性覆膜胶塞的国内市场渗透率虽低于海外市场,未来覆膜胶塞的使用需求和渗透率将不断增加[34]。

四、热塑性聚氨酯弹性体有望广泛应用于药品包装

热塑性聚氨酯的分子结构属于嵌段共聚物,根据其各链段对热塑性聚氨酯弹性体的贡献不同分为软段和硬段,其中软段由合成原料中的小分子多元醇或小分子多元胺组成,是热塑性聚氨酯弹性体柔性和韧性的来源,硬段则主要由多异氰酸酯和小分子二元醇或小分子二元胺反应生成,是热塑性聚氨酯弹性体强度和刚度的来源。这样特殊的结构使得热塑性聚氨酯弹性体不同于普通的弹性体材料,其分子结构中存在大量的物理交联点。热塑性聚氨酯弹性体制品的使用性能与其合成过程中使用的原料种类有关系,不同种类合成的热塑性聚氨酯弹性体具有不同的使用性能,因此热塑性聚氨酯弹性体既可以作为模量高的塑料使用,也可以用作弹性大的橡胶制品。

热塑性聚氨酯弹性体分子链含有氨基甲酸酯基团(—NHCOO—)结构,软段和硬段部分的玻璃化转变温度(T_g)一个低于室温一个高于室温,因此在室温下,热塑性聚氨酯弹性体会存在微相分离,这一现象对其性能有很大的影响。分子链中的—NHCOO—极性较强,赋予了热塑性聚氨酯弹性体较强的内聚能,对于非极性的矿物油和无机盐水溶液表现出良好的耐油性。热塑性聚氨酯弹性体分子链之间形成氢键,氢键强大的作用力使得硬段区聚集,这时极性较弱的软段形成连续相区,硬段仿佛一个个"连接点"作为交联点在软段中很好地分散开来,因此热塑性聚氨酯弹性体材料具有良好的断裂伸长率和高弹性,在-75℃环境下不发生脆化。

热塑性聚氨酯弹性体目前在医疗器械领域研究和应用较多,20世纪80年代初,用聚氨酯弹性体制作的人工心脏移植手术获得成功,使聚氨酯材料在生物医学上的应用得到了进一步发展。此后,如人工器官、医用防护、医用导管、水凝胶、弹性绷带等医用聚氨酯材料不断涌现。热塑性聚氨酯弹性体由于具有良好的生物相容性和稳定性、强度高、摩擦因数小、柔顺性好等优点而逐渐成为制造医疗导管,是需要引入人体的医疗导管的首选材料。何建雄、王一良[35]等发明了一种医疗导管用热塑性聚氨酯弹性体材料及其制备方法,材料的拉伸强度达到40~55 MPa,断裂伸长率达到550%~700%,硬度在70~75A(硬度适中),有良好的生物相容性,抑菌率达到98%甚至以上,适合用作医疗导管用材料。李慎贵、苏卫东[36]等发明了一种输液管,为热塑性聚氨酯弹性体材质。与现有采用

聚氯乙烯材质作为输液管材料的一次性输液器相比,以热塑性聚氨酯弹性体作为输液管的材料可以避免使用聚氯乙烯注塑成型中所需用到的助剂环己酮和增塑剂,从而在源头上杜绝了上述两种成分析出至药液中影响治疗效果并对患者造成一定的伤害风险。全球领先的几家聚氨酯企业先后开发了热塑性聚氨酯弹性体用于人工心脏、导尿管及其组件和药物输送装置等,因为热塑性聚氨酯弹性体材料优异的物理、化学和生物性能,预计未来医用聚氨酯将逐步应用于药包材中。

第四节　药物制剂中绿色可降解药品 包封材料的研究进展

可降解药品包封材料根据降解原理的不同,可分为光降解药品包封材料、生物降解药品包封材料和复合降解药品包封材料等。光降解指在光的作用下,包封材料的高分子链断裂,分子量降低,降解形式主要包括无氧光降解、有氧光降解和光敏剂降解 3 种。光降解对应用条件的要求高、降解不彻底且降解产物对环境(特别是土壤)有一定的负面影响。生物降解指微生物将包封材料分解成小分子物质的过程。生物降解主要应用于糖类和蛋白质类高分子材料的降解。复合降解指将多种降解方式联合使用,发挥增效和协同作用,降解效果更好,但目前技术成熟度不够,应用还不广泛[37]。

可降解药品包封材料按照来源不同可以分为天然可降解药品包封材料和合成可降解药品包封材料。天然可降解药品包封材料主要指自然界广泛存在的多糖类和蛋白质高分子,其中,动物型包括甲壳素、壳聚糖和明胶等,植物型包括纤维素、淀粉、木质素和蛋白质等。天然可降解药品包封材料具有较好的生物相容性,能够完全降解,可再生,成本低,且安全无毒。但是,天然可降解药品包封材料的热稳定性和力学性能较差,往往难以加工成型,通常需要对其进行共混、化学改性才能满足使用要求。合成可降解药品包封材料指自然界中不存在,通过化学方法合成的可生物降解的高分子物质,其具有优异的物理化学特性[38]。合成可降解药品包封材料主要包括聚乳酸、聚己内酯和聚羟基脂肪酸酯等。

一、可降解药品包封材料的分类

1. 天然可降解药品包封材料

(1)纤维素:是自然界最丰富的天然高分子多糖,广泛存在于植物中。纤维素分子链由葡萄糖原通过 $\beta-1,4-$ 糖苷键连接而成[39]。纤维素具有可生物降解、成本低、可再生、低磨蚀性和成膜性好等优点。利用 γ 射线辐照辅助溶液浇铸法制备的 $N-$ 乙烯基己内酰胺接枝的纤维素@ 聚酰胺-6 复合膜具有良好的可降解性、高的细胞亲和力和优异的机械性能,并具有杰出的万古霉素和苯扎氯铵负载能力和缓释性能[40]。

（2）淀粉:是植物体中储存的养分。淀粉分子链由葡萄糖单元通过 $\alpha-1,4-$ 糖苷键连接而成[41]。由于淀粉的热塑性差、加工困难,通常和其他材料复合使用。当把淀粉加入聚烯烃中后,由于淀粉在有机相中分散性较差,且两者之间没有化学作用力,淀粉仅起到填料的作用。为改善淀粉分散的均匀度,可以将淀粉进行超微粉碎,通过酯化、醚化改性以改善其亲水性质[40]。以马来酸酐接枝的聚丁二酸丁二醇酯为基质,马来酸酐通过与淀粉中的羟基反应生成酯来调控复合材料的机械性能和生物降解速度。

（3）壳聚糖:是由甲壳素脱乙酰化(脱乙酰度大于55%)得到的一种氨基多糖,其分子链由乙酰氨基葡萄糖单元和(或)氨基葡萄糖单元通过 $\beta-1,4-$ 糖苷键连接而成[41]。壳聚糖具有优异的生物降解性和生物相容性。壳聚糖抗菌性好、毒性低,易于改性和加工制成完全生物降解材料。壳聚糖中的氨基和羟基也有利于抗氧化保护。壳聚糖膜具有一定的选择透过性,能够控制水分蒸发。但与合成高分子薄膜相比,壳聚糖膜机械性能和耐热性都较差,在实际应用中通常需要改性或与其他成分共混成膜[42]。利用高碘酸钠氧化瓜尔胶和壳聚糖反应制备的水凝胶在适当的 pH 下降解率最高可以达到65%且能够在 5 min 以内实现快速自愈合。

（4）明胶:是由胶原蛋白部分水解得到的由多种氨基酸组成的肽[43]。明胶具有抗菌和抗氧化的优势,是一种高安全性的可降解与可食性包封材料。以明胶为成膜基质、纳他霉素和纳米氧化镁为抗菌剂制备的抗菌膜表现出了有效的抗菌活性,并且随着抗菌剂的加入,明胶基膜的断裂伸长率有明显改善[44]。与壳聚糖膜和明胶膜相比,明胶/壳聚糖可食用复合膜内部分子之间有较强的氢键和分子间作用力,膜内部致密且水蒸气不易通过,同时复合膜对大肠杆菌、金黄色葡萄球菌和枯草芽孢杆菌均具有显著的抑制效果[45]。

2. 合成可降解药品包装材料

（1）聚乳酸:是以乳酸为单体聚合得到的脂肪族聚酯高分子[46]。聚乳酸具有优异的加工性、高的机械强度和易于降解等优点。聚乳酸在自然条件下能够降解成二氧化碳和水,在自然界中实现良性循环。由聚乳酸、聚乙烯醇和聚-$L-$

乳酸制备而成的三层复合膜具有高的氧气阻隔性,可以显著延长冷鲜肉的储存时间,保鲜效果接近真空包装[47]。利用聚乳酸与丁二酸丁二醇酯-己二酸丁二醇酯制备的共聚物复合膜对葡萄柚精油具有良好的负载能力,并表现出优异的抗菌活性和缓释效果[48]。

(2)聚己内酯:是由 ε-己内酯开环聚合得到的半结晶性高分子[49]。聚己内酯加工性好,但存在熔点低、力学强度低等缺点,在实际的应用中需要添加其他的材料。采用熔融共混法制备的聚己内酯/聚乳酸复合材料的冲击强度随着聚己内酯含量的增加而上升,拉伸强度随着聚己内酯含量的增加先升高后降低[50]。聚己内酯与玉米淀粉和天然的石榴皮粉末共混挤出得到的抗菌包装膜具有良好的抗菌性能。淀粉的添加不仅降低了聚己内酯复合膜的成本,提高了聚己内酯基体的刚性,还减弱了聚己内酯与石榴皮中活性物质的相互作用,有利于石榴皮中抗菌性多酚的释放[51]。

(3)聚羟基脂肪酸酯:是由微生物合成的天然高分子,其分子链大多由3~14个碳原子的羟基脂肪酸单元连接而成[52]。聚羟基脂肪酸酯主要包括聚羟基丁酸酯、羟基丁酸戊酸共聚酯、羟基丁酸己酸共聚酯和3-羟基丁酸酯/4-羟基丁酸酯共聚物等。聚羟基脂肪酸酯由于具有良好的力学性能和优异的可降解性在绿色包装中得到了广泛的应用。以花生油作为野生型尼卡托铜菌的碳源通过生物合成法制备的聚羟基脂肪酸酯薄膜,随着熔点的降低,其断裂伸长率和渗透率都增加[53],并表现出高的矿化响应性,适合作为其他难降解高分子的替代品。熔融共混制备的3-羟基丁酸-3-羟基戊酸共聚酯/聚己内酯可在15天内迅速发生降解,30天内可以完全降解[41]。

二、可降解药品包封材料的制备工艺

可降解药品包封材料的制备工艺主要包括层层自组装法、静电纺丝法、流延成型法、涂层法、吹塑成型法和挤出成型法等(图4-1),其选择主要由可降解材料的性质和应用场景决定。

(1)层层自组装法:指在带电的模板上,通过基团间的弱相互作用(静电相互作用、氢键或配位键等)或者强相互作用(共价键)交替沉积,制得具有结构完整和性能稳定的功能性薄膜(图4-1A)。层层自组装法包括模板预处理、A层膜材料吸附、清洗、B层膜材料吸附和清洗等工序[54]。层层自组装法适应于制备直接与药品接触的可降解药品包封材料或者组装到药物载体表面作为阻隔层控制药物释放。

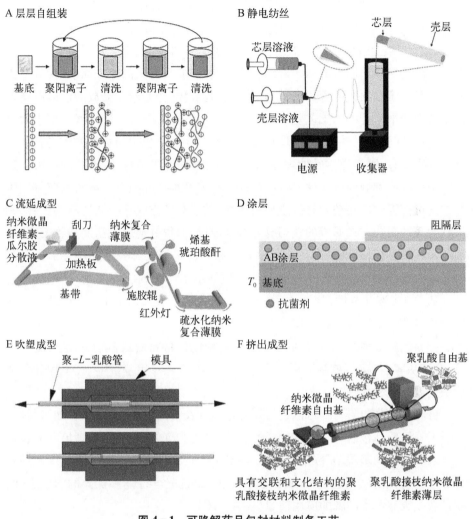

图 4-1　可降解药品包封材料制备工艺

A. 层层自组装法[54];B. 静电纺丝法[56];C. 流延成型法[57];
D. 涂层法[58];E. 吹塑成型法[60];F. 挤出成型法[61]

　　通过控制组装材料、沉积层数和组装条件,调控复合膜的结构和性能,可实现对药品的可控释放。通过层层自组装法可以将赖氨酸负载到软骨素/β-聚氨酯类凝胶微球中,有效保留了赖氨酸的活性并实现了缓释[55]。层层自组装法能够在分子水平上调控膜的组成、结构和厚度,在可降解药品包封材料领域有着广泛的应用前景。

　　(2) 静电纺丝法:指在高电场中,高分子溶液或熔体液滴在针头处由球形变为圆锥形(即"泰勒锥"),并从圆锥尖端延展得到纤维细丝的方法。静电纺丝技术具有简单、成熟和成本低的特点,可以利用各种可降解材料(如聚乳酸、聚乳酸乙醇酸和聚己内酯等)的溶液制备连续的纳米纤维膜(图4-1B)[56]。

以静电纺丝法制备的纳米纤维毡有多孔结构,具有大的比表面积、优异的力学性能和易于表面改性等优点,可以作为药物载体,控制药物释放。以静电纺丝法制备载药纳米纤维的工艺主要包括两种,一种是在纳米纤维成型过程中通过共混载药、同轴或三轴载药、串珠包覆药物和多层纤维包覆药物等方式制备载药纳米纤维;另一种是通过后处理在纳米纤维表面接枝药物。纳米纤维毡可以通过控制纳米纤维载药方式、纳米纤维直径、纳米纤维毡孔隙率和溶胀效应等实现药物的可控释放。在纳米纤维成型过程中,共混载药方式存在初期药物突释,相反其他3种载药方式形成的核-壳型纳米纤维能够很好地避免初期药物突释;增加纳米纤维直径、降低纤维毡孔隙率和溶胀效应也能够延长药物缓释时间。静电纺丝法在药物可降解药品包封材料领域展示了巨大的应用前景,通过优化各种参数(如溶液导电性、溶液浓度、施加电压和喷嘴形状等)可以设计理想的形态和功能的纳米纤维药物载体。

(3)流延成型法:指将药物可降解药品包封材料制成具有一定黏度的溶液,溶液从容器流下,被刮刀以一定厚度刮压涂敷在专用基带上,经干燥和固化后从上剥下成为薄膜。

可降解药品包封材料可以通过添加或者涂覆活性物质、小分子和纳米材料,增强可降解药品包装薄膜的生物活性、机械性能和气体阻隔性能,满足药品包装的要求。通过烯基琥珀酸酐(alkenyl succinic anhydride)改性制备的疏水性纳米复合膜具有低的气体透过率、高的机械性能、好的光学性能和优异的印刷适性,在包装领域显示了广阔的应用前景(图4-1C)[57]。

(4)涂层法:指可降解药品包封材料溶液通过一次或多次涂覆所得到的固态连续膜。涂层方式包括浸渍、喷涂、淘洗和涂刷。涂层分为单层涂层和多层涂层,具有易于使用、不需要精密设备和设计的可变性的特点,根据不同需要我们可以方便地调整涂层厚度和功能。

涂层法一方面可以提高药品包封材料阻隔性和力学性能,另一方面可以通过涂层设计实现药物靶向递送和可控释放(图4-1D)[58]。涂层根据功能分为阻隔涂层、抗菌涂层和疏水化涂层等。纳米微晶纤维素(cellulose nanocrystals)/烷基烯酮二聚体乳液作为涂层可以赋予纸张优异的气体阻隔性和良好的力学性能,在表面施胶方面具有良好的应用前景[59]。

（5）吹塑成型法：指将可降解药品包封材料经挤出或注射成型得到的管状型坯，加热到软化状态后，置于对开模中，闭模后立即在型坯内通入压缩空气，使型坯吹胀而紧贴在模具内壁上，经冷却脱模，即得到各种中空制品。

结晶性可降解材料具有耐冲击、耐环境应力性、耐化学性、气体阻隔性、阻湿性且无毒等特点，适合制备药品包装容器。在吹塑成型过程中，需要严格控制拉伸应变速率和温度。在双轴拉伸吹塑成型过程中，将聚-L-乳酸坯置于封闭模具中，材料温度逐渐升高至 T_g 以上，使材料达到橡胶状态，施加压力使分子链对齐，同时使聚-L-乳酸坯充气，获得高强度的聚-L-乳酸管（图 4-1E）[60]。

（6）挤出成型法：指通过挤出机料筒和螺杆间的作用，边受热塑化，边被螺杆向前推送，连续通过机头而制成各种截面制品或半制品的加工方法（图 4-1F）[61]。挤出成型法可以制备薄膜状产品，经过热合的方法制成药品包装袋，用于药品的包装。

在挤出过程中，温度和螺杆转速会严重影响可降解药品包封材料的性能。因此，需要对这些条件进行优化或者改性来提高可降解药品包装薄膜性质。相比于聚乳酸，通过反应挤出法制备的聚乳酸接枝纳米微晶纤维素纳米复合材料的热稳定性和力学性能提高，这是由于改性提高了聚乳酸与纳米微晶纤维素之间的界面相容性。

三、可降解药品包封材料的抗菌改性

药物在储存过程中可能受到微生物污染，会造成药品失效甚至是变质，严重威胁人类健康。近年来，因染菌药物引起药源性疾病和医疗事故的事件屡见不鲜。微生物污染会导致产品召回和生产中断，进而给制药行业造成巨大的额外成本。为了减少微生物污染，提高药品质量，保证用药安全，人们对具有抗菌功能的药品包封材料进行了广泛的研究。

可降解药品包封材料常用的抗菌改性方法包括通过物理方法将抗菌剂添加到包封材料内和对其表面进行化学改性。

1. 物理改性　包括添加小分子抗菌剂、结合抗菌高分子和结合抗菌纳米颗粒等。

（1）添加小分子抗菌剂：抗生素作为使用最广泛的小分子抗菌剂，常被用来添加到药品包封材料中。以丁二酸和延胡索酸为桥接剂，用 β-环糊精对纳米微晶纤维素进行功能化，使其能够长时间释放抗菌分子。与其他材料相比，β-环糊精改性后的纳米微晶纤维素对枯草芽孢杆菌的抗菌活性持续时间较长[62]。马来酸酐改性的β-环糊精与3-(4'-乙烯基苄基)-5,5-二甲基海因共聚得到的β-环糊精基卤胺化合物抗菌共聚物与乙酸纤维素共混静电纺丝后得到的纤维素纳米纤丝具有好的抗菌性能[63]。

(2) 结合抗菌高分子：具有抗菌活性的高分子可以作为药品包封材料的抗菌添加剂，增强其抗菌效果。常用的抗菌高分子包括壳聚糖、聚氨基酸、卤化铵和胍盐，这些高分子的抗菌能力与氨基的质子化有关。

壳聚糖作为天然的抗菌高分子，能够抑制多种微生物的繁殖，如细菌、酵母和霉菌。低分子量的壳聚糖会穿过细胞膜，与带负电荷的核酸结合，进而发挥抗菌作用；而高分子量的壳聚糖会附着在细胞膜上，在细菌表面形成一层膜来阻断营养物质的运输，进而发挥抗菌作用。采用溶液浇铸法制备的纳米微晶纤维素/壳聚糖/聚乙烯基吡咯烷酮复合材料具有良好的血液相容性、优异的细胞相容性且可以抑制金黄色葡萄球菌和铜绿假单胞菌的生长[64]。二乙氨乙基壳聚糖的两亲性衍生物具有抗真菌性能，这是因为壳聚糖的疏水修饰增强了其与真菌细胞壁的相互作用。以枸橼酸钠为交联剂、羧甲基壳聚糖/聚乙烯醇交联网络为基体制备的可降解药品包封材料，具有良好的机械性能、抗菌性能和生物降解性能[65]。

多聚赖氨酸由25~30个赖氨酸残基聚合而成，具有强烈的抑菌能力。ε-多聚赖氨酸抑菌谱广，在酸性和微酸性环境中对革兰氏阳性菌、革兰氏阴性菌、酵母菌和霉菌均有一定的抑菌效果。采用机械共混法将海藻酸钠和葡萄籽提取物加入聚己内酯基体中制备的抗菌复合材料对铜绿假单胞菌有明显的抑制作用[66]。

合成高分子(如聚吡咯和聚六亚甲基双胍)也可作为抗菌添加剂，其抗菌机制主要是利用高分子对细菌细胞膜的黏附破坏，进而导致细菌死亡。聚六亚甲基双胍作为一种广谱型抗菌剂，对革兰氏阳性菌和革兰氏阴性菌均具有抗菌效果。细菌纤维素/聚六亚甲基双胍/丝胶膜具有高的抗菌活性、低的炎症反应和好的伤口愈合活性，能显著减小伤口面积[67]。

(3) 结合抗菌纳米颗粒：常用的抗菌纳米颗粒主要包括贵金属纳米颗粒和金属氧化物纳米颗粒，他们被广泛应用于可降解药品包封材料中。抗菌纳米颗粒可以从复合材料中释放出来与细菌接触，起到抗菌效果。

1) 银纳米颗粒：由于其广谱抗菌效果引起了人们的极大关注，但由于银纳米颗粒易团聚会影响其抗菌效果，需要提高其在抗菌包封材料中的分散性。添加银纳米颗粒后的纳米纤维素对大肠杆菌、耐多药大肠杆菌、金黄色葡萄球菌和耐多药金黄色葡萄球菌均具有良好的抗菌效果[68]。阳离子化纤维素纳米纤丝中添加银纳米颗粒后对大肠杆菌和金黄色葡萄球菌的抑菌效果达到99.99%甚至以上,且对大肠杆菌有持续的抗菌作用[69]。

2) 金纳米颗粒:指粒径在纳米级大小的金材料,具有尺寸与表面化学可调和多价效应等特点。金纳米颗粒作为抗生素替代剂具有抗菌活性高、抗菌种类可调、不易引起细菌耐药性和生物安全性好等优势。

经配体表面修饰后的金纳米颗粒具有更好的抗菌活性,可有效抑制病原菌增殖[70]。非抗生素类小分子配体修饰的金纳米颗粒能够吸附到细菌膜上破坏细菌膜的完整性,导致细菌内容物泄漏,同时也能穿过外层细菌膜和肽聚糖进入细菌内抑制蛋白质的合成从而杀死细菌。2-巯基咪唑修饰的金纳米颗粒具有广谱抗菌活性,甚至对抵抗大多数抗生素的"超级细菌"也具有抗菌效果[71]。用色氨酸和5-氨基吲哚修饰的金纳米颗粒,对抗生素敏感菌和耐药菌都表现出很好的抗菌性。经吲哚衍生物修饰的金纳米颗粒在高的细菌浓度下仍然可以杀灭大部分的多药耐药菌,其效果优于临床常用的头孢噻肟和多黏菌素 B 等传统抗生素[72]。直接口服四氯金酸和氨基苯基硼酸,可以在体内合成氨基苯基硼酸修饰的金纳米颗粒,然后其被胃肠道吸收,从而治疗多药耐药菌引起的腹膜炎感染[73]。4,6-二氨基-2-巯基嘧啶修饰的金纳米颗粒添加到细菌纤维素中能够抑制大部分的革兰氏阴性菌,且具有良好的理化性能、机械应变和生物相容性[74,75]。

3) 氧化锌纳米颗粒:具有优异的光电性能和较高的催化活性,其对多种病原体具有较强的抗菌性能。氧化锌纳米颗粒主要通过释放锌离子和刺激活性氧自由基产生来发挥抗菌作用。纳米微晶纤维素/纳米氧化锌复合材料对金黄色葡萄球菌和大肠杆菌均具有抗菌效果,且对金黄色葡萄球菌的抗菌活性强于对大肠杆菌的抗菌活性[76]。采用静电纺丝法,以纳米微晶纤维素、纳米氧化锌和聚(3-羟基丁酸酯-CO-3-羟基戊酸酯)为原料制备了纳米氧化锌/纤维素/聚酯复合膜,对金黄色葡萄球菌和大肠杆菌均具有优异的抗菌性能[77]。

4) 氧化石墨烯:氧化石墨烯的纳米片层结构使其在抗菌方面受到广泛关注。采用溶液浇铸的方法制备的纳米微晶纤维素/还原氧化石墨烯/聚乳酸纳米复合膜对金黄色葡萄球菌和大肠杆菌均表现出优异的抗菌效果[78]。以细菌纤维素为基体,采用机械混合法合成了细菌纤维素/氧化石墨烯复合材料,其对酿酒酵母具有很强的抗菌作用[79]。将氧化石墨烯和 TiO_2 纳米颗粒填充到多孔细菌纤维素中制备的纳米复合材料对金黄色葡萄球菌具有抗菌效果,且生物安全性好[80]。

2. 表面化学改性　表面化学改性指利用特定的化学反应,如酯化反应、酰胺化反应等,使可降解药品包封材料表面的基团与目标官能团发生反应。表面化学改性工艺简单、方便、灵活,在保持基体本身优良性能的同时,还能提高表面性能,如抗菌性、耐热性和亲水性等。

以3-氨基丙基三乙氧基硅烷缩聚物为修饰分子的氨基烷基接枝细菌纤维素膜对金黄色葡萄球菌和大肠杆菌具有较强的抗菌性能,且随着接枝率的增加,膜的抗菌活性有所增强[81]。此外,表面接枝改性增强了细菌纤维素膜的疏水性,进一步提高了其抗菌活性。

α-硫辛酸通过氨基反应接枝到壳聚糖上,可以得到壳聚糖-α-硫辛酸水凝胶用于甲氨蝶呤的包封[82]。α-硫辛酸的接枝提高了壳聚糖-α-硫辛酸的表观黏度。壳聚糖-α-硫辛酸水凝胶对大肠杆菌有抑制作用,并且优于不含二硫键的壳聚糖,这是由于硫辛酸可引起细菌细胞膜功能障碍,抑制DNA复制。负载甲氨蝶呤的壳聚糖-α-硫辛酸水凝胶对前列腺癌细胞具有很强的毒性,证明了甲氨蝶呤成功包封在壳聚糖-α-硫辛酸水凝胶中。

炔基化的芳香基(β-氨基)乙基酮可以通过铜催化叠氮-炔烃1,3-偶极环加成反应接枝到纤维素薄膜上,修饰后的薄膜对金黄色葡萄球菌具有良好的抗黏附能力,更重要的是,其对金黄色葡萄球菌生物膜的形成具有明显抑制作用[83]。

第五节　机遇与挑战

如今是材料科学飞速发展的时代,新型材料层出不穷,除了上文介绍的材料外,还有以下几个方面也是未来发展的方向,也期待能尽早地将其应用于药包材中。

1. 抗菌自洁净功能的药包材　尽管药品生产的洁净环境是按照药品生产管理规范要求设计的,但任何一个剂型生产和包装过程都不可能绝对无菌,有些药品在启封以后并不是一次用完,由于启封后包装的密封性能大大下降,因此很可能被微生物污染,因此为延长药品保质期,保证用药安全性,研发和使用具有抗菌自洁净功能的药包材具有深远的意义。通过设计和生产具有抗菌自洁净功能的药包材,进一步扩展药包材的应用场景,使药物保存和药物递送更加高效和长效,将是今后药包材开发与应用的一个热点和主要方向。

2. 新型可降解和功能性药包材　随着环保意识的加强,整个生命周期过程中,同时满足环境保护、节约资源及安全卫生的几个方面要求的绿色包装已达成共识,而药包材中的塑料丢弃后大部分不能降解且回收困难,对环境造成了严重的白色污染。可降解药包材具有卓越的生物降解性,其环境负荷小,有利于降低环境污染、减少碳排放。随着药包材和技术不断发展,越来越多的新型可降解性和功能性包装材料将广泛应用于药品包装中,实现绿色制备、绿色使用、绿色处理和智能监测,有望取代传统的药包材(塑料、玻璃和陶瓷),成为新一代药包材。

3. 智能药包材　智能材料被称为 21 世纪的新材料,指对环境具有感知、可响应,并具有功能发现能力的新材料。将生物、信息、电子、纳米等先进技术与药包材相结合,有望开发出具有药品质量自检测、防伪、定时提醒患者吃药、破裂时能自修复等多种功能的智能药包材,对于延长药品保质期、方便患者用药无疑具有重要的意义,因此,智能药包材必将是材料领域长期研究与开发的重点和热点。

参考文献

[1] WONG W K. Impact of elastomer extractables in pharmaceutical stoppers and seals application — material supplier perspectives. Louisville：Technical Meeting — American Chemical Society，2009.

[2] 保罗·恩固因,杰西卡·沃森.作为用于丁基橡胶生产的稀释剂氢氟烯烃(HFO)：CN106573996B. 2015-04-28.

[3] 李志艳,梅蕾,张毅兰.气质联用法测定药用橡胶中挥发性潜在迁移物.中国医药工业杂志,2017,48(3)：413-421.

[4] 方旻,黄梓为,许慧,等.药用丁基胶塞中有机提取物的成分与浸出趋势分析.广东化工,2021,48(14)：6-9.

[5] 吴红洋,杨大成,胡庆华,等.药用胶塞中正己烷的含量测定及迁移研究.中国药业,2020,29(9)：106-108.

[6] 赵画,张芳芳,王荣佳,等.气相-热能色谱法测定药用丁基胶塞中 11 种 N-亚硝胺及亚硝胺可生成物的提取量.药物分析杂志,2020,40(9)：1653-1658.

[7] 余成,罗琳,陈岚,等.卤化丁基橡胶塞中可提取多环芳烃的 GC-MS/MS 筛查法.药物分析杂志,2020,40(4)：681-687.

[8] 朱碧君,李婷婷,孙会敏,等.HPLC 法同时测定药用卤化丁基橡胶塞中 5 种抗氧剂和游离硫的含量.中国药房,2018,29(18)：2475-2479.

［9］ 李春焕,薛维丽,邢晟,等.高效液相色谱法检测溴化丁基胶塞中 11 种抗氧剂及游离硫的浸出量及迁移量.分析试验室,2020,39(1):91－96.

［10］ 王悦雯,姚丹,陈蕾,等.ICP－OES 法测定药用卤化丁基橡胶塞中 7 种金属元素的浸出量.药物分析杂志,2020,40(5):879－883.

［11］ 周健丘,梅丹.药品包装材料对药品质量和安全性的影响.药物不良反应杂志,2011,13(1):27－31.

［12］ 张青坡.丁基胶塞在注射剂领域中的选用策略思考.海峡药学,2017,29(8):9－10.

［13］ 付文焕,王斌,施孝金.注射剂中不溶性微粒相关研究现状及思考.上海医药,2012,33(21):29－32.

［14］ 夏杰,卢文博,姚秀军,等.硅油对胶塞不溶性微粒检测的影响.山东化工,2016,45(12):62－63.

［15］ 浦丽霞,开中支,吴娟.输液药液中的微粒污染、危害及预防.医药前沿,2017,7(16):337.

［16］ 李新华.输液药液中的微粒污染、危害及预防.特别健康,2020,8:158.

［17］ 赵家春,赵智,程继刚.热塑性弹性体在医药包装应用的探讨.中国包装,2012,32(10):46－53.

［18］ 杨荣基,王国勤.药用热塑性弹性体瓶塞及其制备方法:ZL201210523514.6. 2013－04－03.

［19］ 赵立品,马百钧,范稀,等.一种透明医用热塑性胶塞及其制备方法:ZL201310577007.5. 2014－02－26.

［20］ 尹云山,王春艳,兰浩,等.一种热塑性注射器胶塞材料及其生产方法:ZL201710195215.7. 2017－06－27.

［21］ THILLY J, VANDECASSERIE C. Laser Sealing Elastomer:US7851538. 2010－12－14.

［22］ 张爱民,梁红文,李望明,等.氢化苯乙烯热塑性弹性体发展展望.高分子材料科学与工程,2021,37(1):359－363.

［23］ 张永涛.大输液软袋用高分子材料的研究进展.合成树脂及塑料,2020,37(4):92－95,102.

［24］ 殷敬华,李忠志,邵鹏君,等.一种热塑性弹性体复合材料:ZL200710113097.7. 2009－05－06.

［25］ 郑宁来.巴陵石化开发医用 SEBS 生产技术.合成技术及应用,2014,29(3):5.

［26］ 余文俊.一种用于医疗防疫药品的无菌包装膜及其生产工艺:ZL202010307590.8. 2020－07－31.

［27］ YATAGAI E, KUROSAKI K, IKEDA K, et al. 耐熱性に優れたガスバリア性医療用容器及びその製造方法:国际专利, 2009051155 A1. 2009－04－23.

［28］ 李云豹,刘华龙,周紫英.一种用于医用输液器软管的 TPE 材料及其制备方法:ZL201310414940.0. 2013－09－12.

［29］ 田洪池,张世甲,韩吉斌,等.一种低硬度医用热塑性溴化丁基橡胶及其制备方法:ZL201410828844.5. 2015－06－24.

［30］ 陈云,张彩荣,袁晓松,等.一种高阻隔性药品包装用复合膜:ZL202020418478.7. 2021－01－08.

［31］ 宋渊,高喜旼,张韵.高阻隔材料-包装减量 减少环境污染的解决方案.塑料包装,2020,

30(4)：40,51－55.

[32] 隋玲玲,缪一鸣.药用覆膜丁基胶塞产品技术特征及其适用性.中国包装,2002(6)：64－65.

[33] 刘海洪.丁基胶塞的膜技术现状与发展趋势.世界橡胶工业,2008(5)：34－36.

[34] 郝章程.药用胶塞行业发展现状和未来发展建议.中国橡胶,2022,38(3)：20－25.

[35] 何建雄,王一良,杨博.一种医疗导管用TPU材料及其制备方法：ZL201710252624.6. 2017－07－11.

[36] 李慎贵,苏卫东,朱磊峰,等.一种多功能非PVC材料输液器：ZL201920786870.4.2020－06－16.

[37] 王乐,闫宇壮,方天驰,等.新型食品包装材料研究进展.食品工业,2021,42(9)：5.

[38] 倪永标,宋锦柱,向斌,等.食品包装用可生物降解高分子材料的应用进展.中国包装, 2018,38(10)：54－57.

[39] 何子骞.药品包装材料对药品质量的影响.生物化工,2020,6(2)：112－114.

[40] 陈璐,王敬敬,赵勇,等.纤维素基可降解抑菌食品包装材料的研究及应用进展.包装工程,2021,42(5)：1－12.

[41] 陈彤,江贵长,张德浩,等.可降解包装材料现状研究与展望.塑料工业,2020,48(1)：1－6.

[42] PINEM M P, WARDHONO E Y, NADAUD F, et al. Nanofluid to nanocomposite film: chitosan and cellulose-based edible packaging. Nanomaterials, 2020, 10(4)：660.

[43] KIM U J, KIM H J, CHOI J W, et al. Cellulose-chitosan beads crosslinked by dialdehyde cellulose. Cellulose, 2017, 24(12)：5517－5528.

[44] 李志明,周成琳,钟蕊,等.明胶基抗菌膜的制备及性质研究.农产品加工,2020(9)：5－7.

[45] 张立挺,蒋子文,高磊,等.壳聚糖明胶可食用复合膜的制备与抗菌性能研究.食品研究与开发,2020,41(6)：106－111,180.

[46] 刘芯钥,林琼,陈云堂,等.可降解抑菌食品包装膜的研究进展.包装工程,2019,40(9)：151－157.

[47] 侯哲.聚乳酸可降解塑料食品包装研究进展及其设计应用.塑料科技,2018,46(6)：131－134.

[48] 李逸,王子鑫,韩延超,等.可降解包装膜的制备及在水蜜桃保鲜中的应用.包装工程, 2019,40(23)：23－31.

[49] 雷宝灵.聚己内酯与天然可降解高分子材料的复合研究进展.科研与实践,2021,4：15－16.

[50] 李婷婷,王宁宁,金肖克,等.PLA/PCL共混基体体系的制备及性能表征.塑料,2022,51(2)：39－42,79.

[51] KHALID S, YU L, FENG M Y, et al. Development and characterization of biodegradable antimicrobial packaging films based on polycaprolactone, starch and pomegranate rind hybrids. Food Packaging and Shelf Life, 2018, 18：71－79.

[52] 车雪梅,司徒卫,余柳松,等.聚羟基脂肪酸酯的应用展望.生物工程学报,2018,34(10)：1531－1542.

[53] PÉREZ-ARAUZ A O, AGUILAR-RABIELA A E, VARGAS-TORRES A, et al. Production

and characterization of biodegradable films of a novel polyhydroxyalkanoate (PHA) synthesized from peanut oil. Food Packaging and Shelf Life, 2019, 20: 100297.

[54] SARODE A, ANNAPRAGADA A, GUO J, et al. Layered self-assemblies for controlled drug delivery: a translational overview. Biomaterials, 2020, 242: 119929.

[55] SAKR O S, JORDAN O, BORCHARD G. Sustained protein release from hydrogel microparticles using layer-by-layer (LbL) technology. Drug Delivery, 2016, 23 (8): 2747 - 2755.

[56] PANT B, PARK M, PARK S J. Drug delivery applications of core-sheath nanofibers prepared by coaxial electrospinning: A review. Pharmaceutics, 2019, 11(7): 305 - 326.

[57] ZHANG C L, ZHANG Y P, CHA R T, et al. Manufacture of hydrophobic nanocomposite films with high printability. ACS Sustainable Chemistry & Engineering, 2019, 7 (18): 15404 - 15412.

[58] CLOUTIER M, MANTOVANI D, ROSEI F. Antibacterial coatings: challenges, perspectives, and opportunities. Trends Biotechnol, 2015, 33(11): 637 - 652.

[59] YANG L M, LU S, LI J J, et al. Nanocrystalline cellulose-dispersed AKD emulsion for enhancing the mechanical and multiple barrier properties of surface-sized paper. Carbohydrate Polymers, 2016, 136: 1035 - 40.

[60] WEI H D, YAN S Y, GOEL S, et al. Characterization and modelling the mechanical behaviour of poly(l-lactic acid) for the manufacture of bioresorbable vascular scaffolds by stretch blow moulding. International Journal of Material Forming, 2019, 13(1): 43 - 57.

[61] DHAR P, TARAFDER D, KUMAR A, et al. Thermally recyclable polylactic acid/cellulose nanocrystal films through reactive extrusion process. Polymer, 2016, 87: 268 - 282.

[62] CASTRO D O, TABARY N, MARTEL B, et al. Effect of different carboxylic acids in cyclodextrin functionalization of cellulose nanocrystals for prolonged release of carvacrol. Materials Science & Engineering C-Materials for Biological Applications, 2016, 69: 1018 - 1025.

[63] 李蓉,豆建峰,姜潜远,等.卤胺接枝改性 β -环糊精共聚物/醋酸纤维素纳米纤维的制备与表征.功能材料,2013,44(23): 3455 - 3460.

[64] POONGUZHALI R, BASHA S K, KUMARI V S. Synthesis and characterization of chitosan-PVP-nanocellulose composites for *in-vitro* wound dressing application. International Journal of Biological Macromolecules, 2017, 105: 111 - 120.

[65] WEN L S, LIANG Y T, LIN Z H, et al. Design of multifunctional food packaging films based on carboxymethyl chitosan/polyvinyl alcohol crosslinked network by using citric acid as crosslinker. Polymer, 2021, 230: 124048.

[66] TONG S Y, LIM P N, WANG K Y, et al. Development of a functional biodegradable composite with antibacterial properties. Materials Technology, 2018, 33(11): 754 - 759.

[67] NAPAVICHAYANUN S, YAMDECH R, ARAMWIT P. The safety and efficacy of bacterial nanocellulose wound dressing incorporating sericin and polyhexamethylene biguanide: *in vitro*, *in vivo* and clinical studies. Archives of Dermatological Research, 2016, 308(2): 123 - 132.

[68] WANG S W, SUN J S, JIA Y X, et al. Nanocrystalline cellulose-assisted generation of silver nanoparticles for nonenzymatic glucose detection and antibacterial agent. Biomacromolecules, 2016, 17(7): 2472 – 2478.

[69] NGUYEN H L, JO Y K, CHA M, et al. Mussel-inspired anisotropic nanocellulose and silver nanoparticle composite with improved mechanical properties, electrical conductivity and antibacterial activity. Polymers, 2016, 8(3): 102.

[70] XING X Q, MA W S, ZHAO X Y, et al. Interaction between surface charge-modified gold nanoparticles and phospholipid membranes. Langmuir, 2018, 34(42): 12583 – 12589.

[71] FENG Y, CHEN W W, JIA Y X, et al. N-Heterocyclic molecule-capped gold nanoparticles as effective antibiotics against multi-drug resistant bacteria. Nanoscale, 2016, 8 (27): 13223 – 13227.

[72] ZHAO X H, JIA Y X, LI J J, et al. Indole derivative-capped gold nanoparticles as an effective bactericide *in vivo*. ACS Applied Materials & Interfaces, 2018, 10 (35): 29398 – 29406.

[73] WANG L, YANG J C, LI S X, et al. Oral administration of starting materials for *in vivo* synthesis of antibacterial gold nanoparticles for curing remote infections. Nano Letters, 2021, 21(2): 1124 – 1131.

[74] LI J J, CHA R T, ZHAO X H, et al. Gold nanoparticles cure bacterial infection with benefit to intestinal microflora. ACS Nano, 2019, 13(5): 5002 – 5014.

[75] LI Y, TIAN Y, ZHENG W S, et al. Composites of bacterial cellulose and small molecule-decorated gold nanoparticles for treating gram-negative bacteria-infected wounds. Small, 2017, 13(27): 1700130.

[76] LEFATSHE K, MUIVA C M, KEBAABETSWE L P. Extraction of nanocellulose and in-situ casting of ZnO/cellulose nanocomposite with enhanced photocatalytic and antibacterial activity. Carbohydrate Polymers, 2017, 164: 301 – 308.

[77] ABDALKARIM S Y H, YU H Y, WANG D C, et al. Electrospun poly(3-hydroxybutyrate-co-3-hydroxy-valerate)/cellulose reinforced nanofibrous membranes with ZnO nanocrystals for antibacterial wound dressings. Cellulose, 2017, 24(7): 2925 – 2938.

[78] PAL N, DUBEY P, GOPINATH P, et al. Combined effect of cellulose nanocrystal and reduced graphene oxide into poly-lactic acid matrix nanocomposite as a scaffold and its anti-bacterial activity. International Journal of Biological Macromolecules, 2017, 95: 94 – 105.

[79] YANG X N, XUE D D, LI J Y, et al. Improvement of antimicrobial activity of graphene oxide/bacterial cellulose nanocomposites through the electrostatic modification. Carbohydrate Polymers, 2016, 136: 1152 – 1160.

[80] LIU L P, YANG X N, YE L, et al. Preparation and characterization of a photocatalytic antibacterial material: graphene oxide/TiO$_2$/bacterial cellulose nanocomposite. Carbohydrate Polymers, 2017, 174: 1078 – 1086.

[81] HE W, ZHANG Z Y, ZHENG Y D, et al. Preparation of aminoalkyl-grafted bacterial cellulose membranes with improved antimicrobial properties for biomedical applications. Journal of Biomedical Materials Research Part A, 2020, 108(5): 1086 – 1098.

［82］ LUO Q, HAN Q Q, CHEN L X, et al. Redox response, antibacterial and drug package capacities of chitosan-alpha-lipoic acid conjugates. International Journal of Biological Macromolecules, 2020, 154: 1166－1174.

［83］ ZHOU Z B, WANG L, HU Y K, et al. Preparation of AAEK-functionalized cellulose film with antibacterial and anti-adhesion activities. International Journal of Biological Macromolecules, 2021, 167: 66－75.

第五章

新型无机包装材料的研究进展

本章主要概述药用玻璃包装的发展、标准体系及相关法律法规及指导原则，并针对国产药用中硼硅玻璃模制瓶、国产药用中硼硅玻璃管与管制瓶和药用铝硅玻璃容器的研制、生产及应用展开介绍。

第一节　概　　述

玻璃是经过高温熔融、冷却而得到的非晶态透明固体，为一种常用的无机非金属材料。该类产品化学性能稳定，具有良好的热稳定性、机械强度，同时具备光洁、透明、高阻隔性、易于密封等一系列优点，广泛应用于各类注射剂的包装。常见的药用玻璃包装容器有安瓿、输液瓶、注射剂瓶、笔式注射器用玻璃套筒、预灌封注射器用玻璃针管等，按化学成分可分为硼硅玻璃、钠钙玻璃及铝硅玻璃。按成型工艺的不同可分为模制瓶与管制瓶[1]。

一、我国药用玻璃包装的发展[2]

20世纪60年代以前，我国药用玻璃生产属于手工作坊式生产，产量少、效率低、质量差。随着60年代我国医药行业的快速发展，为满足医药包装产品数量与质量的迫切要求，我国引进德国玻璃安瓿和钠钙玻璃注射剂瓶全套生产技术和设备，进入机器拉管、制瓶时代。

从20世纪70年代开始，为适应药品生产迅速发展的需求，各地逐步建立了相关医药玻璃厂生产玻璃管和管制安瓿、小药瓶，使用行列机生产模制瓶。期间研发了适合国内使用的低硼硅玻璃。20世纪80年代初，为提高我国药品包装水平，国家鼓励医药玻璃厂从国外引进先进设备和技术，开启了引进模式。主要有3种模式：第一种模式是软件引进（简称北玻模式）；第二种模式是成套引进

（简称宝鸡模式）；第三种模式是单机模式（简称上海模式），其中，宝鸡医药玻璃厂引进美国康宁公司全套药用玻璃生产线投产成功，所生产的玻璃管完全达到康宁中性硼硅玻璃标准要求，产品质量达到当时世界先进水平。20 世纪 90 年代，我国药用玻璃完成了从钠钙玻璃到低硼硅玻璃生产的升级和技术进步，低硼硅玻璃生产窑炉升级到马蹄形蓄热室池炉，淘汰了双碹顶换热炉，拉管生产设备全部升级为国际通用设备。

当时，我国生产使用的药用玻璃包装材质主要是钠钙玻璃和低硼硅玻璃，此类玻璃材质成本低、产量高、操作难度低，基本满足当时我国药品产量的需求。但国际水平医药玻璃为通用的中硼硅玻璃，而低硼硅玻璃与国际通用的医药玻璃相比，化学稳定性还存在一定的差距。

近年来，随着我国创新药的蓬勃发展、仿制药一致性评价的深入推进，国内市场对中硼硅玻璃的需求大幅提升，且随着 2020 年以来新冠疫苗对中硼硅玻璃包装的大量需求，国内各大药用玻璃生产企业也进一步扩大对中硼硅玻璃包装容器的研发与生产。另外，随着药品质量和安全标准的提升，对用于药品包装的玻璃容器提出了更高的要求，医药玻璃生产企业逐步扩大中硼硅玻璃规模和产能，同时也探索开发新型的药用玻璃材料和容器，以更好地保障药品的安全、有效，如镀膜玻璃、铝硅玻璃等。

二、玻璃包装的标准

（一）国内玻璃包装的标准

国内玻璃包装的标准包括《中国药典》《国家药包材标准》及注册或备案后批准的企业标准。目前，《国家药包材标准》涉及产品标准 25 个、现行方标准 12 个。《中国药典》（2020 年版）收录玻璃包装方法标准 4 个分别为 4001：121℃玻璃颗粒耐水性测定法、4003：玻璃内应力测定法、4006：内表面耐水性测定法、4009：三氧化二硼测定法。

此外，GB 标准中有一些推荐的玻璃包装的测试方法标准，可作为玻璃包装标准起草时的参考。还有根据药包材行业共识，以本行业企业标准为基础，由行业协会制定、自愿执行的团体标准，如《药用玻璃容器分类和应用指南》（T/CNPPA 3018—2021）。

未来，我国药用玻璃包装的国家标准将以《中国药典》为主，由 1 个中通则（药品包装用玻璃容器通则）、多个小通则（包括玻璃安瓿通则、玻璃输液瓶通则、玻璃注射剂瓶通则、笔式注射器用玻璃组件通则、预灌封注射器用玻璃套筒通则与玻璃药瓶通则组成等)及多个方法标准组成。

（二）国外玻璃包装的标准

《美国药典》《欧洲药典》《日本药典》等均收载了相关药用玻璃包装的标准,主要是玻璃材料及其容器为主线的通用性要求,同时涵盖了满足通用要求评价的性能测试方法。例如,《美国药典》USP - NF 2022（660）CONTAINERS—GLASS、《欧洲药典》10.0 版 3.2.1Glass containers for pharmaceutical use 和《日本药典》17 版注射剂用玻璃容器试验法,提供了相应材料的试验方法和规范。此外,《美国药典》还设立了玻璃容器内表面耐久性的评价指南,《美国药典》[USP - NF 2022（1660）EVALUATION OF THE INNER SURFACE DURABILITY OF GLASS]阐述了玻璃容器内表面耐受性影响因素,推荐了药品形成玻璃脱屑和内表面脱片趋势的评价方法,也提供了检测脱屑和脱片的方法。

除了药典标准体系外,国外还有 ISO 及 ASTM、DIN 等团体标准,包含部分玻璃包装产品标准和方法标准。例如,ISO 8362 - 1、ISO 8362 - 4、ISO 8536 - 1、ISO 9187 系列标准分别为管制注射剂瓶、模制注射剂瓶、玻璃输液瓶、玻璃安瓿的产品标准。同时,ISO 也收录了多个玻璃包装相关的方法标准,如 ISO 720、ISO 4802 分别为玻璃颗粒耐水性测定与玻璃容器内表面耐水性测定方法标准。

三、玻璃包装的相关法律法规与指导原则

近年来,我国相关部门出台了一系列政策及相关指导原则,规定和指导药用玻璃包装容器的选择,以保障药品的安全。2012 年 11 月,《国家食品药品监督管理局办公室关于加强药用玻璃包装注射剂药品监督管理的通知》(食药监办注[2012]132 号)指出:"药品生产企业应根据药品的特性选择能保证药品质量的包装材料,对生物制品、偏酸偏碱及对 pH 敏感的注射剂,应选择 121℃颗粒法耐水性为 1 级及内表面耐水性为 HC1 级的药用玻璃或其他适宜的包装材料。"为进一步保证药品的安全,在选择包装容器前需要开展相容性研究。2015 年 7 月,国家食品药品监督管理总局发布了《化学药品注射剂与药用玻璃包装容器相容性研究技术指导原则(试行)》,以规范和指导化学药品注射剂与药用玻璃包装容器相容性研究。2017 年 12 月,《已上市化学仿制药(注射剂)一致性评价技术要求(征求意见稿)》提出,注射剂使用的直接接触药品的包装材料和容器应符合总局颁布的药包材标准,不建议使用低硼硅玻璃和钠钙玻璃。2019 年 10 月,国家药品监督管理局发布《化学药品注射剂仿制药质量和疗效一致性评价

技术要求》,关于注射液一致性评价的技术要求更加明确。其中,关于包材的选择与研究最为核心的要求是注射剂使用的包装材料和容器的质量与性能不得低于参比制剂,以保证药品质量与参比制剂一致。

玻璃包装的相关法律法规与指导原则均是以规定和指导药用玻璃包装容器的选择,以保证包装药品的安全、有效为目的,同时对于玻璃包装生产企业,也应基于相关法律法规及指导原则开展前置研究,以提升产品质量,满足不同药品的要求。

第二节　国产药用中硼硅玻璃模制瓶的研制与生产

中硼硅玻璃模制瓶(图 5-1)在药用玻璃包装中占有重要地位,在国内外有悠久的使用历史。中硼硅玻璃模制瓶制造工艺将玻璃熔制过程和成型技术有机

图 5-1　中硼硅玻璃模制瓶

结合,能够将熔融状态下玻璃的均匀性转移到玻璃制品中,保证了更加优良的物理化学性能,并适合于商业化、规模化生产;借助模具现代设计和加工技术,可生产 2~1 000 mL 的各类药用模制瓶。目前,中硼硅玻璃模制瓶包括配方设计、工艺控制、热工设备、成型设备等方面均已实现国产化,并通过耐碱玻璃、棕色玻璃、2 mL 小规格瓶、仿管制瓶等材质和品种创新,充分利用自动化控制技术,提高了中硼硅玻璃模制瓶在制药行业的应用价值,为注射剂一致性评价和生物制剂研发提供了药用包装材料更多供应和选择。

国产中硼硅玻璃模制瓶产品已有近 20 年生产历史,配方设计、工艺控制、热工设备、成型设备等技术不断完善提高,产品质量符合《国家药包材标准》、ISO、《美国药典》和《欧洲药典》的要求,通过相关制剂企业多年来的使用及与国外同类产品对比证明,国内生产的中硼硅玻璃模制瓶产品质量已达到国际先进水平,可替代国外产品,并随国内制剂企业的头孢类粉针等制剂销往欧美等国际市场。

一、药用中硼硅玻璃模制瓶的生产与质量控制[3]

中硼硅模制瓶生产工艺流程如下：原料→配合料→熔制→供料→成型→热端喷涂→退火→验收→包装→入库。常用的原料包括石英砂、硼砂、纯碱等，根据配方组成按照一定比例采用自动称量配料系统配制配合料；玻璃熔制是将配合料通过加热的方式熔化成均匀的、适合成型的玻璃液的过程；供料是将窑炉的玻璃液通过供料道和供料设备制成适于成型的料滴并输送到成型设备的过程；成型是将料滴吹制或压制成一定形状产品的过程；一般采用热端喷涂以提高玻璃外表面的强度和光滑程度；退火指将玻璃瓶置于退火炉中经过足够长的时间通过退火温度范围，减少或消除热应力的过程。其中熔制和成型是模制瓶整个生产工艺的关键。

（一）中硼硅玻璃熔制

1. 窑炉类型　药用中硼硅玻璃同普通药用钠钙玻璃相比具有难熔化、难澄清、难成型等特点。一般采用全电熔窑或全氧池窑的熔化工艺。全电熔技术省去了传统火焰池炉的煤气站、交换器、蓄热室、烟囱等配套设施，减少了窑炉散热面积和散热损失，使用电能替代了煤气等爆炸性气体，杜绝了燃料燃烧产生的硫化物、氮氧化合物、碳氧化合物、粉尘的排放，适应了国家环保和双碳政策，目前应用最为广泛。

2. 玻璃熔制过程　窑炉称作玻璃工厂的"心脏"，玻璃熔制过程是在窑炉中完成的，玻璃制品的质量首先取决于熔制过程，玻璃熔制过程质量与产品的产量、质量、合格率、生产成本、燃料消耗和池窑寿命都有密切关系，因此好的玻璃熔制，是使整个生产过程得以顺利进行并生产出优质玻璃制品的重要保证。

玻璃的熔制是一个非常复杂的过程，它包括一系列物理的、化学的、物理化学的反应，这些反应的结果是使各种原料的混合物变成了复杂的熔融物即玻璃液。玻璃熔制过程大致可分为5个阶段，即硅酸盐形成、玻璃形成、澄清、均化和冷却成型。

硅酸盐形成反应在主要是在固体状态下进行的。料粉的各组分发生一系列的物理变化和化学变化，粉料中的主要固相反应完成，大量气体物质逸出，这一阶段结束时，配合料变成由硅酸盐和二氧化硅组成的不透明烧结物。大多数玻璃这个阶段在 $800 \sim 900^\circ C$ 时完成。

玻璃形成阶段由于继续加热，烧结物开始熔融，低熔混合物首先开始熔化，同时硅酸盐与剩余的二氧化硅相互熔解,烧结物变成了透明体,这时已没有未起反应的配合料,但在玻璃中还存在着大量的气泡和条纹,化学组成和性质尚未均匀一致。玻璃在这个阶段的温度为 1 200~1 250℃。随着温度的继续提高,黏度逐渐下降,玻璃液中的可见气泡慢慢跑出玻璃液,即进行去除可见气泡的澄清过程。玻璃的澄清过程一般在 1 400~1 580℃。均化玻璃液长时间处于高温下,由于玻璃液的热运动及相互扩散、条纹逐渐消失,玻璃液各处的化学组成与折射率亦逐渐趋向一致,均化温度可在低于澄清的温度下完成。通过上述 4 个阶段后玻璃的质量符合了要求,然后,将玻璃液的温度冷却 200~300℃,达到形成所需要的条件。

在火焰池窑中以上 5 个阶段分别在窑炉加料部、熔化部、澄清部、工作池中横向完成的,对于中硼硅模制瓶所使用的电熔窑炉,一般从炉体上部加料,在整个炉体纵向从上往下完成以上 5 个阶段,熔制好的玻璃液经上升道进入供料道。

玻璃的黏度对熔制起着十分重要的作用。玻璃的黏度随着温度的下降而增大,随着温度的上升而减小,在熔制过程中,通过降低黏度,保证玻璃液内气泡的排除,促进玻璃的扩散,从而达到澄清和均化的目的。

在玻璃熔化过程中,一般石英砂是熔点最高和使用量最大的原料,它在玻璃液中的熔化程度关系到整个熔制过程的速度。随着熔制的进行,反应产物将向周围玻璃液扩散,并产生大量的气泡,反应产物的扩散及澄清过程中气泡的排除都与玻璃液的黏度有关。气泡上升速度与黏度成反比,只有提高熔制温度降低玻璃液黏度,玻璃液才能得以澄清。因此,对澄清来说,黏度控制显得更重要。同样,在玻璃液均化过程中,要消除玻璃液的化学不均匀和物理不均匀也只有在黏度较小的情况下,才能更好完成,熔化阶段玻璃液的黏度范围为 $10^{1.5}$ ~ 10^2 Pa·s。

3. 余热利用 目前,玻璃窑炉无论采用火焰熔制方式还是电熔制方式,熔化部都需要达到 1 300~1 580℃的高温。耗电是全电熔窑炉的主要成本,做好电力分析对窑炉运行成本至关重要,中硼硅玻璃比普通的钠钙玻璃要难熔一些。依据多年来在电熔窑炉的运行经验,熔化 1 吨玻璃液,需要约 1 350 kW·h 的电力。熔化池池壁采用锆刚玉砖材料,外部采用保温砖、黏土砖等保温材料,池壁外表面温度根据窑炉使用不同阶段为 80~180℃或更高。玻璃电熔窑炉电极冷却水也会带走大量的热量,这些能量不能得到充分利用,会造成环境污染及能源的浪费。余热利用装置是玻璃生产企业一项有效的节能降耗措施可参照轻工行业标准《硼硅玻璃窑炉余热回收再利用技术要求》(QB/T—5543—2020)。

(二) 中硼硅玻璃模制瓶成型

1. 黏度在成型中的作用及模制瓶成型类型　黏度是玻璃熔制和成型过程中一个极其重要的性质,它贯穿于玻璃生产的全过程。黏度对玻璃的熔化、澄清、成型、退火、热加工等都有密切关系,制瓶过程就是玻璃液在不同工艺点,玻璃液温度不断降低并黏度不断升高,由玻璃液最终形成稳定瓶形的过程。中硼硅玻璃液从熔化池开始,经工作池、供料道至供料机过程中,玻璃液均处于熔融状态其玻璃黏度随温度的降低增加较慢;玻璃料滴进入行列机成型模具后随着温度的进一步下降,到 1 200~900℃时,即进入成型温度范围,其间随温度的降低玻璃黏度增大速度加速,使玻璃液快速由熔融状态定型为塑性状态。此温度区间对应于玻璃温度-黏度曲线的弯曲部分,在此范围内玻璃黏度增大速度加快,适合于玻璃自动定型。对应的玻璃成型的黏度范围一般为 $10^3~10^5$ Pa·s。成型方法不同时,其初始的成型黏度不同。

玻璃具有这种黏度随温度变化特性,因而可采用多种成型方式,如吹、拉、压、轧、浇注和浮法等方式,此外还可根据产品形状、规格等要求以组合形式作为玻璃的成型方法(如压-吹、吸-吹等)。

玻璃成型是熔融的玻璃液转变为具有固定的几何形状制品的过程,玻璃黏度越小其流变性越大。成型过程一般是通过控制温度使玻璃黏度发生改变,从而可改变玻璃的流变性,以达到成型和定型的目的。

成型是模制瓶生产的重要工序,成型普遍采用行列式制瓶机成型设备。

模制瓶成型的整个过程是连续的,玻璃液借助模具赋予制品一定的几何形状的同时并通过模具的散热及各种热传递快速增加黏度把制品的形状固定下来。模制瓶从玻璃液到定型是在玻璃体没有塑化之前很短的时间内完成的,与管制瓶相比,在内表面耐水性、机械强度、耐冷冻性能等方面有更优越的物理和化学性能。

2. 模制瓶的成型供料与制瓶设备　模制瓶的成型过程主要通过供料设备与制瓶设备实现。

(1) 供料设备:供料设备是由钢壳体和耐火材料构成的供料道、供料机和供料机耐火附属构件 3 部分构成。

1) 供料道:处于玻璃熔制工艺过程的结束和成型工艺过程的开始,供料道由冷却段和调节段组成。冷却段的作用是使熔化好的玻璃液从窑炉流出后进行冷却和加热的区段,使玻璃液达到瓶子成型需要的平均温度。调节段的作用是使玻璃液温度分布均匀。当机速或瓶子重量变化时,必须依靠供料道的冷却段和调节段采用加热或冷却的手段调节玻璃液的温度。通常,在供料道上安装加热装置和机械搅拌装置,以便使玻璃液符合成型的要求。

2)供料机:主要由机械部分构成,它与供料道和供料机的耐火附属构件配合,实现供料机作业过程。供料机械部分由传动系统、剪刀机构、冲头机构、匀料筒机构、剪刀喷水装置等构成。

料滴的形成就是通过供料机冲头将料盆内的熔融玻璃液从料碗中压出,然后被剪料机构剪断,即成料滴。滴料式供料机将具有一定质量、形状与温度的料滴以一定供料速度垂直而无扭折地供向雏形模。

影响料滴形状和重力的可变参数较多,包括玻璃液温度的高低、料筒位置的高低、冲头的高度与机速快慢、冲头的直径与形状等。

3)供料机耐火附属构件:料盆、料碗、冲头、匀料筒、料盆盖等,一般用高铝质耐火材料制成。

图5-2 行列机

(2)制瓶设备:制瓶系统是玻璃成型工艺过程的重要环节,模制瓶的机械化生产是通过制瓶机来完成的。模制瓶最常用的制瓶设备为行列式制瓶机,它的工作台固定不动,模子具有自动开合动作,玻璃液滴通过雏形模和成型模完成玻璃瓶的制造,玻璃瓶雏形从雏形模到成型模是通过自动装置完成的,由于模具在工作台形成两列,因此称为行列机(图5-2)。

行列机成型每模成型滴数由单滴发展为双滴、三滴、四滴、五滴、六滴;机速最大可达到每分钟100剪;根据瓶口大小行列机可采用吹-吹法或压-吹法制造。山东淄博等地是行列机供料机生产基地,通过消化引进进口技术,国产制瓶设备技术水平完全可以满足产品制造需求。

(1)行列式制瓶机:是由几个完全相同的机组排列起来构成的,每个机组都是独立完整的制瓶机构,既可以单独操作,又可以协调操作。

1)行列机的特点

A.行列机由完全相同的机组组成,每一个机组都有自己的定时控制机构,可以单独启动和停车,不影响其他机组,不仅便于更换模具和维修,而且当出料量减少时,可以减少运转的机组生产。

B. 模具不转动,每个机组都有自己的接料系统或共用一个分料器。

C. 生产范围广,可以用吹-吹法生产小口瓶,也可以用压-吹法生产大口瓶,在产品重量和机速相同、料性接近时,各机组可以分别生产不同形状和尺寸的产品。

D. 成型的瓶子具备良好的玻璃分布,尤其是用压-吹法,瓶壁厚且均匀,可实现瓶子轻量化。

E. 主要操作机构不转动,机器动作平稳。行列机的结构主要由机械转动系统,控制机构、接料机构和流料槽系统、漏斗机构、扑气机构、初型模夹具及开关机构、成型模夹具及开关机构、口钳夹具及口钳翻转机构、正吹气机构、钳移器及钳瓶夹具等组成。

F. 行列机具有成型速度快、批次间质量均匀的特点,适合于大批量药用玻璃瓶的生产,以 10 mL 中硼硅模制瓶为例,一台八段机日产可达 40 万只。

2)行列机成型工艺过程:行列机常用的成型方法分为吹-吹法、压-吹法。

A. 吹-吹法:基本原理是先在带有口模的初型模中吹入压缩空气制成玻璃瓶口部和吹成初型,再将初型料泡翻转,移入成型模,向成型模中吹入压缩空气,最后做出的玻璃瓶初型和制品都是吹制的,因此称为吹-吹法。

生产小口瓶大都采用吹-吹法,吹-吹法指"初型"由压缩空气吹制而成,"成型"也由压缩空气吹制而成。

a. 装料:供料机供给的玻璃料滴经接料机构、流料槽系统、漏斗进入初型模中。

装料前,口模返回初型模下方,初型模关闭,芯子上升插入口模,套筒上升进入工作位置,漏斗落在初型模上,为了装料方便,将初型模倒置,瓶口在下,瓶底在上,上部开口大,料滴易于装入,实际操作时,料滴形状应与初型模内腔轮廓相适应,特别是料滴的头部形状应与初型模的肩部轮廓相适应,以便料滴易于进入口模,形成瓶头。

b. 扑气:料滴进入初型模后,扑气头立刻下降落到漏斗上扑气,压缩空气通入初型模,迫使料滴压入口模中,并充满口模,形成瓶头和气穴。

气穴是制造初型倒吹气的气路通口,要求位于瓶口的正中央,且特别匀称,否则会使瓶子壁厚不均匀。

扑气必须在装料后立即进行,否则会使玻璃料过冷,难以充满口模,造成瓶口缺陷。在保证料滴充满口模的前提下,扑气时间越短越好,扑气时间过长,会使初型模下部接触的料滴表面过冷,造成初型表面皱纹或瓶身中部壁薄。

c. 倒吹气：扑气结束后,芯子立即退出口模,以使料泡头部气穴表面重热。芯子退出给倒吹气让出了通路,同时扑气头离开漏斗,漏斗离开初型模复位,扑气头再次下降落在初型模上封底,压缩空气立即由芯子和套筒的间隙进入气穴,将玻璃料滴吹制成初型。

提早倒吹气有助于减少瓶身上的皱纹,适当延长倒吹气时间,可以增加玻璃料在初型模中的散热量,缩短玻璃在成型模中的冷却时间,以利于达到较好的机速。

倒吹气气压大小要与瓶子重量及瓶子尺寸相对应、瓶子越重、容量越大、倒吹气压力越大。

d. 初型翻送：初型制成后,初型模打开,瓶头被口钳钳住,口钳翻转机构在垂直平面内翻转180°,将初型由初型模送入正在闭合的成型模中,并由倒置转为正立,成型模完全闭合,口模打开,并返回初型模下方原来的位置,重新开始下一个工作周期。

翻送速度的快慢必须适中,过慢则延伸量过度,下坠变形;过快则受离心力作用使玻璃向初型的底部集中并伸长,形成厚底薄肩,上述两种偏向均能破坏玻璃的合理分布,致使瓶子壁厚不均。翻送速度要根据初型的重量、黏度和形状来决定。

e. 重热与延伸：主要指倒吹气以后和正吹气之前这段时间。玻璃重热能使其表面重新软化,有助于壁厚均匀分布,同时有助于消除表面皱纹,提高光洁度。

f. 正吹气：重热和延伸后,吹气头移在成型模上,通入压缩空气,将初型吹成瓶子,并使其充分冷却。

正吹气压力的大小、时间的长短,必须与料性的长短、瓶子重量、延伸量的多少相适应,如压力过大,吹气过猛会产生冷爆现象。

g. 钳瓶：瓶子在成型模内获得足够的冷却后,成型模打开,钳移器驱动钳瓶夹具到成型模上方将瓶钳住,送至输瓶机风板上,至此,成型模一个工作周期结束,待模子冷却后,重新开始下一个工作周期。

h. 瓶子冷却及输送：输瓶机风板有许多筛孔,冷却风通过筛孔对上面的瓶子进行再冷却,主要是冷却瓶子的下部和底部,然后由拨瓶器推到输瓶的网带上,送往退火炉进行退火。

B. 压-吹法：是先将落入初型模的料滴用金属冲头压制成制品的口部和初型,再移入成型模中吹制成型状完整的制品。初型是压制的,制品是吹制的,因此称为压-吹法。

压-吹法的特点是先将料滴压制成口颈和锥形料泡,然后再吹制成产品。其成型原理和过程与吹-吹法相似。

行列机采用压-吹法和吹-吹法的工艺过程的主要区别在于前者的瓶口和初型同时由冲头压制而成,而后者是由顶芯子、扑气和倒吹气等步骤来完成。

3）附属系统:包括压缩空气系统、冷却风系统和润滑系统。

A. 压缩空气系统:压缩空气分低气压和高气压两种,低气压约为 0.2 MPa,高气压约为 0.3 MPa,所有压缩空气均需要过滤除水后方可进入机器各部位。

B. 冷却风系统:初型模、成型模及输瓶机冷却风板需要提供冷却风,温度适宜和均匀的模具温度,对提高产量和质量有重要作用。冷却风的风压和风量与温度、瓶子品种、重量及机速等因素有关。

C. 润滑系统:行列机结构复杂,成型产品过程中相关机构需重复旋转、开合、升降、反转等一系列机械动作,各机械组件的配合间隙和运转精度要求高,并在高温环境下高速运行,润滑系统的运转状况对保证设备的良好运行及延长设备使用寿命尤为重要。要求在机器安装和维修时,对零部件涂抹黄油进行润滑,如滚动轴承、万向轴承接头、外部齿轮齿条等部位;日常生产中应定期加油保证高压油箱、低压油箱油位符合要求;对于高压油难以达到的部位,用油枪定期进行人工注油,如扑气机构气缸上的轴套等。

（2）成型模具:包括雏形模、成模、口模等,是药用玻璃模制瓶成型工艺的一个重要组成部分,模具的质量及应用直接影响着产品的质量、产量及生产成本,模具的质量主要取决于模具的材质、设计、加工;模具应编号,使用中根据产品外观和尺寸检验情况或根据一定的周期做好维护或更换。

（三）自动化在中硼硅玻璃模制瓶生产中应用

中硼硅玻璃模制玻璃瓶,生产机速快,质量要求高,单纯依靠人工检验把关,人工肉眼检查方法十分费力,不能及时准确地判断玻璃瓶的缺陷,而且质检的效率难以把控,很难保证产品质量水平,因此,在玻璃瓶生产线上安装视觉检测系统通常安装在工艺的热端或冷端,检测机采用系列相机获取玻璃瓶的实时图像,然后进一步获取玻璃瓶的详细几何参数并验证检测结果。通过将测量结果与预先设定的尺寸参数进行比较,找出不合格的瓶子并将其从生产线上剔除,从而为玻璃瓶的质量和生产效率提供强有力的保证。自动检测项目主要包括裂纹、气泡、结石等外观质量缺陷及影响密封性的瓶口缺陷。

另外,目前在模制瓶生产过程中,自动检验机技术应用已经较为广泛前提下,建立全自动化的流水生产线系统提高模制瓶的自动化生产水平。目前使用的自动化技术有自动码垛系统,自动码垛系统针对单个瓶子排成矩阵采用聚乙烯膜热封,由原来的人工码垛而变成机械手码垛,同时配以托盘的自动分离、托盘自动覆底膜、托盘自动放盖板和托盘自动包装等设备,实现了膜包产品的自动包装,极大减少了人员的劳动强度和减少人员需求,同时提高了产品的包装质量。另外,自动化技术还包括托盘自动包装系统、自动装箱码垛装箱设备、桁架机械手、六轴坐标机器人、AGV 技术等。

（四）中硼硅模制瓶生质量控制

中硼硅模制瓶质量标准主要应执行或参照下列标准建立企业标准:《中硼硅玻璃模制注射剂瓶》(YBB00062005—2—2015)、《中硼硅玻璃输液瓶》(YBB00022005—2—2015)、《硼硅玻璃模制药瓶》(YBB00052004—2015)、《注射剂用注射容器及附件—第4部分:模制玻璃注射剂瓶》(ISO 8362－4:2011)、《模制注射剂瓶》(GB/Z 2640—2021)、《美国药典》(660)和《美国药典》(1660)、《欧洲药典》(3.2.1)、《日本药典》(7.01)等。

(1) 中硼硅玻璃模制瓶质量包括外观尺寸和物理化学性能、药厂和临床使用性能要求等,玻璃性能由玻璃容器的组成成分决定,生产中应严格控制玻璃的配方比例、配合料的混合及熔化质量,保证玻璃成分的均匀和稳定。要求外观应光洁、透明,规格尺寸及偏差符合要求,化学性能稳定。包装离子强度高/含络合剂、生物制品、偏酸偏碱、对 pH 敏感的药物及采用特殊的清洗和干燥(干热灭菌)工艺应关注容器内表面化学耐受性和脱片风险。对金属离子敏感的药物应关注玻璃成分和杂质元素的浸出物风险,建立风险控制措施,如包装肠外营养剂的玻璃容器应关注铝的浸出量;应能满足所盛装药品清洗、灭菌、冷冻干燥、无菌分装、辐照灭菌等工艺要求,在使用过程中应关注玻璃容器的密闭性及玻璃容器与密封件之间的配合性,保证包装系统的密封完整性。中硼硅玻璃模制瓶自上市以来,已广泛应用于凝血因子、免疫球蛋白、人血白蛋白、血友病因子、纤维蛋白原、凝血原复合物等血液制品;紫杉醇等脂质体;钆特酸葡胺、丁苯酞、卡铂等高端注射液;并广泛用于注射用盐酸头孢替安、注射用盐酸吉西他滨、注射用甲苯磺酸瑞马唑仑等粉针或冻干制剂。

(2) 质量控制过程

1) 生产过程控制应保证配合料配制和熔制工艺按照工艺规程操作,保持玻璃成分稳定、玻璃熔制质量符合要求。

2) 产品规格和尺寸依据协议规定的标准或经客户确认的图纸,产品的模具应检验合格。

3）中硼硅玻璃模制瓶的内表面一般不需要进行处理,内表面耐水性可达到HC1的要求,外表面一般需要在玻璃瓶成型后进入退火炉之前喷涂单丁基三氯化锡的热端喷涂液,以提高外表面光滑程度,避免运输过程和使用过程中玻璃瓶相互的磨损和擦伤。

4）在中硼硅玻璃模制瓶生产过程中产生的裂纹、气泡、结石等缺陷,生产线需要配置自动检测设备和人工灯检岗位,剔除不合格品。

5）产品入库需要经过质量检验,按照规定的抽样方案和检验操作规程检验合格方可入库。

二、药用中硼硅玻璃模制瓶的应用优势分析

药用玻璃包装容器根据用途一般可分为注射剂瓶、输液瓶、药瓶、安瓿、预灌封用玻璃针管和笔式注射器玻璃套筒等。输液瓶、药瓶容量一般都在 50 mL 以上,绝大多数是模制瓶。

模制瓶是一次成型的生产工艺。石英砂等各种矿物原料和纯碱等化工原料制备玻璃配合料经过窑炉熔融至符合成型要求的玻璃液后,采用行列式制瓶机等成型设备借助各种不同形状的模具直接制成具有一定形状玻璃容器。经过退火后,冷却、包装完成玻璃瓶的生产。模制玻璃注射剂瓶在制作过程由温度和材质一致的玻璃液一次性同时成型,各个部位内表面质地均匀、性质均一,内表面耐受性基本相同,具有良好的内表面耐受性和耐侵蚀、耐脱片性能。

（1）耐碱中硼硅玻璃模制瓶研发:耐碱中硼硅玻璃模制瓶是在符合双一级耐水性中硼硅玻璃模制瓶的基础上进一步提高其耐碱性而开发的适用于盛装碱性制剂的药包材,该产品依据《玻璃耐沸腾混合碱水溶液浸蚀性测定法》（YBB00352004—2015）测定耐碱性,其耐碱性符合 1 级,其他各项指标均符合中硼硅玻璃模制注射剂瓶或中硼硅玻璃输液瓶的要求。耐碱中硼硅玻璃模制瓶规格包括 2~500 mL。

（2）中硼硅玻璃棕色模制瓶研发:中硼硅玻璃棕色模制注射剂瓶适用于盛装有避光需求的注射液、注射用无菌粉末与注射用浓溶液,包括注射剂瓶、输液瓶、药瓶等。膨胀系数控制在$(3.5~6.1)\times10^{-6}K^{-1}$（20~300℃）,颗粒法耐水性和内表面耐水性能够达到《美国药典》中一类玻璃和《中硼硅玻璃模制注射剂瓶》（YBB00062005—2—2015）的要求,同时该配方为棕色玻璃,玻璃中含有铁盐,能够阻止 470 nm 以下波长的光透过。光的波长越短,其能量越大,也就越容易对光敏感的物质发生光化学降解作用。在符合《中硼硅玻璃模制注射剂瓶》

（YBB00062005—2—2015）标准基础上,透光率测定方法采用《美国药典》(660)规定,以空气作为参考,每隔 20 nm(手动或自动)为一点,在 290~450 nm 测量样品的透光率,应≤10%。防止紫外线的照射,满足药品的避光要求,保证药品的安全性、稳定性、有效性。

（3）2 mL 等小规格中硼硅玻璃模制瓶研发及应用:随着新冠疫苗的广泛布局与研究推进,之前一直被忽视的疫苗装填技术的不足得以被重新重视。由于疫苗具有较高的储存条件与生产要求,注定无法利用普通技术进行装填。开发 2 mL 小规格中硼硅玻璃模制瓶可以缓解中硼硅管制疫苗瓶供应不足的问题,同时提高产品的内在质量。

（4）轻量瓶:玻璃瓶轻量化是玻璃包装容器行业一直推广和发展的重点,也是未来的趋势,玻璃瓶轻量化就是在保证强度符合要求条件下,降低玻璃瓶的重容比,目的是提高产品绿色性与经济性,是通过改进和严控生产工艺、优化模具设计、保持配方稳定前提下实现的。中硼硅玻璃模制瓶的轻量瓶可有效发挥模制瓶的优势,扩大中硼硅玻璃模制瓶市场应用范围及在注射剂一致性评价中的开展。

第三节　国产药用中硼硅玻璃管和管制瓶的研制与生产

本节主要从国产药用中硼硅玻璃管的研制和药用中硼硅玻璃管制瓶的生产与质量控制两大方面展开研究。

一、药用中硼硅玻璃管的研制

药用玻璃性能是保证所承装药品质量安全的先决条件,而药用玻璃性能是由其化学组分决定的。下面从玻璃的化学组分及工艺性能、生产工艺流程、熔化工艺和成型方法方面去介绍药用中硼硅玻璃管。

（一）化学组分及工艺性能

根据《国家药包材标准》中《药用玻璃成分分类及理化参数》(YBB00342003—2015)规定,药用中硼硅玻璃的 B_2O_3 含量不小于 8%,其他化学组分不限定含量,参考值为 SiO_2 约 75%, Na_2O+K_2O 为 4%~8%, $MgO+CaO+BaO+SrO$ 约为 5%, Al_2O_3 为 2%~7%。

药用中硼硅玻璃必要的化学组分为 SiO_2、B_2O_3、Na_2O、Al_2O_3、CaO,其他化学

组分根据需要选用,如 K_2O、BaO 等,棕色玻璃还要引入 Fe_2O_3、TiO_2、MnO_2等着色组分。SiO_2在玻璃中含量最高,可构成骨架,赋予玻璃良好的化学稳定性、热稳定性、透明性、硬度和机械强度,但是会提高软化温度和熔化温度。B_2O_3在玻璃中也起骨架作用,能降低玻璃的热膨胀系数,提高玻璃的热稳定性,在二次加工过程中,能够降低加工温度,又因夺氧的能力非常强,抑制二次加工碱金属的析出,因此硼的含量越高,玻璃瓶的膨胀系数越小,玻璃容器不易炸裂,而且内表面耐水性也越好。Na_2O 是一种良好的助熔剂,能在较低的温度下与 SiO_2反应生成硅酸盐,能降低玻璃液的黏度,加快玻璃的熔制速度,Na_2O 的含量越高越容易二次加工,增强玻璃的光洁度,但玻璃的耐水性和强度越差,耐急冷急热的能力越差,加工玻璃瓶时越易炸裂。Al_2O_3在熔化中与氧结合形成四面体后,能降低玻璃的析晶倾向,提高玻璃的化学稳定性、热稳定性和机械强度,但是 Al_2O_3熔化温度比 SiO_2的熔化温度还要高,在二次加工过程中,还有抑制钠离子析出的作用,增强玻璃的耐水性。CaO 在玻璃中的主要作用是增加玻璃的化学稳定性和机械强度,扩大玻璃成型操作范围,降低玻璃熔化温度,但是影响耐水性,在二次加工中玻璃瓶内表面的耐水值会增大。K_2O 的作用与 Na_2O 类似,它能延长玻璃料性,增强玻璃的光泽及透明性。熔制有色玻璃时,使呈色更鲜艳,含量越高,玻璃的耐水性就越差,玻璃的强度越差,耐急冷急热的能力越差,加工玻璃瓶时越易炸裂。BaO 在玻璃中的作用与 CaO 相似,能增大玻璃的强度、光泽及化学稳定性,也降低玻璃的熔化温度,引入适量的 Ba 会增强二次加工玻璃瓶内表面的耐水性,但是盛装酸性溶液,容易出现白点儿。

国内外典型的药用中硼硅玻璃的化学组成见表 5-1、表 5-2。

表 5-1　无色中硼硅玻璃透明玻璃化学组分(wt%)

组分 ＼ 产地	德国	美国	日本	中国
SiO_2	75	73	73	75
B_2O_3	10.5	11.2	11	11
Al_2O_3	5	6.8	6.5	5.4
Na_2O	7	6.8	6	6.8
MgO+CaO	1.5	1	1.5	0.65
K_2O	—	1.2	2	0.5

表5-2　棕色中硼硅玻璃透明玻璃化学组分(wt%)

组分 \ 产地	德国	美国	日本	中国
SiO_2	70	70.2	70	68.3
B_2O_3	8	10.5	10	10
Al_2O_3	6	5.8	5.5	6
Fe_2O_3	1	1	0.5	1.2
TiO_2	5	3	3	3.1
Na_2O	6.5	5.8	6	6.8
K_2O	1	1.3	2	1.5
BaO	2	1.4	2	—
MgO+CaO	< 1	1	1	0.6

　　另外,玻璃的工艺性能对玻璃生产至关重要,包括高温黏度(熔化点温度、工作点温度)、液相线温度、软化点温度、膨胀软化点温度、退火点温度、转变点温度、应变点温度、玻璃表面张力、玻璃高温电阻率、氢氧基含量等。由于药用玻璃管需要通过热加工成为各种形状的药用容器,所以其在加工性能中最重要的是软化点温度,其对应的玻璃黏度为$10^{7.6}$ Pa·s,是加工的下限温度。药用中硼硅玻璃的软化点温度适中,在780℃左右,相对于高硼硅药用玻璃825℃的软化点低了45℃,相对来说易于加工。

　　国内外典型的药用中硼硅玻璃的主要性能见表5-3、表5-4。

表5-3　无色中硼硅玻璃透明玻璃的主要性能

指标 (单位与级别) \ 产地		德国	美国	日本	中国
热膨胀系数	$10^{-6}K^{-1}$ (20~300℃)	4.9	5.1	5.2	4.9
应变点	(℃)	—	515	525	520
退火点	(℃)	565	555	570	540
软化点	(℃)	785	777	785	783
工作点	(℃)	1 160	1 155	1 165	1 120
ISO 719	耐水级别	HGB1	—	HGB1	HGB1

续　表

指标 （单位与级别）＼产地		德国	美国	日本	中国
ISO 720	耐水级别	—	HGA1	—	HGA1
《欧洲药典》	耐水级别	Ⅰ级	Ⅰ级	Ⅰ级	Ⅰ级
《美国药典》	耐水级别	Ⅰ级	Ⅰ级	Ⅰ级	Ⅰ级

注：HGB，根据沸水试验方法测得的玻璃颗粒耐水性，HGA，按照高压灭菌器检测方法测定的玻璃颗粒耐水性。

表 5 - 4　棕色中硼硅玻璃透明玻璃的主要性能

指标 （单位与级别）＼产地	单位	德国	美国	日本	中国
热膨胀系数	$10^{-6}K^{-1}$ （20~300℃）	5.4	5.2	5.3	5.1
应变点	（℃）	—	505	520	510
退火点	（℃）	560	535	560	550
软化点	（℃）	770	760	775	770
工作点	（℃）	1 165	1 140	1 110	1 130
ISO 719	耐水级别	HGB1	—	HGB1	HGB1
ISO720	耐水级别	—	HGA1	—	HGA1
《欧洲药典》	耐水级别	Ⅰ级	Ⅰ级	Ⅰ级	Ⅰ级
《美国药典》	耐水级别	Ⅰ级	Ⅰ级	Ⅰ级	Ⅰ级

注：HGB，根据沸水试验方法测得的玻璃颗粒耐水性，HGA，按照高压灭菌器检测方法测定的玻璃颗粒耐水性。

药用中硼硅玻璃通常选用热膨胀系数为 $5.0×10^{-6}K^{-1}$（20~300℃）左右的硼硅酸盐玻璃，因为它具有优异的耐水性能和高化学稳定性，并且易于二次加工。

（二）生产工艺流程

药用中硼硅玻璃管的生产工艺流程大致相同，分为配料、熔化、成型、后加工与包装 4 个部分。玻璃的原材料在配料工序称量混合，输送至炉前仓，由加料机加入窑炉，经高温熔融澄清后降温，经料道流入成型模具形成玻璃管形状，然后经过跑道定型降温后切割成一定长度，再经过精切及烧口工序，合格玻璃管进行打包、托盘封装后入库。

各制造商的配料都是采用计算机控制自动配料系统,后加工和包装也大同小异。窑炉和成型方式不尽相同,窑炉有火焰窑炉和电熔窑炉(图5-3、图5-4),成型方式有维洛法和丹纳法,下面是不同窑炉和成型方式的示意图(图5-5、图5-6)。

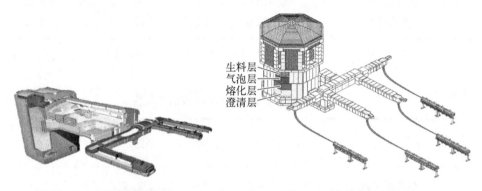

图5-3 火焰窑炉示意图   图5-4 电熔窑炉示意图

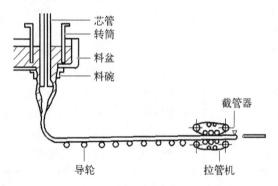

图5-5 维洛法拉管示意图

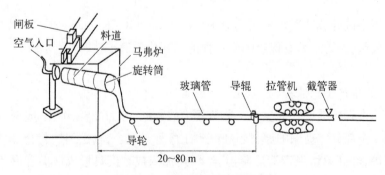

图5-6 丹纳法拉管示意图[3]

（三）熔化工艺

玻璃窑炉是药用中硼硅玻璃管生产工艺中最重要的热工设备，由耐火砖砌筑而成，有加热装置，玻璃配合料在窑炉内经过高温加热经历硅酸盐形成、玻璃形成、高温澄清、均化、冷却5个阶段形成符合成型要求的玻璃液。火焰窑炉的主要燃料是煤气、重油和天然气，以空气或氧气（即全氧）助燃，通常使用一部分电能辅助熔化（即电助熔），电熔窑炉是全部使用电能熔化玻璃。

配合料经高温加热熔融成符合成型要求的玻璃液的过程称为玻璃的熔制过程。玻璃熔制是玻璃生产的重要环节之一，玻璃的质量缺陷如气泡、结石、条纹等，往往是因熔制不当造成的。玻璃的熔制是一个十分复杂的过程，它包括一系列的物理变化，如配合料的脱水、晶型的转化、组分的挥发；包括一系列的化学变化，如结合水的排除、碳酸盐的分解、硅酸盐的形成；还包括一系列的物理化学变化，如共熔体的生成、固态料的溶解、玻璃液与耐火材料间的作用等。

药用中硼硅玻璃的硼含量较高，而硼在高温下容易挥发，在800℃时已有明显的挥发现象，并且温度越高挥发量越大，导致玻璃化学组成的不均匀，因此在窑炉设计和运行中都要采取减少硼挥发的措施。

1. 火焰窑炉工艺　国内外药用中硼硅玻璃窑炉绝大多数都使用横火焰窑炉，采用以天然气为燃料、纯氧助燃和辅助电熔化的方式。这类窑炉实际上是电气混合窑炉，采用了混合熔化的方式，在熔融的玻璃内部通电加热，同时在玻璃液上方用燃料加热，能够提高熔化率和玻璃质量，减少硼挥发。

（1）投料：配合料由投料机从投料口推入炉内，投料口设在炉的纵轴前端（即正面投料），投料口包括投料池和上部挡墙，投料池为突出于窑池外面的和窑池相通的矩形小池，配合料在投料口处部分熔融（尤其是表面）。

（2）熔化：火焰窑炉一般为长方形结构，沿长度方向分成熔化部（包括熔化带和澄清带）和冷却部。熔化部是进行配合料熔化和玻璃液澄清、均化的部位，采用火焰表面加热和玻璃液内部电加热的熔化方法。分为上、下两部分，上部为火焰空间，下部为窑池。

在火焰空间内，天然气在纯氧的助燃下形成高温火焰，主要通过辐射加热玻璃液。由于熔化中硼硅玻璃比较难熔，采用纯氧助燃比空气助燃有诸多优点，火焰温度高可以提高熔化率。

辅助电熔化是在窑池内的适当部位设置数对电极对加热玻璃液，强化熔化。通入玻璃液的电能产生的热能直接加热玻璃液，可以大幅度提高熔化率，还可以对不同部位实施精准加热提高玻璃液熔化速度和质量。一般采用底插钼棒电极,均匀分布于熔化池底部,对比较难熔的药用中硼硅玻璃尤其是棕色药用中硼硅玻璃,辅助电熔化是不可或缺的。

(3)均化冷却:熔化好的玻璃液通过池底流液洞进入工作部池进一步均化和冷却,形成纯净、透明、均匀并且温度合适的玻璃液,然后进入成型部。工作部有燃烧装置,火焰空间与熔化部全分隔或者半分隔。

2. 电熔窑炉工艺 玻璃在常温时是电的绝缘体,但在高温时是一种电导体,熔融玻璃液含有钠、钾等碱金属离子,它们具有导电性能,当电流通过时会产生焦耳热,可以用来熔化玻璃,因此就出现了玻璃电熔窑炉。玻璃电熔技术能耗低且能降低玻璃熔化带来的环境污染。

通常所讲的电熔窑炉指冷顶全电熔窑炉,为全电能运行。国内外高硼硅玻璃管已普遍采用电熔窑炉生产。但是在药用中硼硅玻璃领域,美国、德国、日本著名公司在20世纪70~80年代进行了冷顶全电炉熔化尝试,但由于拉管精度不高和加工的管制瓶性能不佳,未能取得突破[4]。目前,我国在这方面取得了突破性进展,采用冷顶全电熔窑炉生产药用中硼硅玻璃管(无色透明和棕色透明)已实现了量产。

(1)投料:使用 XY 型加料机从熔化池上部空间加入配合料,使整个玻璃液面上经常保持着冷的配合料覆盖层,故上部空间温度很低(一般不超过 200℃),减少了热损失,可以避免"飞料"的硼物理损耗,解决了火焰窑炉钾、钠、硼的挥发问题。

(2)熔化[5]:全电熔厚料层垂直深层电熔工艺,熔化池表面覆盖冷的配合料,配合料在覆盖层下加热,从加热到玻璃形成的 4 个阶段,都在同一个地点、不同的时间和不同的垂直高度上完成。

最上层的冷料层温度在 120℃左右,主要是水分蒸发;再往下是热料层,温度升到 250℃左右,硼砂开始分解;再往下温度升到 1 000℃左右,为硼硅酸盐反应带,会发生碳酸盐和硝酸盐的分解,硼砂在脱水反应过程中有硼酐的挥发,挥发物由下向上逸出时,遇到冷料层凝结起来,产生硼的回凝现象,而反应过程中产生的二氧化碳和氮氧化合物气体很容易穿过疏松的冷料层逸出;再下一层为半熔层,为含有大量气泡和带有未熔化好砂粒的熔融玻璃,即玻璃的熔融过程;半熔层下面就是玻璃的澄清和均化区域,澄清和均化在垂直深层方向进行,这个过程与水平式火焰窑炉有较大区别,它好像在垂直管道进行,没有与空气接触的自由表面,因此不会产生硼从玻璃结合态中挥发的问题,使玻璃成分波动小,这是获得优质玻璃的重要工艺条件之一。

（3）均化冷却：熔化好的玻璃液通过池底流液洞进入上升道和分配料道,进一步均化和冷却,形成纯净、透明、均匀并且温度合适的玻璃液,然后进入成型部。

（四）成型方法

玻璃管成型是将熔融玻璃液拉制成断面为圆形或异形空腔玻璃制品的过程。玻璃管成型过程中,玻璃液除做机械运动之外,还与周围空气进行连续的热交换和热传递,利用玻璃液渐变特性,玻璃液首先由黏稠液态转变为塑性状态,然后变成刚性状态。

药用中硼硅玻璃管成型一般采用水平拉管工艺,分为丹纳法和维洛法两种成型方法,大部分采用丹纳法,也有少数采用维洛法的,它们各有自己的优势和缺点,丹纳法和维洛法成型工艺对比见表 5-5。

表 5-5　丹纳法和维洛法成型工艺对比表

项　　目	丹　纳　法	维　洛　法
液面波动影响	大	小
液面高度(m)	4.5	2.5~3.5
供料形式	料槽	料盆
流量控制	闸板升降	端头升降
成型模具	旋转管	料碗端头
马弗炉	尺寸大	尺寸小
机头	丹纳机	定位架
能耗	高	低
模具寿命	短	长
模具更换	2~5 天	2~4 h

1. 丹纳法　玻璃液从料道末端的料槽嘴流出,垂落并缠绕到转动的圆形旋转管表面,在马弗炉温度的控制下逐步摊平展开,至旋转管末端形成厚度均匀的玻璃液,具有一定压力的空气(即吹气)通过旋转管空心芯轴送入旋转管末端,使玻璃液形成中空圆形玻璃管,然后在牵引机的拉动下玻璃管沿带滚轮的跑道逐步冷却定型,形成符合要求的玻璃管,经冷爆切割成一定长度,在圆口机上精切圆口或者封口,最后热缩成捆码放到托盘上。

料道上装有搅拌、溢流,底部放料装置,保证成型玻璃液的均匀性;对料道、料槽及旋转管与玻璃液接触的表面可包覆铂金层,减少耐火材料对玻璃液的污染,延长模具使用寿命;在跑道上装有尺寸和外观检测分选装置,剔除不合格玻璃管。

2. 维洛法 玻璃液在料道末端流入料盆,通过料盆下部由料碗和端头杆合围成的环状空隙流到锥形端头上,在马弗炉温度的控制下迅速摊平展开,至端头下端形成厚度均匀的玻璃液,具有一定压力的空气(即吹气)通过定位空心芯轴送入端头下端,使玻璃液形成中空圆形玻璃管,玻璃管垂直下降到一定高度后,在水平牵引机的拉动下形成悬垂线,玻璃管由垂直方向转为水平方向,此时玻璃管呈椭圆形经气悬浮跑道进入真空跑道,在真空跑道内玻璃管在负压作用下由椭圆形转变成圆形,并在真空跑道出口处定型固化,然后沿带滚轮的保温和冷却跑道逐步冷却定型,形成符合要求的玻璃管,经冷爆切割成一定长度,在圆口机上精切圆口或者封口,最后热缩成捆码放到托盘上。

料道上一般装有搅拌、溢流,底部放料装置,保证成型玻璃液的均匀性;对料道、料盆、料碗和端头与玻璃液接触的表面可包覆铂金层,减少耐火材料对玻璃液的污染,延长模具使用寿命;在跑道上装有尺寸和外观检测分选装置,剔除不合格玻璃管。

二、药用中硼硅玻璃管制瓶的生产与质量控制

药用中硼硅玻璃管制瓶的生产是使用中硼硅玻璃管、借助于火焰热加工和成型设备、制造具有一定形状和容积的医药包装瓶,成型部位一般在瓶口和瓶底,主要分为注射剂瓶(俗称西林瓶)、口服液体瓶、药瓶、安瓿、卡式瓶和预灌封注射器针管(图5-7),但在生产过程中,由于加工工艺上的差异,内表面耐水性存在优劣,另外为满足盛装特殊药品和使用功能,还需要对瓶内表面进行一定的处理。

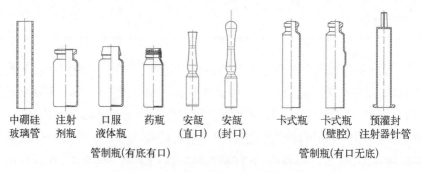

中硼硅　注射　口服　药瓶　安瓿　安瓿　　卡式瓶　卡式瓶　预灌封
玻璃管　剂瓶　液体瓶　　　(直口)　(封口)　　　　　(壁腔)　注射器针管

管制瓶(有底有口)　　　　　　　　管制瓶(有口无底)

图5-7　中硼硅玻璃管和各种管制瓶

（一）生产工艺流程与主要设备

（1）管制注射剂瓶、口服液体瓶和药瓶的生产工艺流程：包括上玻璃管、制瓶口、制瓶底、自动退火、自动检测、包装入库（图5-8）。

图5-8 管制注射剂瓶、口服液体瓶和药瓶生产工艺流程图

（2）安瓿（立式机）生产工艺流程：一般包括自动上管、拉丝预热、拉丝成型、鼓泡、压瓶颈、瓶底切割、吹瓶口、刻痕色点（色环）、印字（如需要）、退火、自动检测、装盒入库（图5-9）。

图5-9 安瓿生产工艺流程图

（3）卡式瓶（卧式制瓶机）的生产工艺流程：包括自动上管、切割玻璃管、制瓶口、瓶底切割、瓶底烘口、退火、自动检测、包装入库（图5-10）。

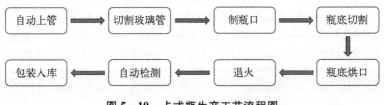

图5-10 卡式瓶生产工艺流程图

（4）预灌封注射器针管生产工艺流程：一般包括玻璃管、切割、成型、退火、清洗硅化、包装、环氧乙烷灭菌（图5-11）。

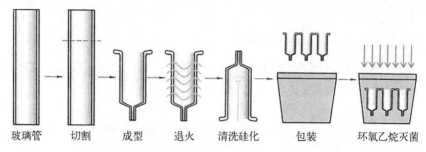

玻璃管　　切割　　成型　　退火　　清洗硅化　　包装　　环氧乙烷灭菌

图 5 - 11　预灌封注射器针管生产工艺流程图[6]

（5）目前，管制瓶主要品种是注射剂瓶、安瓿、卡式瓶和预灌封注射器针管，与之相匹配的主要生产设备有 ZP - 18 系列制瓶机（图 5 - 12）、FA36S/WAC 安瓿生产机（图 5 - 13）、FS - 16 针管生产机（图 5 - 14）。管制瓶的品种、规格和主要用途如表 5 - 6 所示。

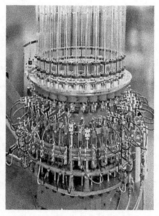

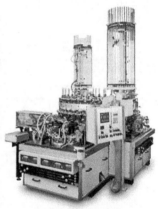

图 5 - 12　ZP - 18 系列
制瓶机

图 5 - 13　FA36S/WAC
安瓿生产机

图 5 - 14　FS - 16 针管
生产机

表 5 - 6　管制瓶生产设备生产的品种、规格和主要用途[7]

主要生产设备	品　　种	主要规格（mL）	主　要　用　途
ZP - 18 系列制瓶机	注射剂瓶	2~100	疫苗、冻干粉针、分装粉针
FA36S/WAC 制瓶机	安瓿	1~40	水针制剂、注射用水
FS - 16 针管生产机	预灌封注射器针管或卡式瓶	0.5~20	疫苗、贵重精确注射剂用药、胰岛素、牙科用药

（二）生产过程中的质量控制

药用中硼硅玻璃管制瓶的质量控制主要有：内表面耐水性、规格尺寸、外观质量和工艺能力指数。在生产过程中，需要对药品质量产生重大影响的因素加以重点管控。

1. 内表面耐水性　用玻璃管制成玻璃瓶包括了"先加热、后冷却"两个过程，在制瓶和退火工序中，所使用的燃烧器（俗称灯头）的火焰大小、制瓶速度、退火温度等变化，对瓶子内表面耐水性产生重要的影响，下面从生产工艺中的 3 个重要方面来研究对内表面耐水性产生的影响，从而来控制生产中的产品质量。

第一种：燃氧比。燃氧指天然气（主要成分是 CH_4）与氧气，燃烧时的火焰分渗碳火、中性火和氧化火 3 种（图 5-15），渗碳火指天然气与氧气比例大于 1：2（摩尔比），天然气过剩，所有氧气被消耗，天然气没有被充分燃烧，火苗焰心长；中性火指天然气与氧气比例为 1：2（摩尔比），天然气和氧气充分反应，火苗焰心适宜，温度达到极值；氧化火指天然气与氧气比例小于 1：2（摩尔比），氧气过量，火焰焰心特别短，火苗就要离开灯孔的样子，燃烧完成后会有氧气剩余，但是这种火氧化性很强，氧气会在高温下与玻璃反应，生成各种碱性氧化物。切割火时需要的热量高，低热量无法切断，所以火焰需要调整为中性火，瓶口和底部需要热量要求不高，应调整为渗碳火，其反应式：$CH_4 + 2O_2 \longrightarrow CO_2 + 2H_2O$。

例如，2 mL 中硼硅玻璃管制注射剂瓶，通过渗碳火、中性火和氧化火生产出来的内表面耐水值有明显差异（图 5-16）。

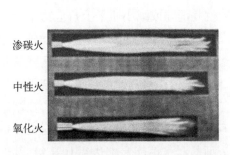

图 5-15　渗碳火、中性火和氧化火形状图示

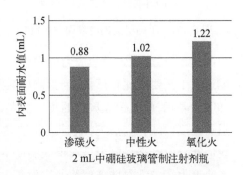

图 5-16　不同火焰的内表面耐水值

结果表明，用渗碳火、中性火和氧化火加工成型，其内表面耐水值有明显差异，用渗碳火加工成型的，其内表面耐水性最优，所以在制瓶过程中，需用渗碳火

加工成型,确保内表面耐水性的质量。

第二种:机速。制瓶机速是制瓶过程中的关键工艺参数,制瓶机速的指标与产品所使用的玻璃管外径、玻璃管壁厚、玻璃组成、燃料种类、设备工位位数、耐水级别标准要求等因素有关。制瓶机速的快慢一方面决定着单位时间内的生产产量,另一方面又影响着产品质量。在确保产品成型前提下,制瓶机速越快,相对应的加热时间就短,所需温度相应越高,但其对内表面耐水性能不利,反之,若为了避免温度过高对内表面耐水性产生不利影响,就需要适当降低温度,同时,为了满足瓶子成型所需热量,只能通过降低机速来延长加热时间,这就是低温慢速的制瓶原理。

管制瓶二次热加工的温度段正处于 $T_f \sim T_g$ 区域。温度高、停留时间长会增加离子迁移的可能性,使玻璃中某些组分析出、挥发或分相,从而影响产品的化学稳定性。控制机速,也就是控制热加工的温度——时间参数。大家对机速过快的控制有一定的共识,但并不是越慢越好,兼顾加热与冷却两个过程,机速应有一最佳值[8]。

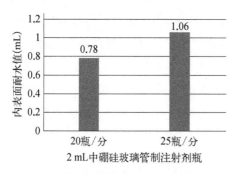

图 5 - 17　不同机速的内表面耐水值

例如,2 mL 中硼硅玻璃管制注射剂瓶,通过不同机速生产出来的内表面耐水值有明显差异(图 5 - 17)。

结果表明,由于生产成型速度越快,其内表面耐水性就越差,所以,需要用合适的制瓶速度,确保内表面耐水性的质量。

第三种:退火温度和时间。退火工艺就是消除或减小瓶子上热应力至允许值的过程,一般规定其热应力的光程差不得超过 40 nm/mm。中硼硅玻璃管制瓶的退火工艺要求比较严格,因为硼硅酸盐玻璃瓶在退火过程中会分成富硅氧相和富钠硼相,可能造成玻璃的耐水性大大降低。为了避免这种现象,要合理设计退火温度曲线,退火炉体设计应能准确实现加热、保温、快冷、慢冷过程,控制系统应能分段严格控制温度。退火温度不宜过高,退火时间不宜过长,同时要避免重复退火。中性硼硅玻璃管制注射瓶内表面的耐水性能要求达到 HC1 级,其退火温度与时间的关系曲线如图 5 - 18 所示。

例如,2 mL 中硼硅玻璃管制注射剂瓶,通过 3 种不同退火温度生产出来的内表面耐水值有明显差异(图 5 - 19)。

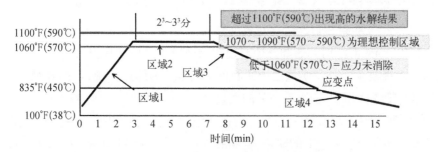

图5-18　退火温度与时间的关系曲线图示

区域1.温度增长：对于玻璃管成型的产品，这个区域是让玻瓶在2~4 min从室温（38℃）增加到接近退火点（566℃）的温度，一般加热速度为每分120~280℃。

区域2.退火：这个区域对于消除应力，消除烟雾和低碱析出很重要。区域2应保持退火炉温度不变时最为合适。所有的测试和实验测验表明，碱析出在1 100℃以上上升得很快。用于消除加工成的环状应力最少需要2.5 min且超过570℃。

区域3.可控冷却：用于让玻璃以一个可控的方式来降低应力点。每分93.3℃的冷却温度是可以接受的，每分176.7℃的冷却温度会导致冷却应力或二次应力，因为退火炉的金属传送带的速度比玻璃快很多。

区域4.最后冷却：最后的退火区域用于把玻璃降低到安全的在43.3℃人工操作温度，因为中硼硅玻璃瓶已经低于玻璃的应力点，冷却温度的速度可以非常激烈（每分176.7℃）。

结果表明，退火温度越高，其耐水性就越差，所以，应采用低温退火和适当时间，确保内表面耐水性的质量。

综上所述，制瓶生产工艺对中硼硅玻璃管制瓶内表面耐水性有着重要的影响，在生产过程中，需要严格控制加工温度、制瓶机速和退火温度，制造出高耐水性能的管制瓶。

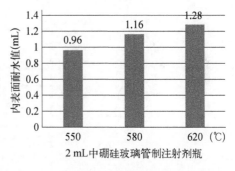

图5-19　不同退火温度的内表面耐水值

2. 规格尺寸　规格尺寸是药用玻璃主要的成型工艺质量指标，均匀性及良好稳定的规格尺寸是药品包装生产的基础，对药品的灌装、密封、储存和使用均有很大影响。

管制瓶规格尺寸的质量控制。规格尺寸主要有瓶口外径、瓶口内径、边厚、瓶身外径、瓶全高等。在生产过程中，瓶口是通过芯子、压颈轮和压口轮对受热玻璃管压制而成型的（安瓿的口是拉制的），在热端处装有成像检测机，按照设定标准对瓶口部分的尺寸进行100%检测，以便制瓶员迅速做出调整，另外对不合格的瓶子及时剔除，不再进入退火炉退火，以保证退火质量均匀、节约能源；最后在冷端处也通过成像检测机，按照设定尺寸对整个瓶子的主要尺寸进行100%

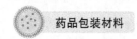

成像检测,剔除尺寸不合格的瓶子,合格的瓶子按要求有序自动装盒。

卡式瓶、预灌封注射器针管对玻璃管内径公差有严格的控制,其内径偏差不得大于 0.1 mm,而注射剂瓶和安瓿对使用的玻璃管内径没有控制。

3. 外观质量 外观质量是产品制造工艺水平的综合体现,产品外观质量不仅会影响美观度,而且会影响药品的质量。

管制瓶主要外观缺陷有裂纹、结石、气泡、气泡线、异物等。在生产过程中,由于玻璃管或制造工艺上的缺陷,管制瓶外观会产生缺陷,参考"PDA Journal of Pharmaceutical Science and Technology"中"Technical Report No. 43-Identification and Classification of Nonconformities in Molded and Tubular Glass Containers for Pharmaceutical Manufacturing",再结合 ISO8362-1、《国家药包材标准》及客户要求,设定缺陷检测标准,在冷端处用成像对瓶子进行全方位检测,并对有外观缺陷的瓶进行剔除,合格瓶子有序装入盒里。

4. 工艺能力指数 工艺能力指数是一个生产工艺能力指数,反映的是产品质量实际过程控制能力,工艺能力指数与实际产品质量控制指标的关系(图5-20),高工艺能力指数值意味着稳定的生产工艺。

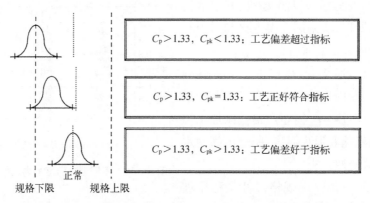

图5-20 工艺能力指数与实际产品质量控制指标的关系图

在管制瓶的生产质量管理过程中,工艺能力指数能直接准确地反映出实际尺寸指标与标准尺寸中心指标的偏移及平均值,运用这种科学分析方法的工具,对工艺能力指数及时进行全面的统计和分析,及时对生产工艺进行精准调整,减少偏移,始终保持管制瓶质量长期稳定和有效管控。

(三)内表面处理
管制瓶内表面处理指在特定的温度和工艺条件下,通过在瓶内添加某种物质以改善和提高玻璃瓶内表面性能,从而适应盛装药品要求,内表面处理有中性化处理、硅化处理等。以下主要研究硅化处理中的硅油镀膜和二氧化硅镀膜两种方法。

硅化处理用于改善和提高玻璃容器憎水性能或润滑性能。目前,硅化处理用的主要材料有硅油和二氧化硅。

1. **硅油镀膜**　当前,镀膜用的硅油普遍是二甲硅油乳剂,含有聚二甲基硅氧烷非离子表面活性剂。在玻璃瓶内壁形成一层硅油薄膜,成型为憎水膜,防止药液浸透容器的表面,也可满足一次性使用的润滑要求。

硅油镀膜的工艺流程:玻璃瓶清洗干净→除去内壁上的水分→在瓶内壁上均匀喷洒(可用其他方式)硅油→在高温下风干或烘干→硅化膜成型。

对于普通西林瓶来说,其因内表面活性而具有亲水性,盛装药液后,其内表面总是残留一层薄薄的药液,经重复性试验发现,药液残留量为 2%～5%,而硅化瓶具有很强的疏水性,药液残留量小于 0.2%(根据《中国药典》上的规定,西林瓶的药物黏附量为容量的 5%),药液的损失量是很小的,可以有效地解决药液的黏附、挂壁现象,从而保障药剂剂量使用的准确性。因此,在硅化处理过程中,重点需要控制硅油的使用量和涂层的均匀性,还有烘干的温度和时间,用重量法检测,使得憎水残留量小于 0.2%。

预封注射器针管硅化处理,使用的硅油可参考《中国药典》(2020 年版)、《美国药典》或"EU3.1.8 Silicone oil used as a lubricant"的要求[9]。在硅化过程中,主要控制涂覆的硅油量及硅油的分布,如果硅油用量太少,则影响推杆上橡胶活塞在玻璃针管内的滑动性能;如果硅油用量太多,则残留的硅油影响包装药品质量。预封注射器中硅油量的测定及不同规格注射器最大硅油量限度要求在国家标准《预灌封注射器组合件(带注射针)》(YBB00112004—2015)中已有规定[10]。硅油必须均匀喷涂在玻璃针管内表面,使整个玻璃针管内表面具有一致的润滑度。

2. **二氧化硅镀膜**　二氧化硅镀膜是采用脉冲微波等离子体增强化学气相沉积技术,将管制注射剂瓶内表面与含硅气体(六甲基二硅氧烷)进行等离子反应,从而以共价键的方式形成致密、均一的二氧化硅镀层。镀膜工艺流程如图5-21 所示。

二氧化硅膜层特点:膜层厚度在 60～200 nm,抗机械强度稳定,高温高湿环境下膜层稳定,膜层致密无孔隙,化学性质均匀,高内表面耐水性和阻隔性能。

二氧化硅镀膜瓶与普通瓶的阻隔性能可以通过元素浸出量体现出来,具体对比如表 5-7 所示。

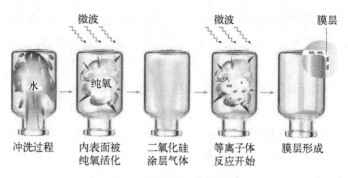

图 5 – 21　镀膜工艺流程图

表 5 – 7　二氧化硅镀膜瓶与普通瓶的元素浸出量对比表（mg/L）

	Si	B	Al	K	Na
普通瓶	0.914	1.306	0.518	0.255	2.56
二氧化硅镀膜瓶	≤0.01	≤0.001	≤0.001	≤0.1	≤0.1

注：以上浸取液用《中国药典》（2020 年版）4006 内表面耐水性测定法，对供试品溶液进行元素浸出量的检测参照《中国药典》（2020 年版）0411 感耦合等离子体发射光谱法。

目前，该硅化技术主要用于管制注射剂小瓶、小容量模制瓶、螺纹口瓶等。

第四节　药用铝硅玻璃容器的研制与控制

在药品质量和安全标准稳步提高的同时，人们对用于药物储存和使用的玻璃材料及其制成的容器也提出了更高的要求：如在药品有效期内避免脱片和玻璃颗粒的产生，在生产和储存过程中抵抗破损和破裂，以及能够保障高速灌装线的正常运行等。

面对市场上对更高质量玻璃容器的需求，美国康宁公司发明了铝硅玻璃配方，并于 2019 年获得美国 FDA 批准使用。这是继硼硅玻璃使用 100 多年之后，FDA 批准的第一个，也是唯一一个全新的玻璃组分配方。

铝硅玻璃管制注射剂瓶广泛适用于注射剂类产品，包括容器密封系统如液体制剂、粉针制剂和冻干制剂；另外，其特别适合需要极低温度保存的药品、具有挑战性的冻干循环系统；而且对包装外观有极高要求的高附加值生物制剂也是非常好的选择。

铝硅玻璃管制注射剂瓶在采用独特的玻璃配方的同时,其生产从拉管到制瓶均采用了与传统硼硅玻璃管制注射剂瓶相类似的生产工艺,同时适用于现有的灌装和灭菌技术。基于质量源于设计的理念,铝硅玻璃管制注射剂瓶进行了由内而外的创新,如配方的创新、新型强化工艺(离子交换、镀膜技术等)的应用等。

➤ 无硼优化药用玻璃配方

➤ 化学强化处理

➤ 外表面低摩擦力涂层

— 涂层区域

图 5-22　铝硅玻璃瓶及新工艺应用示意图

铝硅玻璃管制注射剂瓶的独特性质由 3 部分组成:无硼优化药用玻璃配方、化学强化处理和外表面低摩擦力涂层(图 5-22)。

一、铝硅玻璃耐侵蚀性(脱片)

数十年以来,玻璃脱片现象对药品包装玻璃容器生产来讲是一个基本挑战,其发生频率近年似乎显著增加[11]。玻璃脱片现象即玻璃内表面和药品溶液接触时产生的并在液体中发现的悬浮玻璃颗粒。这个问题困扰制药界多年并在历史上导致多起药品召回事件。在 2011 年,FDA 对脱片的风险提出警示并建议对其予以改进。

管制注射剂瓶从内表面不均一到产生脱片通常经历 4 个步骤:① 瓶成型加工导致的内表面不均一;② 浸出;③ 膨胀;④ 分层薄片的剥落。铝硅玻璃具有均匀的表面化学性质,且在成型过程中不会形成富硼的异质性内表面,因此不会分层。传统硼硅玻璃管制注射剂瓶脱片通常发生在容器的下部(图 5-23A);铝硅玻璃管制注射剂瓶在对应部位则无脱片现象的发生(图 5-23B)。

A. 硼硅玻璃管制注射剂瓶

B. 铝硅玻璃管制注射剂瓶

图 5-23　硼硅玻璃管制注射剂瓶玻璃脱片比较示意图

硼硅玻璃脱片的根本原因被认为与玻璃的分相或成型时硼和碱性成分的蒸发损失相关。玻璃管到注射剂瓶的加工成型过程中,硼和碱性成分从玻璃中蒸发出来,在容器底部形成了内表面的化学不均质区域,极易产生脱片倾向。铝硅玻璃中添有氧化铝,能抑制分相,因此铝硅玻璃一般不会发生分相现象[12]。铝硅玻璃不含有硼元素,不可能发生硼酸盐的蒸发。其独特的玻璃组分(表5-8)和极高的化学稳定性及均质的表面消除了内表面脱片现象产生的可能性。

表 5-8　铝硅玻璃配方

玻　璃　组　分		铝硅玻璃 Valor ® (近似重量百分比%)
玻璃形成体	二氧化硅(SiO_2)	73.8
	氧化铝(Al_2O_3)	10.4
	氧化硼(B_2O_3)	<0.01
助熔剂	氧化钠(Na_2O)	11.7
	氧化钾(K_2O)	
性能修饰剂	氧化镁(MgO)	3.5
	氧化钙(CaO)	
澄清剂	氧化锡(SnO_2)	0.5
着色剂	氧化铁(Fe_2O_3)	<400

注:玻璃是一种多组分物质,按照惯例,采用氧化物来表示。

此铝硅玻璃的成分配方不但消除了内表面脱片的产生,同时能够维持由硼硅玻璃容器中使用的元素组成的玻璃网络,包括二氧化硅和氧化铝。又因其独特的均匀的内表面化学特性使其能够显著降低可提取物浓度,保证了药品直接接触玻璃容器时内表面优异的化学耐受性(表5-9)。相对于硼硅玻璃容器,其铝离子的析出也无明显变化。

表 5-9　铝硅玻璃容器化学耐受性

耐侵蚀性能	引用标准	耐受级别
耐水性能	ISO 719	符合 HGB1 标准
耐水性能	Ph.Eur.3.2.1/《美国药典》(660)	符合 I 型耐水标准
碱浸出试验	《日本药典》(7.01)	符合标准
耐酸性等级	DIN 12116	S1 级
耐碱性等级	ISO 695	A2 级

铝硅玻璃管制注射剂瓶完全符合《美国药典》《欧洲药典》等对于Ⅰ型玻璃耐水性性能要求。

铝硅玻璃管制注射剂瓶也同时符合《中国药典》中关于药包材部分要求的玻璃内表面耐水性HC1级和121℃颗粒法耐水性Ⅰ型[13]。

作为直接接触药品的包装材料,相对于常见的硼硅玻璃材料,铝硅玻璃在潜在浸出物和可提取物的性能方面有了整体的改良。这意味着相对于硼硅玻璃材料,从铝硅玻璃成分中提取元素的总浓度或数量更低,从而降低了容器与药物之间相互作用的潜在风险,特别是在药品装量非常少的时候更是如此。

对于脱片现象,传统的硼硅玻璃试图通过玻璃瓶成型工艺的改进来降低脱片产生的可能性。然而玻璃瓶成型工艺的改进却很难解彻底决硼硅玻璃管制注射剂瓶的脱片现象,尤其是对于容积量较大的注射剂瓶而言。这些技术通常依靠吹气系统把瓶下部的挥发性颗粒如硼和钠,分散到玻璃容器的不同区域。结果是,在玻璃容器的所有区域都可以发现异质性,而不仅仅是集中位于瓶底部附近的区域。脱片风险仍然存在,且未因成型工艺的改进而消除。

此种铝硅玻璃可以采用现有的传统工艺加工成管制注射剂瓶,同时又避免了因加工过程而导致的脱片风险。

在面对不同pH时,铝硅玻璃呈现较低的可提取物浓度。采用常规模拟溶液如盐酸、注射用水和甘氨酸等,采用电感耦合等离子体质谱仪(电感耦合等离子体质谱法)法进行测定,其结果所示如图5-24。

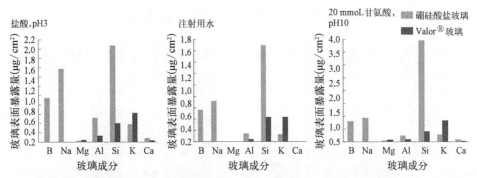

* ICH Q3D 1级(Cd、Pb、As、Hg)、2A级(Co、V、Ni)、2B级(Ti、Au、Pd、Ir、Os、Rh、Ru、Se、Ag、Pt)、3级(Li、Sb、Ba、Mo、Cu、Cr)元素未添加到玻璃成分中,且浓度低于分析评估阈值

图5-24　电感耦合等离子体质谱法检测的可提取物浓度

实验使用3 mL的玻璃容器,在进行实验之前对3 mL容器进行2 min热水冲洗,然后在320℃下进行60 min的去热原处理。之后用适当溶液将容器填充至

3.5 mL 的填充体积,加塞并在 121℃ 高压灭菌 1 h,然后在 50℃ 下储存 30 天。以上的实验条件约相当于室温(25℃)放置 639 天或 40℃ 加速条件放置 121 天。

二、抗破裂低温加工工艺

药品在冻干、低温储存及冻融过程中均需要玻璃容器有足够的强度来对抗极低温度和剧烈的温差变化,以保证容器不会破裂或破损。否则将会导致潜在的损失,如较高的生产成本、延迟交付及包装容器和药品的短缺。特别是对于那些高附加值的药品或是新的疫苗生产而言,因容器的破裂或破损而影响了生产效率、减少了有效批次、延长宕机时间和造成对原液的浪费。这些都会大幅度增加额外的成本。

冻干、冻融和低温储存中比较常见的现象是玻璃容器的破碎、掉底和裂纹。铝硅玻璃管制注射剂瓶在整个药品生产、运输过程中,特别是在苛刻的冻干条件下始终能够保证容器初始状态已有的高强度,避免上述现象发生。

在冻干过程中与传统的硼硅玻璃管制注射剂瓶比较,铝硅玻璃管制注射剂瓶能够显著降低破损率并降低生产成本;在冻融过程中,铝硅玻璃管制注射剂瓶也因其特殊的化学强化处理而赋予了玻璃表面的压缩应力超过冻融产生的张应力,显著降低了破裂的潜在风险。图 5 - 25 显示了实验室测试中,铝硅玻璃管制注射剂瓶破损率至少低于传统硼硅玻璃管制注射剂瓶 40 倍。

铝硅玻璃管制注射剂瓶在冻干和冻融过程中表现优异。

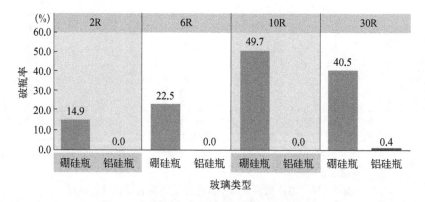

图 5 - 25 实验室中冻融试验进行抗破碎测试

实验室冻融抗破碎测试:不同种类瓶子各 1 000 只;15%甘露醇水溶液,50%容器灌装量;室温至-100℃,保持 1 h;自然状态下恢复到室温

此外,铝硅玻璃管制注射剂瓶的外表面低摩擦系数涂层也能够减少因玻璃间的摩擦导致的划伤、裂纹等现象,有效地保护了容器,同时也提高了冻干前的灌装通量。

对于批量规模生产而言,在商业生产中常规的灌装设备和冻干设备条件下,有人用了大约 120 000 个 3 mL 的铝硅玻璃管制注射剂瓶来做实验:经历了清洗、除热原、灌装、半加塞、冻干、轧盖和检验等全过程,检验包括瓶子外观缺陷、瓶内冻饼形状外观和残余水分等项目。最终实验结果显示,检验数值全部在合格范围之内,无破裂现象。这个结果不但印证了上面的实验室冻融测试研究,而且表明铝硅玻璃管制注射剂瓶可以在实际生产中使用。

三、减少玻屑产生与提升灌装效率的新工艺

常规的硼硅玻璃管制注射剂瓶因其局限性在灌装过程中通常会导致药品收益率降低和灌装效率低下。通过对灌装线的观察,我们可以看到如下问题:① 产生玻璃裂纹和划伤,以及因产生玻屑而导致的质量问题;② 因玻璃表面易受损失而致强度降低甚至破损;③ 外表面的高摩擦系数导致玻璃发黏发涩等现象。

在铝硅玻璃管制注射剂瓶的制造过程中采用了新的工艺。这些新工艺提升了玻璃内在强度,使其具有出色的抗损伤性能,并能够在加工处理过程中保持良好的玻璃强度,有效地避免了药品灌装过程中的破损。

新工艺中特有的外表面涂层技术显著降低了外表面摩擦系数。灌装时其具有低摩擦系数表面,因此可减少玻璃微粒的产生并提高其机械性能,从而显著提高生产效率[14]。其特有的理化特性也保证了其使用的安全性(表 5-10)。

表 5-10 外表面涂层的化学特性和物理特性

生物反应性/毒性*	溶解度-水或有机溶剂	挥发性有机化合物	外观	厚度	30 N 荷载下的摩擦系数
符合塑料 V 级	不溶(<0.1 μg/g)	低于最小检测量(<0.5 μg/g)	透明无色	单层<100 nm	<0.5

* 《美国药典》(87) & (88)。

在防止玻屑产生方面,有数据表明可减少最多至 96% 的颗粒产生(图 5-26),显著减少灌装时的玻璃颗粒污染。

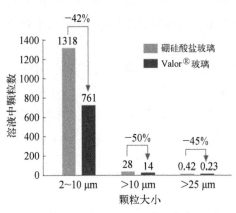

图 5-26　溶液中颗粒比较
用《美国药典》(788)光遮蔽法测定溶液中的玻璃颗粒;样品来自工程试验

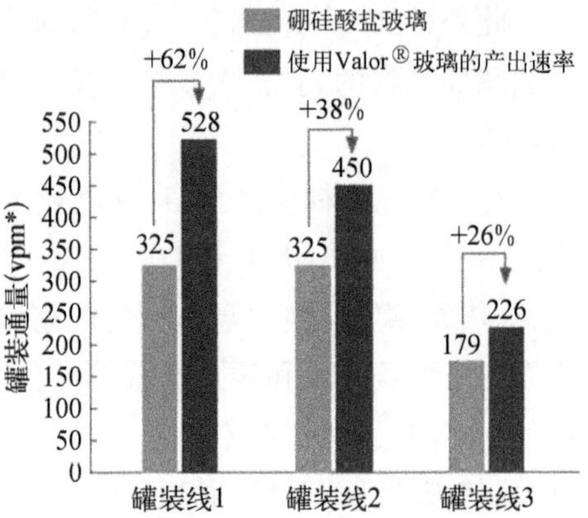

图 5-27　药品产出的优化
铝硅瓶能够显著改善不同商业灌装线的产出率。
* vpm:每分钟罐装瓶数

除了因低摩擦系数的外表面而有效地防止了玻屑的产生,新的强化工艺还大幅提高其防破裂和防破损能力,有效优化了药品的产出,有效地减少了灌装过程中由玻璃因素导致的宕机时间,减少人工干预,大幅提高灌装效率,适用于任何药品灌装环境(图 5-27)。

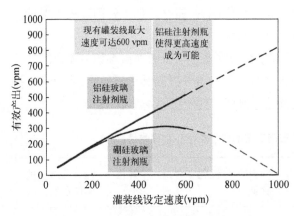

图 5-28　硼硅瓶和铝硅瓶灌装效率比较

总之,基于上述新工艺如离子强化和外表面涂层的应用,减少了灌装过程中因玻璃间接触而导致的破裂、玻璃屑和瓶与瓶之间的发黏发涩现象,使得高速灌装成为可能。图 5-28 描述了其在药品商业化批量生产中对灌装效率的提高效果,因此极大地提高了产量、满足了市场需求。

四、减少裂纹与破损的措施

在药品的灌装和此后的运输过程中,其间发生的损伤在常规包装上会产生不可见的划伤和裂纹等。这对药品的无菌性无疑是非常大的挑战,从而导致药品污染。铝硅玻璃管制注射剂瓶的独特设计及新工艺的应用有效地避免了裂纹产生,提高了药品包装的质量。这种高质量的药品包装有效地保护药品,同时保证了运输过程中药品的安全。避免了全球范围内的药品召回而导致药品供应短缺、不能够满足治疗需求的现象。

　　实验室的测试结果表明,铝硅玻璃管制注射剂瓶有着优异的抗破损和破碎能力(图 5 - 29)。相较于传统硼硅玻璃管制注射剂瓶,其抗压性能可提高至少10 倍以上[15]。

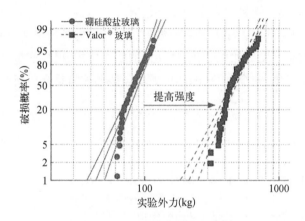

图 5 - 29　优异的抗破损和破碎能力

　　在防止裂纹的产生方面,与传统的硼硅玻璃管制注射剂瓶相比,铝硅玻璃管制注射剂瓶能够提供 30 倍以上的防裂纹产生能力。

第五节　机 遇 与 挑 战

　　随着医药行业的不断发展,各类新型药物不断涌现,加之全球新型冠状病毒感染疫情持续蔓延,我国药品行业对药用玻璃包装的需求量激增。药品质量标准的不断提升及注射剂一致性评价的推进,开启并加速了我国药用玻璃从低硼硅玻璃向中硼硅玻璃转换的产业升级之路,我国中硼硅玻璃已经实现了技术突破,我国药用玻璃迎来了新的发展机遇。

　　我国玻璃包装的发展还面临很多的挑战,发展和应用中硼硅玻璃是药品生产更新换代,逐步高档化、多元化的趋势,也是适应出口药品的必然选择。但目前我国完全具备自主生产中硼硅玻璃的企业仍比较少,市场占有率较低,尤其是在中硼硅玻璃管制包装的生产方面还存在一定差距,国内多数企业主要还是使用进口的中硼硅玻璃管,再进行二次成型,致使中硼硅玻璃价格较高,且在"带量采购"背景下,药品生产企业为降低成本,快速抢占市场,仍主要使用钠钙玻璃与低硼硅玻璃。药用玻璃行业需要持续提高技术水平,加大研发投入,不断提升产品质量,增强竞争力。对于中硼硅玻璃模制瓶,继续以模制瓶轻量化为目标,提升制瓶水平,提高产品壁厚均匀度,对于中硼硅玻璃管制瓶,需提高拉管技术,控制玻璃管尺寸精度、均匀性。另外,为满足药品的多样化、安全性及患者使用感受的要求,中硼硅玻璃模制瓶小容量化、多功能化管制玻璃瓶、镀膜玻璃、预灌封注射器用玻璃针管将为未来的发展趋势。

抓住机遇、迎接挑战,深入研究玻璃包装生产中的各项工艺,提升技术水平,并结合人工智能,开发更加机械化、自动化的生产模式,提高产量,同时研发开发更加多样化、功能化、安全、便利的药用玻璃包装形式将是众望所归。

参考文献

[1] 国家药典委员会.中华人民共和国药典:四部.北京:中国医药科技出版社,2020:549-550,9622.

[2] 田英良.医药玻璃.北京:化学工业出版社,2015:2-12.

[3] 赵彦钊,殷海荣.玻璃工艺学.北京:化学工业出版社,2006.

[4] 田英良.医药玻璃.北京:化学工业出版社,2015:127.

[5] 陈金方.玻璃电熔窑炉技术.2版.北京:化学工业出版社,2020:50.

[6] 马贤鹏.预灌封注射剂技术与应用.上海:上海科学技术出版社,2017:124.

[7] 田英良.医药玻璃.北京:化学工业出版社,2015:200.

[8] 卜小勇.浅谈管制瓶化学稳定性的影响因素.医药 & 包装,2012,3:19.

[9] 田英良.医药玻璃.北京:化学工业出版社,2015:270.

[10] 马贤鹏.预灌封注射剂技术与应用.上海:上海科学技术出版社,2017:123.

[11] BLOOMFIELD, J E. Recalls and FDA warning letters associated with glass issues for sterile drug products Arlington PDA/FDA Glass Quality Conference, 2011.

[12] SCHAUT R A, PEANASKY J S, DEMARTION S E, et al.美国注射剂协会(PDA)医药科技杂志,2014, 68:527-534.

[13] 国家药典委员会.中华人民共和国药典:四部.北京:中国医药科技出版社,2020:374-378,4001-4006.

[14] SCHAUT R A, PEANASKY J S, DEMARTION S E, et al. A new glass option for parenteral packaging. PDA Journal of Pharmaceutical Science & Technology, 2014, 68:527-534.

[15] SCHAUT R A, HOFF K C, DEMARTION S E, et al.Enhancing patient safety through the use of a pharmaceutical glass designed to prevent cracked containers. PDA Journal of Pharmaceutical Science & Technology, 2017, 71(6):511-528.

第六章

大容量注射剂用塑料包装材料与系统

塑料具有质轻、透明度高、强度高、阻隔性好等优势,因此近几年来广泛应用于大容量注射剂包装领域。本章主要针对药用塑料在大容量注射剂(大输液产品)包装中的性能及相关应用展开介绍。对大容量注射剂包装所涉及的塑料材料种类及特性、各国的相关标准和法规、材料的选择原则及产品开发时需要考虑的四大性能要求(保护性、相容性、安全性和功能性)进行详细介绍,为从事药包材生产的企业在大容量注射剂包材的原材料选择及实际开发过程提供一定的参考。此外,对目前所占市场份额最大的大容量注射剂包装系统如塑料输液瓶、多层共挤输液袋和直立式输液袋等进行了对比分析,介绍了各包装容器的特征及优势。同时对 4 种功能性软袋包装系统(抗吸附注射剂软包装、多腔式注射剂软包装、碳酸氢钠注射剂软包装和腹膜透析包装系统)的关键部件相关技术要求进行了介绍。对目前大容量注射剂塑料包装行业所面临的机遇与挑战提出见解。

第一节 概　　述

注射剂属于高风险的制剂,可以直接注入人体内并通过人体体液循环使得药物的疗效发挥最大化[1~2]。注射剂在临床使用前需要使用一定形式的包装进行保护、运输及存放,包装系统除了为注射剂提供必要的保护性和安全性之外,其与注射剂的相互作用可能产生的潜在影响也不容忽视。任何污染物(包装组件内含或包装系统未能提供充分保护而引入)都可能会进入患者的全身循环,引发不良后果。例如,杂质的存在导致产生溶血作用;包装系统对药物的吸附或吸收作用导致药效的降低[3];难溶性药物所添加的助溶剂可能会成为塑料添加剂的强萃取剂,使得添加剂析出到药液中[4],这些现象大都会对患者身体造成一定程度的损伤。此外,注射剂还需要防止微生物污染,可能还需要避光或防止暴露于空气中(如氧气);液体注射剂还需要防止溶剂损失等,这些功能性需求均需要适合的包装系统来保障。因此,注射剂包装作为注射剂药品的组成部分至关重要。

根据容量大小,将注射剂包装系统分为大容量(≥50 mL,常规为 50 mL、100 mL、250 mL、500 mL 等)和小容量(<50 mL,常规为 1 mL、2 mL、5 mL、10 mL、20 mL)。小容量注射剂包装包含玻璃安瓿瓶、玻璃西林瓶等[5],大容量注射剂包装包括钠钙玻璃/硼硅玻璃模制输液瓶、塑料输液瓶、塑料输液软袋等。

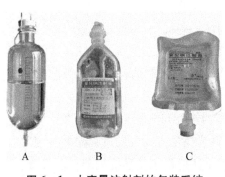

图 6-1 大容量注射剂的包装系统
A. 开放式;B. 半开放式;C. 全密闭式

大容量注射剂的包装系统经历了 3 代:开放式、半开放式、全密闭式,如图 6-1 所示,是一个长时间的发展过程,从最初的玻璃大安瓿瓶改进为玻璃容器,然后又发展为塑料容器(塑料软瓶和聚氯乙烯袋)[6,7]。20 世纪 90 年代初,欧美国家开始研发多层共挤输液用膜(又称非聚氯乙烯膜),并集成了印刷、制袋、灌装和封口 4 道工序,将输液相关产品的生产、工艺和质量推到了新的高度。

由静脉注射输入人体的大容量注射剂也称输液,在临床上用量大,使用范围广[8]。大容量注射剂最初使用的包装是玻璃材质,惰性非常好,通常与大多数药物具有良好的相容性[9]。玻璃容器具有透明度好、热稳定性优良、抗压、化学性质稳定、气密性好等优点;但其缺点也很突出,如易碎、瓶口部密封性较差、封口胶塞易脱落胶屑、胶塞与药物直接接触不安全、体积大、笨重不利于运输、碰撞引起隐形裂伤易使药液污染、不耐低温等。此外,玻璃容器包装的大容量注射剂生产工艺流程长,厂房占地面积大,由于不是在无菌条件下生产,需要二次灭菌消毒,从而导致质量波动大、生产、回收、运输耗能多等缺陷。尽管 1931~1950 年初,玻璃容器的可用性、质量和无菌性有明显改善,但当液体离开玻璃容器时,需通过管道引入环境空气,这种固有的开放系统,增加了大容量注射剂被污染的概率,容易使患者感染其他疾病,尤其是败血症的暴发时有发生。随着医学界对于从玻璃和橡胶塞中浸出的化学物质的深入研究,人们逐渐意识到了不适用包装对患者可能带来的有害影响,以及大容量注射剂包装的重要性。于是,医药包装行业开始研发大容量注射剂玻璃容器的替代品[10]。

卡尔·沃尔特(Carl Walter)是最早意识到塑料在医疗行业潜在应用的医师发明家之一,其与约翰·芬(John Fenn)合作推出了用于血液和其他大容量注射液的塑料瓶,这些最早是在朝鲜战争期间使用的。医护人员可以随身携带许多输液容器,它们在战场上可以灵活转运,这些固有的优势使得原有的玻璃容器在很大程度上被塑料瓶取代。塑料瓶比之前的玻璃容器有了很大改进,如质轻、抗冲击力强、使用方便、可浸出物和颗粒物较少等。塑料瓶起步阶段的缺点在于有的材质(如聚丙烯)透明度不如玻璃,有的材质(如聚乙烯)耐热性较差,但随着塑料行业的飞速发展,塑料瓶的透明度问题已经被解决。然而,塑料瓶仍然和玻璃容器一样存在一个不可克服的弱点,即输液过程中需要形成空气回路,要靠外界空气导入瓶内形成内压才能使药液滴出,这就造成了输液过程的二次污染,在医院杂菌比较多的环境下,对患者就更加不利。

聚氯乙烯软袋的产生对注射剂尤其是大输液制剂的发展具有重要意义。在20世纪60~70年代,用于静脉注射的柔性聚氯乙烯容器经历了几个发展和完善阶段,它克服了以前玻璃容器和塑料瓶在使用过程中易引入使用环境中杂菌的缺陷,能够依靠自身张力压迫药液滴出,大大降低了被污染的概率,被广泛应用。然而,聚氯乙烯材料本身的特点限制了其在大输液包装方面的长远发展,原因在于为了保证聚氯乙烯材质必要的弹性,需要在薄膜的生产过程中加入增塑剂,如邻苯二甲酸二(2-乙基己)酯,简写为 DEHP。之前有研究表明,在存储于聚氯乙烯袋中的血液制品、静脉注射液和静脉注射脂肪乳剂中均可以检测到邻苯二甲酸二(2-乙基己)酯[11],增塑剂会从塑料容器中溶出而进入药液中,会使得部分患者因此而产生热原反应(指由于药液中含有增塑剂从而产生以发热、寒战为主的全身反应。严重者可发生昏迷、血压下降和呼吸衰竭等症状)。国外医学实验表明,邻苯二甲酸二(2-乙基己)酯会破坏男童的生殖功能,甚至可能对孕妇腹中的胎儿造成伤害[12]。美国 FDA 也报道了医疗器械中浸出邻苯二甲酸二(2-乙基己)酯的潜在风险,并建议在对男性新生儿患者、男性胎儿的孕妇或青春期男性进行输血、血液透析、总肠胃营养、体外膜氧合或肠内营养时需要考虑可替代方案[13],这极大限制了聚氯乙烯软袋的广泛使用。

同期,在欧洲兴起了由乙烯和乙酸乙烯酯共聚物制成的乙烯-乙酸乙烯酯共聚物输液袋包装。因为聚氯乙烯可提取物与总肠胃营养溶液的脂质会产生相互作用,所以乙烯-乙酸乙烯酯共聚物袋子主要用于总肠胃营养溶液的包装。然而,乙烯-乙酸乙烯酯共聚物袋子因无法承受高温、高压灭菌,这一缺陷阻止了它在大容量注射剂存储方面的更广泛应用。

随着时代的发展,20世纪90年代西方国家研制出了多层共挤输液用膜(又称非聚氯乙烯膜)用于大容量注射剂包装,自问世以来就受到公众的好评。多层共挤输液用膜主要包括聚烯烃三层共挤膜、聚烯烃五层共挤膜、聚烯烃多层共挤膜[14]。其优越性主要表现在:① 生产过程中不需要添加任何增塑剂和黏合剂;② 与药物溶液具有良好的相容性;③ 膜材热封强度高,弹性和抗跌落性能好,耐高温、抗低温、透光性、气密性和印刷性能好,具有较高的阻隔性、可完全自收缩、完全杜绝空气污染等。诸多优点使得多层聚烯烃共挤复合软袋包装成为大输液制剂的主要包装形式。从早期常规注射液,如葡萄糖注射液和氯化钠注射液,到目前的电解质注射液、营养注射液和高附加值治疗型注射液,大都采用了多层聚烯烃共挤复合软袋包装系统。

近年来,为了方便医护人员在临床中的使用,新一代直立式聚丙烯输液袋应运而生,它解决了多层聚烯烃共挤复合软袋无法直立摆放的缺点,增加了临床使用中的便捷性。

第二节　大容量注射剂用塑料包装材料的选择

大容量注射剂主要用于静脉输注、灌洗和透析等,依据注射时是否需要补气可分为两类:一类是自身具备形变能力可挤压液体注入体内的软袋和软瓶;另一类是注射时需要补充外界空气以防止产生真空的玻璃瓶或硬质塑瓶。其中,软袋、软瓶和硬质塑瓶属于塑料药包材的范畴。大容量注射剂用塑料包装材料的选择需根据该注射剂的细分类别、剂量大小、给药途径、产品生产效率、成本和终端使用便捷性,以及包装材料与大容量注射剂的相容性、安全性,包装系统对于大容量注射剂的保护性和功能性等方面进行综合考虑。

一、大容量注射剂用塑料包装材料的分类

目前,常用的大容量注射剂用塑料包装材料主要分为两大类,一类是聚氯乙烯塑料包装材料,另一类是聚烯烃塑料包装材料。其中,聚氯乙烯塑料包装材料主要应用于大容量灌洗和透析类产品上。对于静脉输注产品,在日本,虽然厚生省没有行文限制,但市场上并没有聚氯乙烯软袋包装,只有营养液采用聚氯乙烯软袋;在欧洲,目前聚氯乙烯软袋包装大容量注射剂也不是主流产品并在寻找合适的替代品。在中国,国家药品监督管理局"国药监管"(2000)516号文中规定,药品生产企业和医疗机构制剂室新上或改造项目时,应考虑不宜采用聚氯乙烯

软袋灌装输液,之后国家药品监督管理局未批准过使用聚氯乙烯袋的输液产品,而目前为止仍持有聚氯乙烯软袋使用许可的为数不多的几家企业,已被限制不允许扩产,也在积极地向聚烯烃药包材转化。聚烯烃塑料包装材料,由于其良好的安全性及与药品良好的相容性,应用方向得到了极大的扩展。目前国际上的膜材主要由聚乙烯、聚丙烯、聚酯树脂、聚酰胺及离子型聚合物等复合而成。直接接触大容量注射剂的药包材主要涉及聚乙烯和聚丙烯两大主流体系。

聚乙烯包材体系可采用高密度聚乙烯、中密度聚乙烯和低密度聚乙烯。聚乙烯树脂为无毒、无味的粉末或颗粒,外观呈乳白色,有似蜡的手感,吸水率低。它的力学性能一般,拉伸强度较低,抗蠕变性不好,耐冲击性好,尤其耐低温性能优良,在-60℃下仍可保持良好的力学性能。聚乙烯包材具有较好的耐水性,但是透气性较大。用其制备的膜材透明度较好,但会随结晶度的提高而降低;熔点相对较低,耐高温性能差,主要适用于湿热灭菌温度比较低(110~115℃)的国家和地区。

在我国,除了部分特殊制剂耐温性差需要低温灭菌之外,常规大容量注射剂主要的灭菌温度是121℃[15]。因此,以聚丙烯体系的塑料包装材料为主,可采用均聚聚丙烯和共聚聚丙烯为主要基材[16]。聚丙烯是一种性能优良的热塑性合成树脂,按甲基排列位置分为等规聚丙烯、无规聚丙烯和间规聚丙烯3种。聚丙烯属半透明无色固体,无臭无毒,由于结构规整而高度结晶化,故熔点可高达167℃。其具有耐热、耐腐蚀、耐化学性、密度小等特点,是最轻的通用塑料。缺点是脆性高、耐低温冲击性差、较易老化,因此用于药包材制备的时候,需要引入其他聚合物材料进行共混改性或复合改性。

各国药典认可的,以及行业内多年积累的经验认为可应用于药包材的塑料材料还有环烯烃共聚物、聚酰胺-6、聚碳酸酯、聚对苯二甲酸乙二醇酯、聚对苯二甲酸乙二醇酯G、乙烯-乙酸乙烯酯共聚物[17]、苯乙烯类热塑性弹性体、烯烃类弹性体等[18]。为了确保大容量注射剂包装符合预期用途,尤其是对于特种治疗性大容量注射剂,需要对上述提到的塑料材料进行严格筛选并进行结构设计,从而满足药包材自身所必须具有的四大特性:保护性、相容性、安全性和功能性,以及大容量注射剂生产企业在填充、组装、灭菌、储存及运输过程中的适应性[19,20]。

二、大容量注射剂用塑料包装材料的相关标准与法规

大容量注射剂用塑料包装材料作为直接或间接接触药品的一种包装形式,

对药品安全、有效、民生健康起到至关重要的作用。世界各国药品监管相关部门为了保证药品质量,保护人民健康安全,对药包材提出了一系列的法规和标准。2015 年,我国在原有《直接接触药品的包装材料和容器标准汇编》《药包材检验方法标准汇编》基础上进行修订,出版了《国家药包材标准》(2015 年版),该标准基本覆盖了我国现有的所有药品剂型的药包材类型,包括玻璃类、塑料类、橡胶类、金属类等药包材相关的标准[21]。《中国药典》(2020 年版)于 2020 年 12 月 30 日开始正式实施,在原有药典基础上增加了 16 个有关药包材的通用检测方法,进一步扩充了药包材标准体系,为产品在研究阶段中材料的筛选提供了重要的理论基础和依据。

《美国药典》《欧洲药典》《日本药典》均很早就收载了药包材的相关标准。国外药典更加侧重于材料及其容器为主的通用性要求,同时也包含了满足通用要求所涉及的检测方法[22]。

目前,《中国药典》(2020 年版)中涉及药包材的专门章总计 18 个,包含 16 个方法标准和 2 个指导原则,其中 12 个章(通则 4002"包装材料红外光谱测定法"、通则 4012"药包材密度测定法"、通则 4007"气体透过量测定法"、通则 4010"水蒸气透过量测定法"、通则 4004"剥离强度测定法"、通则 4005"拉伸性能测定法"、4011"药包材急性全身毒性检测法"、通则 4013"药包材溶血检测法"、通则 4014"药包材细胞毒性检测法")是有关大容量注射剂塑料包材的相关检测,包括材料鉴别测试方法、物理性能测试、生物安全相关测试等[23,24]。

除了《中国药典》收载的标准外,《国家药包材标准》(2015 年版)中对于药包材品种标准、方法标准和指导原则均有收载,涉及了有关药包材大部分产品和检测方法,第三部分为塑料类药包材标准、第四部分为橡胶类药包材标准、第七部分为方法类药包材标准。其中,《低密度聚乙烯输液瓶》(YBB00012002—2015)和《聚丙烯输液瓶》(YBB00022002—2015)分别为低密度聚乙烯输液瓶和聚丙烯输液瓶的产品标准;《多层共挤输液用膜、袋通则》(YBB00342002—2015)、《三层共挤输液用膜(Ⅰ)、袋》(YBB00102005—2015)和《五层共挤输液用膜(Ⅰ)、袋》(YBB00112005—2015)分别为多层共挤输液用膜、袋通则,三层共挤输液用膜(Ⅰ)、袋,五层共输液用膜(Ⅰ)、袋的产品标准;《塑料输液容器用聚丙烯组合盖(拉环式)》(YBB00242004—2015)为塑料输液容器用聚丙烯组合盖(拉环式)的产品标准;《药用合成聚异戊二烯垫片》(YBB00232004—2015)为药用合成聚异戊二烯垫片的产品标准,适用于聚丙烯组合盖中的合成聚异戊二烯垫片。上述产品的标准涵盖了产品外观检测、材料的鉴别(红外光谱测定和密度检测)、适应性试验(包含温度适应性、抗跌落、透明度、不溶性微粒)、穿刺力、穿刺部位不渗透性、悬挂力、水蒸气透过量、透光率、炽灼残渣、添加剂、金属元素、溶出物试验(澄清度、颜色、pH、吸光度、易氧化物、不挥发物、重金属含量)、细菌内毒素、生物试验(皮肤致敏、皮内刺激、急性全身毒性、溶血)等试验检测,其中上述检测所包含的具体检测方法在第七类方法类药包材标准中有详尽描述。

《美国药典》中有关药包材的章涉及面广泛,主要涵盖了材料、包装系统及组件、生物试验、包装储存要求、辅助包装组件、容器性能、指导原则等,并通过对材料、组分和对其使用适应性能的检查,建立了对包装材料、组分和系统进行质量控制的标准[25]。第87、88章涉及弹性体和高分子材料的生物安全性评价(体外生物反应测定、体内生物反应测定),用来评估特定样品或可提取物的生物反应性,旨在确定医疗产品在生产和加工之前或期间存在的固有或获得性毒性,第88章还基于体内生物反应测定的结果,对塑料进行了Ⅰ~Ⅵ的分类。第381、661章涉及弹性体密封件、塑料及其构造材料,并提供了相应的材料检验方法和要求规范。与我国标准相比,其增加了塑料包装材料环烯烃聚合物、聚酰胺-6、聚碳酸酯、聚对苯二甲酸乙二醇酯G、乙烯-乙酸乙烯酯共聚物和塑化聚氯乙烯的收载,涵盖塑料种类较为广泛。第659章提供了与医疗产品存储运输有关的包装和储藏要求。第1031章提供了评价药物容器、医疗器械和植入物中所用材料的生物相容性及实施程序指南。第1136章为单一单位包装容器(塑料包装容器)的包装和再包装及应用单位包装的使用和应用提供指导。第1177章介绍了药品在存储、运输、配送期间的良好包装规范,从而保证实现正确的包装方法。第1207章是无菌药品密封包装完整性评价的指南,解释说明了符合规定泄漏的包装如何确保其所含产品满足并维持无菌及相关的理化质量标准。详细分为3个子通则,分别为:① 产品生命周期中的包装完整性检测——检测方法选择和验证;② 包装完整性泄漏检测技术;③ 包装密封质量检测技术。第1661章塑料包装系统及其构造材料对使用者安全影响的评价,传达第661章重要概念和其子通则661.1、661.2节中的相关概念,提供更多的指导建议和补充信息。第1663和1664章是对药品包装和给药系统相关可提取物和相关可浸出物的评估,从而对药品进行有效风险管控。

《欧洲药典》着重药包材的质量控制,按照所用材料种类和用途进行了分类,对每类材料的形状、鉴别、允许添加剂及量、灰分、抗氧剂、残留单体等都有明确规定。其中涉及药包材的节包括"3.1 制造容器用材料"和"3.2 容器"。3.1 节中所述材料用于制造药用容器,以及制造医疗产品及组件材料,涉及大容量注射剂用包装的材料包含聚烯烃(乙烯丙烯共聚物、乙烯或丙烯与占比不超过 25%的多碳类同系物(C4~C10)或羧酸或酯的共聚物、多种聚烯烃的混合物)、无添加剂聚乙烯、含添加剂聚乙烯、聚丙烯、聚(乙烯-乙酸乙烯酯)、硅油、硅橡胶弹性体、塑料添加剂、塑化聚氯乙烯等。3.2.2 节着重介绍了大容量注射剂塑料包装容器和组件材料,最常用的聚合物有聚乙烯(含添加剂或不含添加剂)、聚丙烯、聚氯乙烯、聚对苯二甲酸乙二醇酯、聚(乙烯-乙酸乙烯酯)。添加剂的种类和用量由聚合物的类型、将聚合物转化为容器过程中及容器的预期用途决定的,《欧洲药典》中所描述的每种材料的类型说明中都有表明其可接受的添加剂。其他添加剂也可使用,但需要得到制剂销售主管部门的批准。

《日本药典》中 7.02 和 7.03 节涉及医药品塑料容器的设计和质量评价以及输液用橡胶塞所应符合的标准及试验方法。7.02 节第一部分是有关试验方法,第二部分是塑料制水性大容量注射剂容器的标准,其材料包含聚乙烯、聚丙烯、聚氯乙烯等。G7 章中介绍了关于大容量注射剂包装的基本要点和术语、容器设计时药用塑料容器及输液用橡胶塞基本考虑及要点[26]。

《中国药典》、《国家药包材标准》(2015 年版)、经过注册的进口标准和企业标准属于强制执行标准,国外药典为非强制要求,可作为参考使用。

三、大容量注射剂用塑料包装材料的选择参考原则

为了简化药品审批程序,完善药品再注册制度,依据《国务院关于改革药品医疗器械审评审批制度的意见》(国发〔2015〕44 号)[27],实行关联审批政策,将药包材、药用辅料单独审批改为在审批药品注册申请时一并审评审批。《总局关于药包材药用辅料与药品关联审评审批有关事项的公告》(2016 年第 134 号)也明确指出,应按照风险管理的原则在审批药品注册申请时对药包材、药用辅料实行关联审评审批。各级监管部门不再单独受理药包材、药用辅料注册申请,不再单独核发相关注册批准证明文件。发生处方、工艺、质量标准等影响产品质量的变更时,药包材生产企业应主动开展相应的评估,及时通知药品生产企业,并按要求向食品药品监督管理部门报送相关资料。药包材和制剂关联审评审批改革措施使得药包材生产企业和药品上市许可持有人之间的关系更加紧密,药包材的研发和生产也会更有针对性。大容量注射剂用塑料包装生产者在最初期研发阶段就可以与终端药品责任人之间形成互动,尤其是对于一些特殊大容量注

射剂产品,塑料包装材料的选择可以直接对接目标药物的兼容性和适应性,从而缩短药包材研发周期、降低药包材研发风险、更加有的放矢地满足大容量注射剂的包装需求。

通常来说,塑料包装材料的选择要考虑以下3点:

1. **是否满足医用包装材料要求**　大容量注射剂包装材料并没有明确的医用标准和要求说明,因此各药包材企业在材料选择的时候会依据行业内的一些经验并参考各国药典和相关领域的指导原则进行。如下是一些可供参考的大容量注射剂包装材料资料清单,清单内容并非必需项,企业在材料选用前应依据实际情况与供应商协商。带星号(*)项目建议尽可能具备。

(1) *化学品安全技术说明书(MSDS):材料必须具有明确的 MSDS,数据表需要符合欧盟委员会最新发布的(EU)2020/878 法规,并满足修订后欧盟法规《化学品的注册、评估、授权和限制》(REACH 法规)的附件Ⅱ对化学品安全数据表的内容和格式要求。MSDS 中的信息必须清晰简洁,并考虑用户的特定需求,包含但不限于如下条目:① 物质/混合物;② 公司/企业的识别;③ 危害识别;④ 成分信息;⑤ 急救措施;⑥ 消防措施;⑦ 意外释放措施;⑧ 处理和储存;⑨ 接触控制/个人防护;⑩ 理化性质;⑪ 稳定性和反应性;⑫ 毒理学信息;⑬ 生态信息;⑭ 处置注意事项;⑮ 运输信息;⑯ 监管信息;⑰ 其他信息。

(2) *产品技术数据表(TDS):提供了原材料特性的概览,是物理和(或)化学特性的列表;包含对应化学品正确使用及保存的数据、方法信息,与 MSDS 一起,作为化学品必备的附属文件提供。

(3) *黏度曲线信息:聚合物的黏度特性与后续的加工属性直接相关,因此有关原材料黏度的信息作为材料是否适用的先决条件信息,需要被提供。通常是至少2个温度条件下测量的黏度数据曲线,最好在3个温度条件下,可作为加工工艺选择的依据。

(4) 杂质鉴别材料:提供通过气相色谱法、气相色谱-质谱法、液相色谱-质谱法或其他类似方法测定材料所含杂质的相关信息。例如,清晰的色谱图、材料和标识说明(批号等)、%纯度说明、鉴定(在可能的情况下)和杂质百分比、测试参数的说明等。

(5) *红外光谱:提供原料的傅里叶变换红外光谱(Fourier transform infrared spectrum, FTIR)或衰减铂射(attenuated total reflection, ATR)光谱,清晰的谱图及材料说明(批号等)。

(6) 差示扫描量热法:提供原料的差示扫描量热曲线,需要标准清晰的特征温度及材料和标识说明(批号等)及测试参数的说明。

(7) *添加剂成分表:塑料是以合成树脂为主要成分,再加入各种各样的添加剂(也称助剂)制成的,合成树脂决定了塑料材料的基本性能,添加剂是为了改善塑料的加工性能、产品的使用性能而加入的物质,包括填充剂、增塑剂、着色剂、稳定剂、固化剂、抗氧剂等[28]。例如,聚丙烯聚合过程中会加入钙锌类硬脂酸盐、硅酸盐或金属氧化物作为除酸剂来清除残留的催化剂,加工过程中需要加入抗氧剂来增加材料的抗老化和耐黄变性能,生产过程中可能需要加入成核剂来改善产品的耐温性能或透明度等。然而这些添加剂在药品的存储、运输或使用过程中可能与灌装的药物发生化学反应或者通过渗透分散作用迁移进入药物溶液中,而溶液中的药物也有可能被塑料吸附,从而影响药物制剂的稳定性和药品的有效性,另外,这些添加剂也可能跟随药物进入人体,造成安全隐患。例如,有研究表明聚烯烃材料中经常使用的三(2,4-二叔丁基苯基)亚磷酸酯(抗氧剂168),在加工过程中可能发生降解生成2,4-二叔丁基苯酚,该产物是一种可疑的内分泌干扰素,会对人体造成潜在的威胁。早在2006年,Califonia Proposition 65(1986)就已经将2,4-二叔丁基苯酚列入可疑致畸物清单[29]。因此,作为药包材的基础原料,塑料材料中的添加剂种类和含量是影响药物相容性和安全性的重要因素,在选用之前必须清楚地获知所含添加剂的种类及含量,以评估其自身安全性及制备成包材后与药物的相容性,从而保证药品安全有效[30]。

注射剂用塑料包装材料的添加剂通常会参考国外药典中罗列的药用塑料常用添加剂清单,如《欧洲药典》3.1.13塑料添加剂节列出了27种塑料添加剂清单,3.1.14用于静脉输液水溶液容器的塑化聚氯乙烯材料节,列出了塑料添加剂1~6的限度;3.1.3聚烯烃节,列出了塑料添加剂7~18和22的限度,且要求抗氧化剂最多含有3种且总含量不得过0.3%,并规定了爽滑剂和开口剂等添加剂的含量限度。《美国药典》661.1塑料构造材料的塑料添加剂节列出了16种塑料添加剂及其限度。为了科学规范药品与包装的相容性研究工作,2012年国家食品药品监督管理局发布了《化学药品注射剂与塑料包装材料相容性研究技术指导原则(试行)》,其中附件4.主要参考《欧洲药典》罗列了塑料包装材料常用添加剂及限度要求,但是没有同步《欧洲药典》的更新。在2019年国家药包材标准草案《药用塑料和容器通则》公示稿中提到"塑料添加剂及用量应符合安全性要求"。以上资料均为塑料材料用于药包材提供了参考依据,从而保障药品的安全和质量稳定。

（8）＊COA/COC

1）质量合格证书（certificate of completion，COC）：需要包含材料所通过的检测项目及合格结论，是一份由供应商签署的关于所交付材料具有某些物理和（或）化学特性的声明，也可视为产品的合格证明。

2）质量分析证书（certificate of analysis，COA）：材料逐批测试项目、规格和测试结果，是一份检测报告；某些受批次稳定性影响较小的项目可不包含在检验报告书上。

塑料材料供应商在研发初期需要提供材料的COC；进入产品批量化生产和应用阶段需要逐批提供COA。

（9）有关材料工艺能力/操作说明的文件（PROCESS）

1）关于材料的聚合信息，如聚合机制、聚合工艺、聚合设备等。

2）关于材料的加工信息，如挤出机温度调节、挤出机类型、螺杆设计等。

（10）各国药典及国际标准符合性申明：不同国家的塑料材料供应商应依据不同国家的药典和相应标准对材料进行测试，并提供符合性申明，如《美国药典/国家处方集》（简称USP/NF）、《欧洲药典》或《日本药典》等通过声明描述材料与药典规范中的物质专论或通用章的一致性。通常来说，选用作为直接接触大容量注射剂的包装材料需要进行《美国药典》Ⅵ级评估。按照《美国药典/国家处方集》通则规定，进行体内生物学反应测试的塑料将被划分为指定的医用塑料分级。测试的目的在于确定塑料制品的生物相容性，是否适用于医疗器械植入物及其他系统。美国医用塑料共6个级别。被评定为Ⅵ级的塑料意味着已经建立了最全面和严格的测试。因此，美国医用材料分级现在是各类医用原材料的金标准，亦是医疗器械及医药包材生产商的选材依据。表6-1是美国医用塑料分级对应的测试项目。

表6-1　美国医用塑料分级（《美国药典》体内生物学反应测试）

测试项目	浸提液	《美国药典》分级					
		Ⅰ	Ⅱ	Ⅲ	Ⅳ	Ⅴ	Ⅵ
全身系统毒性测试（小鼠）	生理盐水（尾静脉注射）	X	X	X	X	X	X
	乙醇盐水混合物（尾静脉注射）		X	X	X	X	X
	聚乙二醇（腹腔注射）			X		X	X
	植物油（腹腔注射）			X	X	X	X

续　表

测试项目	浸 提 液	《美国药典》分级					
		I	II	III	IV	V	VI
皮内反应测试 （家兔）	生理盐水（皮内注射）	X	X	X	X	X	X
	乙醇盐水混合物（皮内注射）		X	X	X	X	X
	聚乙二醇（皮内注射）					X	X
	植物油（皮内注射）				X	X	X
植入测试（家兔）	无					X		X

（11）食品接触材料证明：对于一些在市场上已经被成熟应用于食品包装的塑料材料,其由于某方面的特殊性能可能会被引入用于大容量注射剂包装的研发和生产中。但是,如果此类塑料材料尚未有完善的可用于药包材的测试数据或证明材料,供应商至少应该提供该材料的食品可接触的相关证明,然后材料供应商和药包材生产商可以合作进行相关安全性验证来进一步确认。

目前,我国食品安全法律法规主要以《中华人民共和国食品安全法》为主,塑料相关的食品安全标准提供了原料树脂及所允许使用的添加剂名单和限制要求。其中,《食品安全国家标准 食品接触材料及制品通用安全要求》（GB4806.1—2016）作为整个标准体系的统领性标准,对食品接触材料及制品的基本要求、限量规定、检测方法等进行了规定[31]。国际上,如欧盟食品材料接触法规（EC）No 1935/2004 和欧盟食品级塑料法规 EU No.10/2011 等,其明确表示任何拟与食品直接和间接接触的材料或制品必须足以稳定,以避免成分向食品迁移而威胁人类健康,或导致食品成分不可接受的变化,或引起食品感官特性劣变;要求需要对材料本身、有关的杂质及在预期用途中可预见的反应和降解产物进行安全评估,应涵盖在使用条件下的潜在迁移和毒性。在美国,食品接触塑料材料和制品除了要遵守 FDA 的《合规政策指南手册》（CPG）外,还应符合《美国联邦法规》第 21 篇（CFR21）的要求,主要对聚合物、胶黏剂和涂层部分、生产助剂等进行了规定,包括与食品接触的材料和其中使用的物质的要求。日本制定了《食品安全法》和《食品安全基本法》等法规,对树脂的管理也是采用聚合物管理模式,对可使用的单体和添加剂进行了限制性要求,制定了 13 类聚合物的标准,包括聚丙烯、聚氯乙烯、聚苯乙烯、聚乙烯、聚酯、聚碳酸酯等[32]。

这些一系列食品可接触的相关证明为材料的选择提供了一定的数据支持,

可以证明材料在食品包装领域的安全性,减少了材料可能对人体造成的安全隐患,也增加了后续在药包材相关安全性验证的成功概率。

(12)动物衍生成分(牛海绵状脑病/传染性海绵状脑病)申明:疯牛病(mad cow disease)又称牛海绵状脑病(bovine spongiform encephalopathy,BSE),是传染性海绵状脑病(transmissible spongiform encephalopathy,TSE)中的一种,属于一类传染病。疯牛病为朊病毒引起的一种亚急性进行性神经系统疾病,患者脑细胞组织通常出现空泡,星形胶质细胞增生,脑内解剖发现淀粉样蛋白质纤维,并伴随全身症状,以潜伏期长、死亡率高、传染性强为特征。常规应用的某些塑料添加剂有可能由动物提取物合成,如从动物脂肪(牛脂)水解得到的脂肪酸。为了防止该类添加剂引入安全性风险,大容量注射剂用塑料材料必须声明是否存在动物源添加剂,如果存在动物脂衍生物质,必须说明来源于什么动物,其生产过程必须符合传染性海绵状脑病风险降低技术(符合欧洲药品管理局相关指南、《欧洲药典》),如果不存在动物衍生成分,则必须声明。

(13)重金属声明:关于金属不存在/存在的声明最好参考一项或多项法规。例如,欧盟《关于限制在电子电器设备中使用某些有害成分的指令》(RoHS 2.0)新修订指令(EU)2017/2102、REACH法规、《欧洲药典》5.20。声明中必须至少包含元素镉、铬、汞、铅。

(14)美国FDA登记或注册证明(药品主文件):是否受(美国)主文件(提及的编号)所涵盖的声明材料。

(15)*材料制造工厂的ISO 9001/14001资质:要求显示供应商已通过ISO 9001或ISO 14001认证的最新证书,应包含内容指定哪些过程符合ISO 9001/14001、签发日期、有效期和日期、由行政机关签署。

(16)不含转基因声明(GMO):根据(欧盟)立法中的定义[描述和(或)低于限制规范],声明原材料不包含转基因产品。

(17)《化学品的注册、评估、授权和限制》(REACH)符合性申明:塑料材料中使用单体,所含添加剂、引发剂等必须通过REACH注册。REACH声明必须提及高度关注物质存在与否,存在时是否超过允许限量规格(在大多数情况下>0.1%)。

药包材生产企业应尽可能在研发包材前期全面收集塑料材料的上述资料,从而降低后期可能出现的安全性不达标、加工性不好等风险。

2. 材料选择以产品需求为依据,给予产品有效保护 塑料材料的选择首先应结合内包大容量注射剂的特点,如注射剂的酸碱性、主要组分的分子量及渗透性、热稳定性、光稳定性、气体敏感性及挥发性等因素,都应该被综合考虑;

其次,还需要考虑注射剂需要的包装形式及容量,如是单腔、双腔还是多腔,每个腔室包装的固体制剂还是液体制剂,包装容量大小等均是材料选择的主要依据;再次,还需要考虑大容量注射剂生产企业的设备情况、容器制备加工工艺等。以此为基础,筛选原材料并进行结构设计,从而达到对大容量注射剂的有效保护。

3. 材料选择还要考虑一定的经济性　对于常规的大输液注射剂,如葡萄糖和氯化钠,属于营养药物,用于补充高热、昏迷或者是衰弱不能进食的患者所需要的热量和体液,这类注射剂对于包材的成本控制相对严格。对于治疗性注射液,如盐酸右美托咪定注射液、依达拉奉注射液、唑来膦酸注射液等,这类大容量注射液更多地关注如何满足制剂包装的特殊性能,如抗吸附、阻氧、避光等,成本控制相对宽松。然而,塑料包装材料的经济性一定是以药包材的四大属性:保护性、相容性、安全性和功能性为前提进行优化考量。

第三节　大容量注射剂用塑料包装系统的特性

一、大容量注射剂用塑料包装系统的组成

按包装分类,大容量注射剂用塑料包装系统可分为塑瓶(聚丙烯或聚乙烯)、软袋(聚氯乙烯和聚烯烃)和直立式软袋[33]。据不完全市场统计,2020~2021上半年数据显示大容量注射剂包装的市场占有率:塑瓶32%,软袋22%,直立式软袋44%,剩余2%是玻璃瓶。同期对比2020年上半年,直立式软袋有逐渐取代塑瓶和玻璃瓶的趋势,而软袋由于具有特殊的层结构可满足不同药物的特殊需求,而替代性较小。

大输液塑料包装的物理和化学性能比较见表6-2。

表6-2　大输液塑料包装的物理和化学性能比较[34]

比较项目	塑瓶	聚烯烃软袋	直立式软袋
透明度	一般	好	好
灭菌后透明度	一般	好	好
温度适应性	差	好	好
灭菌适应范围	一般	好	好

续　表

比较项目	塑瓶	聚烯烃软袋	直立式软袋
破损率	很少	一般	很少
可回复性	较差	好	好
药物相容性	一般	好	好
毒性	无	无	无
环保问题	无	无	无

1. 塑瓶包装系统　塑瓶主要用到的原材料是聚丙烯和低密度聚乙烯,结构比较简单,由瓶体、组合盖和外包装组成。与玻璃瓶相比,塑瓶除了重量轻、运输方便、运费低廉之外,与药液也有很好的相容性,抗碎性也是玻璃瓶所无法比拟的。因此,随着我国塑瓶生产设备及配套的灭菌、灌装设备的国产化,塑瓶逐渐成为输液包装的主流方式之一。塑瓶的生产周期较短,生产效率高,输液生产过程中制瓶和灌装在同一生产区域,甚至在同一台设备进行,瓶子只需要用无菌空气吹洗,甚至不需要吹洗可直接进行灌装。此外,塑瓶为一次性使用包装,避免了旧瓶污染和交叉污染的情况,无环保问题。然而,塑瓶质硬,其半开放式的输液形式,并没有完全克服玻璃瓶的缺陷,使用过程中仍需要插入空气针,建立空气通路,使药液顺利滴入,空气中的微生物及微粒仍可通过空气针进入注射液,造成人体伤害。此外,塑瓶还有灭菌后透明度差不利于注射液澄明度检查等问题。另外,塑料输液瓶的材料是均质材料,目前多为聚丙烯、聚乙烯材料。聚丙烯材料的抗低温性能不好,温度降低时,聚丙烯容器的抗脆性也随之降低,不利于在低温下运输;聚乙烯材料不能耐高温消毒,通常不超过110℃,因此,塑瓶的发展也受到限制,目前市场上应用在逐年减少。

2. 软袋包装系统　软袋由多层共挤输液用膜制备的袋体、接口或软管、组合盖或药塞等组成。其中多层共挤输液用膜具有透明度高、重量轻、耐高温灭菌(可在121℃消毒)、气透性和水透性较低、可长期保存、不含氯化物、兼容性和稳定性较好的特性,适合大多数大容量注射剂的包装,如大输液的常规药液、透析液、治疗性输液;甚至氨基酸、血浆代用品、脂肪乳也可以使用。目前广泛应用多层共挤输液用膜,典型的膜产品有聚丙烯三层共挤输液用膜。3层结构分别为提供印刷、耐高温及良好机械强度特性的外层,提供柔韧性和温度适应性的中间层,以及提供良好相容性并直接接触药液的焊接层。临床使用时,软袋既可悬挂,也可借患者自重进行输液(如患者躺着将其压在肩下);采用密闭式输液,可完全自行收缩,输液时不用扎空气针,可避免输液环境对药液的污染。此外,软袋包装注射剂生产自动化程度较高,其制袋、印字、灌装、封口可在同一生产线上完成,不需要水洗,有效地避免了生产环节的污染。

软袋包装系统中的接口主要是起到袋内药液进出的作用,分为两大类别:双软管/单软管接口和单/双硬接口(如船形接口、双硬管接口等)。双软管或单软管接口通过制袋设备与输液膜采用热熔的方式焊接在一起,在线灌装注射液后,再使用加药塞、输药塞与软管进行物理过盈配合,成为密闭包装系统。中国市场上主流的双软管软袋注射液包装如图6-2所示。

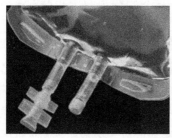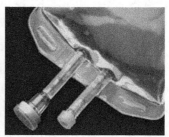

图6-2 双软管软袋注射液包装

单/双硬接口是目前我国注射剂软包装采用的主流形式,相对于双软管包装形式来说,单/双硬接口的形式更具经济优势。在市场上,生产船形接口或双硬管接口等形式的厂家比较多,是属于标准的注塑产品。为了配合不同形式和尺寸的接口,包材厂会同时供应与之相匹配的大容量注射液包装用组合盖。组合盖分为两种,一种组合盖具有与大容量注射剂直接接触的内盖和外盖,内盖和外盖直接形成的容纳腔固定胶塞;另一种组合盖仅具有一个外盖,该组合盖的外盖可通过热封或卡扣结构直接与下管件连接,胶塞固持在外盖上,由外盖保持其密封性。目前常用的组合盖有铝塑组合盖、拉环式组合盖、易折式组合盖、扳折式组合盖、贴膜式组合盖和加药组合塞。接口与组合盖的配合如图6-3所示。

3. **直立式软袋包装系统** 由瓶体和组合盖组成,外观和性能介于塑料瓶和软袋之间,兼容了两者的优势。外形看起来像塑料瓶,可以直立摆放,与玻璃瓶和塑料瓶的临床配液规程一致,符合医护人员的操作习惯,克服了软袋不能直立摆放、配液操作不便等缺点,提高了护理工作的效率,适用性更强。瓶体柔软程度接近软袋,因此既具有良好的耐摔、抗碎性能,又可以自行收缩、不需要导入外

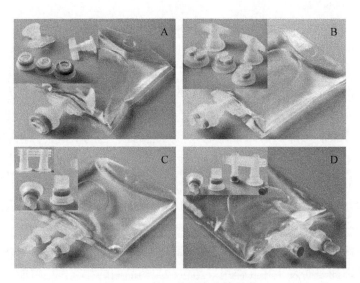

图 6-3 接口与组合盖的配合

A. 船形接口+拉环盖形式;B. 船形接口+双扳盖形式;C.双硬管接口+扳折盖;D.SPT 接口+扳折盖

界空气,实现全密闭输液,有效地避免了二次污染。同时,直立式软袋具有无毒、无味、化学稳定性好、耐腐蚀、耐药液浸泡,安全性好、适宜运输和储存等优点。

无论是塑料瓶、软袋还是直立式软袋,均为直接接触大容量注射剂容器,也称作初级容器。由于受限于药物相容性的要求,初级容器材料的选择十分局限,因此根据大容量注射剂的特性,可能需要搭配外包袋来满足药液特殊的功能性需求。外包袋为二级包装,也称次级包装,包裹在初级包装外面可以防潮、防尘、阻氧、防止微生物入侵等。吸塑类的硬质外包盒除了上述作用,还可以防止在运输、配送过程中初级包装尤其是软袋受损。通常大容量注射剂使用的外包袋多采用聚烯烃、聚酯、聚酰胺或其复合类材质,可以是单层或多层复合膜或片材。

二、大容量注射剂用塑料包装系统的四大特性

随着医疗产业的发展,开发和应用新型、环保、便捷的药用包装材料和容器成为药包材行业新的趋势和重点,如多室袋输液包装。大容量注射剂塑料包装作为直接接触药液的包装材料,对药品的稳定性有着关键性作用,包装材料直接影响着用药的安全性。药包材的选择、配方组成的确定及加工工艺在实际生产中都会有所不同,为了从根本上保证用药的安全性、均一性、有效性,企业在实际产品开发过程中,需要考虑产品的预期用途、对药物有效性的影响,评价在长期存储过程中,不同环境下,产品对内容物的保护效果,避免选用不恰当包装材料

而导致发生吸附、迁移等反应,从而导致药效降低和其他严重副作用。美国 FDA 发布了相应指导文件,要求对包装系统的 4 个属性进行评估,以确定包装材料和容器密闭系统的适用性。这 4 个属性为保护性、相容性、安全性和功能性[35~37]。

保护性指塑料软包装应为大容量注射剂提供充分的保护,保证大容量注射剂在有效存储期内免受外界不良因素(光线、温度、氧气)等的影响导致其质量的降低。导致质量降低的因素可能包括溶剂的损失、与氧气的接触、光照、水蒸气的吸收和微生物的滋生等。例如,运输或者粗暴操作过程中容器焊接部位裂开或容器与密封件之间结合不紧密发生泄漏,从而导致溶剂损失。此外,活性气体(氧气)或水蒸气可能通过容器包装表面或密封焊接处慢慢地进入或渗出密封系统中。

相容性是大容量注射剂塑料软包装必须具备的特性之一,用来评价包装材料与药品之间是否发生相互作用。药包材与药品间的相互作用可能导致对患者递送的药物减少,并且在某些情况下治疗效果降低,产生安全风险。在产品开发初期,选择包装材料时就应该开始进行相容性研究,通过相容性研究来考察药品与包装材料之间是否存在会引起药品药效降低或包装材料功能性变化的不可接受的相互作用。包装材料的相容性研究主要包括 3 个方面:提取研究、安全性研究、相互作用研究(吸附试验和迁移试验)。相容性研究主要是针对包材对药品的影响,通过相应的相容性研究,选择并确认包装用材料的安全性。其研究过程主要分为以下六步:

(1) 与药品直接接触包装材料的确认。

(2) 了解包装材料的组成及与药品接触的方式、生产工艺过程。

(3) 对包装材料进行提取研究。

(4) 药品与包装材料的相互作用研究。

(5) 对可提取物或浸出物进行安全性评估试验。

(6) 对相容性进行总结,判断包装材料是否适用于该药品。

安全性指包装材料不会迁移出有害或者过量物质,此特性对于与药品直接接触部件尤为重要。任何有可能迁移到大容量注射液中的其他部件同样也适用于此要求(如黏合剂)。对于大容量注射剂,需要进行综合考察。首先,对包装材料进行提取物试验以确定是否有化学物质迁入注射液中及迁移物的浓度;其次,对这些提取物进行毒理学试验来判断迁出物质的安全性。

功能性是包装所预估发挥作用的能力,如方便使用(直立式软袋包装、多腔室注射剂软包装)或者其他功能。当包装系统未能满足设计要求时,会影响其功能性。原因可能是设计缺陷、生产有误、使用中破裂等。

除应考虑上述大容量注射剂用塑料软包装的四大性能要求外,还应充分考虑以下要求：包装的附加功能、地域气候、存储与运输条件、当地医疗条件、医护人员操作习惯等。

第四节　特殊功能大容量注射剂用塑料包装系统的技术要求

在大容量注射剂用塑料包装产品的实际开发过程中,需要根据产品的预期用途进行功能性设计,这就要求包装组件需要具备某种特殊的功效,从而实现包装系统对药品的充分保护。例如,抗吸附性注射剂软包装、多腔室注射剂软包装和碳氢酸钠注射剂软包装等,其中对膜材、接口、软管等组件均有特殊的技术要求。

一、抗吸附性注射剂软包装

1. 概述　随着医药行业的精细化发展,医药工作者越来越重视药包材与药物之间的相容性问题。大容量注射剂用塑料包装作为玻璃包装的替代品,虽说有各种优势,但在药物相容性上,仍有差距,这也是很多特种大容量注射剂依旧保留玻璃包装的原因。例如,聚氯乙烯包材对胰岛素、硝酸甘油、尼莫地平、左旋丁苯酞等均具有较强的吸附。有文献表明,这是由于聚氯乙烯包材中的增塑剂邻苯二甲酸二(2-乙基己)酯减弱了分子间作用力,导致无定形结构的增加从而使得药物更加容易发生吸附作用[38]。大量研究表明,易被塑料材料尤其是聚氯乙烯材料吸收的药物大多为亲脂性药物[39],以及极易溶于氯仿、正辛醇、己烷、二氯甲烷、四氯化碳等有机溶剂[40,41]的注射类药物。这些药物与包装材料尤其是内层可能存在一定的物理化学反应,导致药物发生吸附作用进入包装内层,药物浓度相应减少从而影响治疗效率。其中,药物和材料的溶解度参数差值被认为是影响药物发生吸附作用的主要原因,该差值越小越容易引发药物的吸附作用,反之则不易引发,这是由药物与聚合物接触时发生的焓变(ΔH)决定的[42]。药物与聚合物接触期间由吸附和扩散引起的焓变可以通过以下公式近似计算：

$$\Delta H = \upsilon_1 \upsilon_2 (\delta_1 - \delta_2)^2$$

式中,δ 是溶解度参数,下标 1 和 2 分别表示药物和材料。如果药物与输液袋之间的相互作用可能会很强,则 $|\delta_1 - \delta_2|$ 小于 3.5~4.0。这种测量聚合物扩散性

和溶解性的方法已广泛用于聚合物化学领域,可以被引用来评价和分析注射剂包材的抗吸附性。此外,聚合物的结晶性、无定形性、玻璃性也会影响药物的吸附,当聚合物结晶度越高,药物的吸附就越不易发生。

聚烯烃类大容量注射剂包装材料由于不含有低分子增塑剂,结晶程度相对较高,致密性更好,对药物的吸附性会弱一些,但也不可一概而论。例如,依达拉奉注射液,若采用常规的三层共挤输液用膜包装,在80℃高温条件下吸附率高达20%~25%;右旋美托咪啶注射液,常温吸附率高达12%。因此,针对不同分子特性的特种药物,需要对塑料原料进行药物相容性甄选,甄选过程需要考虑大容量注射剂与塑料包材的接触面积、接触时间、接触方式、灭菌方式、存放环境、检测指标、注射剂浓度等,做全因素变量分析。

2. 膜相关技术要求   对于大容量注射剂用塑料包装中的膜材,目前市场上常规的有两种,一种是三层共挤输液用膜,一种是五层共挤输液用膜。在国内分别依从的是《国家药包材标准》(2015 年版)的《三层共挤输液用膜(Ⅰ)、袋》(YBB00102005—2015)和《五层共挤输液用膜(Ⅰ)、袋》(YBB00112005—2015)的相关标准要求,其中包含了膜材的外观、鉴别、物理性能、化学性能、生物安全性及制备成袋子之后的密封性、温度适应性等。三层膜和五层膜除了膜结构及材料上有区别之外,标准规定的项目、限值、检测方法和仪器基本一致。

对于需要抗吸附类注射剂包材,除了上述基本性能要求之外,最重要的是,具备良好的药物相容性,即极低的药物吸附性。通常来说,药厂会以大容量注射剂中主成分的含量稳定性作为第一要素来选择包材,并与玻璃包装进行对比。例如,验证分别用膜袋和玻璃瓶包装的注射剂,经过灭菌,一定温度条件下存储,前后主成分的浓度变化。一般浓度变化低于 1.0% 被认为是膜材的药物相容性达标。

目前,最常用也公认最有效的可用于大容量注射剂抗吸附塑料包装的材料为环烯烃类聚合物,如环状烯烃聚合物(COP)是双环庚烯(降冰片烯)在茂金属催化剂作用下开环异位聚合,再发生加氢反应而形成非晶态均聚物;环状烯烃共聚物(COC)是将双环庚烯(降冰片烯)单体和乙烯单体在茂金属催化剂作用下发生共聚合得到的环烯烃类共聚物。环烯烃聚合物的特点:高透明、低双折射率、低吸水、高刚性、高耐热、水蒸气气密性好。近年来,环烯烃类聚合物成为取代玻璃和其他塑料包装的高端材料,被广泛应用于预灌封注射器、塑料西林瓶、输液袋、造影剂、玻尿酸包装瓶等医疗、药品和化妆品领域。如果作为直接接触药包材被使用,需要符合 FDA 标准,符合《美国药典》《欧洲药典》《日本药典》和 ISO 10993 质量标准,并且获得药品主文件备案号。

环烯烃类聚合物优势很明显,但缺点也比较突出,材料本身刚性太强、比较脆,应用在大容量注射剂软包装中会导致袋子漏液;熔融温度高导致作为膜材的内层无法与接口或软管进行良好焊接。因此,需要根据内装药液的具体需求进行膜材设计,如膜层数、层间结构、各层厚度、各层原料搭配、每层原料比例构成等。例如,抗吸附专用五层共挤输液用膜,以改性聚丙烯/改性聚乙烯/环烯烃聚合物/改性聚乙烯/聚丙烯为五层原料,不使用黏合剂,采用共挤出工艺复合而成。该膜材已经在唑来膦酸注射液和依达拉奉注射液中成功应用,抗吸附水平达到了玻璃瓶的水平。

二、多腔室注射剂软包装

1. 概述　多腔室注射剂软包装形式在我国属于十分先进和前沿的一种包装剂型。其设计理念是将不同药液分储在单独的腔室内,既解决了两种或两种以上药液的配伍问题,同时,多腔室软包装还可以为药液提供优异的化学惰性和良好的生物相容性。

国内多腔室注射剂产品主要应用于肠外营养液和透析液等高附加值产品领域,在医务人员进行输液使用时通过打开腔室间的"虚焊"使不同腔室内储存的药液迅速混匀,操作便捷,可以大幅度缩短配药时间,节省和减少药品在医疗单元端的储存、流转和配药失误等问题。

2. 膜相关技术要求　目前国内多腔袋膜的生产厂家主要是进口厂家,国内多腔袋膜生产厂家都处于研发和试验阶段。多腔袋膜的技术关键是可靠的虚焊性能——既要保证在制袋、灌装、灭菌、运输和储存过程中防止虚焊意外开启,也要保证多腔室药袋在灭菌前后有适宜和稳定均匀的开启力。

根据市场经验和药厂及终端客户使用多腔袋膜的技术反馈,综合整理了目前市场上对于多腔室袋膜的主要技术要求,如下:

(1)物理性能要求

1)外观透明、强度高并具柔韧性。

2)耐 121℃ 30min 水浴灭菌。

3)抗跌落性,属于与安全性相关的物理指标。

4)多腔肠外营养液或透析液中的不溶性微粒,或虚焊开启产生的不溶性微粒,在治疗过程中可随着药液进入人体,对人体造成伤害,所以不溶性微粒的控制是临床使用过程中重要的安全性指标之一。

(2)化学性能要求:满足与药液的化学相容性,可以包装 pH>8 的药液并耐

受油脂类。

（3）生物性能要求：优异的生物相容性，符合国家药品包装容器（材料）的相关生物标准。

（4）多腔袋膜的虚焊的可靠性。可靠的虚焊性能主要是通过以下3个方面来实现的。

1）多腔室袋的袋型设计。

2）虚焊的焊接参数。

3）多腔袋膜的配方。

有关多腔室袋的袋型设计，多腔袋袋型设计会影响虚焊部位的性能。如图6-5所示，目前主要有如下几种：

（1）虚焊条可以是直线或是弯曲的形状。

（2）直线型虚焊条：袋子可以沿着密封线折叠以降低过早打开的风险（图6-4A）。

（3）弯曲型虚焊条：在曲线点开始撕口（图6-4B）。

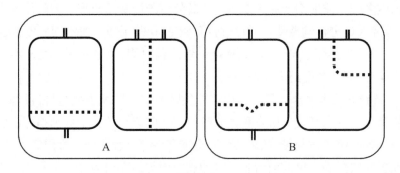

图6-4

A. 直线型虚焊条多腔袋；B. 弯曲型虚焊条多腔袋

有关虚焊的焊接参数，焊接参数是否适宜会直接影响实焊与虚焊的性能：膜的内层是焊接实现层，既要满足多腔袋周边的实焊，也要满足袋子虚焊条的虚焊[*]性能（实焊的一般要求是灭菌前软袋的焊接开启力大于20 N，而虚焊则要求灭菌前焊接强度在8~10 N内）。

有关多腔袋膜的配方，多腔袋膜的配方设计从根本上决定了虚焊的特点：

（1）至少3层由多层聚丙烯膜配方构成。

（2）国内市面上主要的多腔袋膜配方是三层聚烯烃共挤配方，由外层、中层和内层组成，每层的配方构成需要支撑多样的性能要求。

目前,国家并未对多腔室袋膜出台专门的国家标准,其产品质量标准需结合产品材质、用途、性能等特点并参考《国家药包材标准》的《三层共挤输液用膜(Ⅰ)、袋》(YBB00102005—2015)进行企业标准的起草与制定。

三、碳酸氢钠注射剂软包装

1. 概述　碳酸氢钠注射液为临床常用的基础酸碱平衡药,主要用于治疗重度代谢性酸中毒,如严重肾脏病、循环衰竭、心肺复苏、体外循环及严重的原发性乳酸性酸中毒、糖尿病酮症酸中毒等。同时也可用于某些非特异性药物中毒的治疗,如巴比妥类、水杨酸类药物及甲醇等中毒。碳酸氢钠注射液放置过程中 pH 会升高,这是由于碳酸氢钠可电离出 HCO_3^- 与 Na^+,HCO_3^- 可进一步分解放出 CO_2 气体,并生成 OH^- 而至 pH 升高。$HCO_3^- \rightleftharpoons CO_2 + OH^-$ 为减少这一平衡反应的正向进行,在碳酸氢钠注射液的配制过程中需要通入足够量的 CO_2,以使该反应保持动态平衡[43]。

2. 膜相关技术要求　传统的钠钙注射液玻璃瓶良好的阻隔性可以保障碳酸氢钠药液生产过程中通入的 CO_2 气体不溢出,从而稳定药液 pH,但玻璃在与碱性溶液碳酸氢钠注射液的长期接触过程中,容易出现 Ca^{2+}、Mg^{2+} 等多价离子,并进一步形成所谓的"白点"等现象,从而影响产品的澄明度[44]。因此,碳酸氢钠注射液多采用多层聚烯烃共挤输液软袋包装,来保证产品的澄明度良好,避免出现白点等现象。然而塑料包材非绝对致密材料,在药液长期存放过程中,气体可透过多层聚烯烃共挤输液袋扩散到空气中,致使袋中 CO_2 气体逐渐减少,pH 随之上升。所以针对此类药液,具有高阻隔性的外包袋显得尤为重要。外包袋可防止 CO_2 气体大量释出,从而保持溶液 pH 的稳定。

四、大容量注射剂塑料软包装接口及软管相关技术要求

对于大容量注射剂塑料软包装用接口,目前市面上大多数的企业都是选用软管配合加药塞和输药塞形式。软管也是 3 层共挤软管,加药塞 & 输药塞的主体是聚碳酸酯材质。软管通过热熔形式与袋膜实现焊接,加药塞 & 输药塞通过物理过盈配合与软管连接。

软管的主要技术要求:

(1) 物理性能要求

1) 外观透明、强度高并具柔韧性。

2) 耐 121℃ 30min 水浴灭菌。

3）可以跟袋膜良好焊接和具有良好的密封性能。

4）不溶性微粒需要符合国家药品包装容器（材料）的相关要求。

（2）化学性能要求：化学惰性、满足与药液的化学相容性。

（3）生物性能要求：优异的生物相容性，国家药品包装容器（材料）的相关生物标准。

国家并未对软管出台专门的国家标准，其产品质量标准需结合产品材质、用途、性能等特点并主要参考《国家药包材标准》的《三层共挤输液用膜（Ⅰ）、袋》（YBB00102005—2015）进行企业标准的起草与制定。

五、大容量注射剂塑料软包装盖子相关技术要求

大容量注射剂塑料包装对于盖子的标准遵循《国家药包材标准》中收载的《塑料输液容器用聚丙烯组合盖(拉环式)》（YBB00242004—2015），主要的技术指标：

（1）物理性能要求

1）外观无气泡、飞边或毛刺附着等，具有适宜的开启力。

2）耐 $121\,℃\;30\,min$ 水浴灭菌。

3）可以跟软管良好焊接和具有良好的物理密封性能。

4）不溶性微粒需要符合国家药品包装容器（材料）的相关要求。

（2）化学性能要求：化学惰性、满足与药液的化学相容性。

（3）生物性能要求：优异的生物相容性，符合国家药品包装容器（材料）的相关生物标准。

对于聚碳酸酯类加药塞 & 输药塞，目前并未出台专门的国家标准，其产品质量标准需要结合产品材质、用途、性能等特点并参考《国家药包材标准》中收载的《塑料输液容器用聚丙烯组合盖（拉环式）》（YBB00242004—2015）进行企业标准的起草与制定。

第五节　腹膜透析包装系统

腹膜透析作为一种有效的血液净化方式，具有操作简单、医疗成本低、便于普及应用的特点，对于提高尿毒症患者的救治率具有无可替代的作用。由于腹膜透析治疗方式本身的特点，其对包装系统的依赖程度相对较高，所以包装系统对腹膜透析液的药品质量及对患者的治疗效果影响较大。根据腹膜透析包装系统部分组件在我国的不同监管现状，其中传输管路、引流袋、接头和保护帽划分

为医疗器械;软袋、组件这些和药液直接接触的部分属于塑料包材范畴,且由于透析液包装容量通常较大,可参照大容量注射剂用塑料包装材料和系统的现行相关要求进行管理。

腹膜透析(peritoneal dialysis, PD)在临床上又分持续不卧床腹膜透析(continuous ambulatory peritoneal dialysis, CAPD)和自动腹膜透析(automated peritoneal dialysis, APD)两种。本节只针对持续不卧床腹膜透析系统展开介绍。

持续不卧床腹膜透析用品的发展主要起步于 20 世纪 50 年代,最初是单袋聚氯乙烯制包装,后来逐渐出现了"双联双袋"系统,由于"双联双袋"式的腹膜透析经过 20 余年的临床使用,其便捷性、安全性和有效降低感染风险等得到充分验证,已成为临床首选的腹膜透析液包装系统形式。中国是在 20 世纪 80 年代才逐渐引入了软袋包装的腹膜透析液,为聚氯乙烯制软袋"双联双袋"包装系统形式。经过 20 余年的发展,目前国内市面上的持续不卧床腹膜透析包装系统,从材质上看可分为聚氯乙烯制、非聚氯乙烯制和它们的组合(如溶液袋为非聚氯乙烯制、废液袋为聚氯乙烯制)。非聚氯乙烯制包装形式的发展是因为聚氯乙烯材质中包含邻苯二甲酸二(2-乙基己)酯等增塑剂,动物实验发现长期大量摄入邻苯二甲酸二(2-乙基己)酯,可造成生殖和发育障碍,并可诱发动物肝癌。同时,邻苯二甲酸二(2-乙基己)酯还会析出到腹膜透析液中,所以中国从 2014 年已经停止接收聚氯乙烯材质的腹膜透析溶液袋的申请。

持续不卧床腹膜透析包装系统一般包括溶液袋、端口管、加药组件、阀或接头、传输管路、引流袋、保护帽、悬挂孔及标签区等。目前,国内持续不卧床腹膜透析包装系统主要采用双联双袋的设计形式,如图6-5所示。

如按包装材料的材质来划分,目前有两种主流持续不卧床腹膜透析包装系统:① 溶液袋聚氯乙烯+引流袋和传输管路聚氯乙烯。② 溶液袋非聚氯乙烯+引流袋和传输管

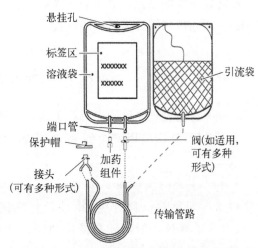

图 6-5　持续不卧床腹膜透析包装系统
双联双袋设计形式

路聚氯乙烯。

持续不卧床腹膜透析包装系统的性能要求主要包括物理性能、化学性能和生物性能。

1. 物理性能要求

（1）外观透明、强度高并具柔韧性。

（2）耐 121℃ 30 min 水浴灭菌。

（3）抗跌落性，主要是腹膜透析药液在流转和运输当中可能会出现一定高度下的跌落，要求跌落后包装系统仍能满足密封性的要求，属于与安全性相关的物理指标。

（4）透析液中的不溶性微粒，在治疗过程中可随着透析液进入人体的腹膜，这种长期的非生理性刺激会导致透析面积减少、腹膜通透性降低等，所以不溶性微粒的控制是临床使用过程中重要的安全性指标之一。

2. 化学性能要求　化学惰性、满足与药液的化学相容性。

3. 生物性能要求　优异的生物相容性，满足国家药品包装容器（材料）的相关生物标准。

持续不卧床腹膜透析在几十年的发展过程中，人们通过材质选择、用品设计和透析液的改进，大大减少了腹膜炎的发生率，提高了患者的生存率。持续不卧床腹膜透析相关组件选用更加安全的材质、采用更加合理的设计（如双腔溶液袋）是今后发展的主流趋势。单独就持续不卧床腹膜透析系统的材质来讲，聚氯乙烯因不环保且存在潜在的人体安全性风险，且无法制成双腔溶液袋等限制，相信会逐渐被聚烯烃类材质所替代。

第六节　预灌封注射器

预灌封注射器又称预充针注射器（prefilled syringe，PFS），兼备药物储存和注射的功能，临床使用安全便捷，在小容量注射剂中应用广泛，相关产业发展迅速。

本节主要围绕预灌封注射器的性能及相关应用进行介绍，包括预灌封注射器所涉及的材料种类、特性及材料的选择原则；各国的相关标准和法规；以及预灌封注射器配套使用的安全装置等方面，为小容量注射剂包材的选择及开发提供一定的参考，并对预灌封注射器所面临的机遇与挑战提出见解。

一、概述

第一支玻璃预灌封注射器由美国 BD 公司于 1984 年研制,研制目的是急救时用药更及时准确;国产第一支玻璃预灌封注射器最早于 2005 年由山东威高普瑞医药包装有限公司生产。预灌封注射器具备药物注射功能,兼顾药液存储功能,并且采用了相容性和稳定性良好的材料,安全可靠;在小容量制剂的使用过程中,相比传统的"药物容器+注射器"的操作方式,最大限度地增加了药物安全性及使用便捷性。目前已经有越来越多的产品使用预灌封的包装形式。

人用推射注射器先后经历的四代产品见图 6-6。第一代为分体式玻璃注射器(多次使用),目前已经较少使用;第二代为无菌塑料注射器(一次性),目前发达国家已经较少使用,第三代为预灌封注射器(一次性),目前在小容量注射剂中大量使用;第四代为无针注射器(一次性),目前主要用于胰岛素类患者自用药产品中。从存储药液的功能上,预灌封注射器和无针注射器,并无明显的技术差异;无针注射器更多的技术革新是患者自用药的便利性。

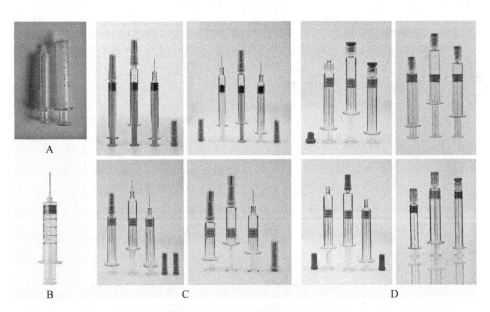

图 6-6　四代人用推射注射器

A. 分体式玻璃注射器;B. 无菌塑料注射器;C. 预灌封注射器;D. 无针注射器

预灌封注射器具有安全、便捷、精准和防误用的特点。安全方面,它可以减少药液从包装容器到注射器的转移,防止二次污染;便捷方面,它可以直接注射,操作简便,对临床有重要意义,用于预防时,患者可以自行注射使用;精准方面,它可以采用定量加注药液的方式,比医护人员手工灌注药液更加精确,避免了药物转移引起的浪费;防误用方面,因可在注射容器上注明药品名称,临床上从而减少了出差错的概率。

目前,最常用的仍为玻璃预灌封注射器,其生产过程大致如图 6-7 所示。

图 6-7　玻璃预灌封注射器的生产过程示意图

塑料材质预灌封注射器,通常是一体成型,和上述生产过程有差异。

预灌封注射器主要按套筒的材质及其前端形式分类。按照套筒材质不同,分为玻璃预灌封注射器和塑料预灌封注射器。玻璃套筒材质主要为硼硅玻璃;常见的塑料套筒材质有环烯烃(如环戊烯、降冰片烯)聚合物(COP)、环状烯烃(如环戊烯、降冰片烯)与烯烃(如乙烯或丙烯)的共聚物(COC)。按照套筒前端形式分为桩针预灌封注射器、锁定鲁尔预灌封注射器和非锁定鲁尔预灌封注射器。

预灌封注射器一般为组合件,主要由管套、活塞、推杆、锥头和护帽组成。

二、预灌封注射器的选择

随着制药行业、医用包装行业等关联产业发展,越来越多的制剂产品选择预灌封注射器的装药方式;预灌封注射器在中国市场的供给也变得多元化,由最初的国外垄断到现今的中外多方供给,预灌封注射器供需市场越来越成熟;并且随着整个行业的发展,预灌封注射器也延伸出了无针注射器等更多的注射方式。

预灌封注射器种类、剂量、供货商、材质等因素的多样化,让制药企业在选择合适的注射器时变得更加复杂。预灌封注射器的选择需根据该注射剂的细分类别、剂量大小、给药途径、产品生产效率、成本和终端使用便捷性,以及包装材料与注射剂的相容性、安全性、保护性和功能性等方面进行综合考虑。

(一)注射剂与玻璃包装容器可能发生的相互作用[45]

1. 玻璃容器的化学成分与生产工艺的影响　玻璃容器的主成分及添加物,可使金属离子或阳离子团从玻璃成分中迁移出来;生产工艺过程中的热处理、镀膜添加等过程,可引入新的材料或者导致玻璃耐受性下降,从而导致成分迁移。

2. 注射剂与玻璃包装容器的相互作用　注射剂与玻璃包装容器可发生物理化学反应,具体如表6-3所示。

表6-3　注射剂与玻璃包装容器相互作用类型及结果

相互作用类型		作用结果
迁　移	药物酸、碱、金属离子等敏感,可以导致玻璃中的金属离子和(或)镀膜成分迁入药液	催化药物发生某些降解反应溶液颜色加深、产生沉淀、出现可见异物,药物降解速度加快等现象
	钠离子迁入药液	导致药液 pH 发生变化
	毒性较大的金属离子或阳离子基团迁入药液	潜在的安全性风险
吸　附	药物和辅料存在易与玻璃发生吸附官能团,玻璃容器表面可能会产生吸附作用	药物剂量或辅料含量降低
内表面耐受性	注射剂影响玻璃内表面耐受性	降低玻璃容器的保护作用和功能性甚至玻璃网状结构破坏致使其中的成分大量溶出并产生玻璃屑或脱片,引发安全性问题内表面经过处理(如用硫酸铵处理)的玻璃可能导致表面层富硅,会造成玻璃结构脆弱等

（二）注射剂选择适宜的预灌封注射器应考虑的因素

新药选择及仿制药选择预灌封注射器的考虑因素见表6-4、表6-5。

表6-4　新药选择预灌封注射器的考虑因素[45]（初步筛选）

产品概述	关注预灌封注射器的方面
剂量容量(如单剂量、多剂量、可调节剂量)	注射器的外形尺寸、刻度线等
药物黏度和期望的/需要的递药速率	针头内径、胶塞滑动力等
给药方式(如针头注射器或无针头注射器)	针头和(或)其他注射器组件
药物或注射器彼此接触,在预期的有效期内无不可接受的相互作用	注射器的材料有效期及有效期内的质量标准
预期的运输方式及适宜的储存条件	包装方式
预期使用者(如患者、医疗服务提供者,考虑其年龄、性别、教育水平等)	注射器标签的内容和可读性注射器的安全功能

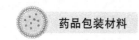

药品包装材料

表 6-5 仿制药选择预灌封注射器的考虑因素(初步筛选)

考虑因素	主 要 项 目
市场需求	所选厂家包材能否售往目标市场
注册需求	是否和注册期望匹配,更利于注册获批
供应商	性价比更高;供货有保障;质量稳定;售后服务好,完备的注册资料等因素

(三)验证拟采用的预灌封注射器对其预期用途的满足[45-50]

预灌封注射器具有较好的物理、化学稳定性,生物安全性相对较高。在为注射剂选择玻璃包装容器时,需要关注容器的相容性、保护性、安全性,功能性/药物递送及与工艺的适用性(初筛既需要考虑)等,国家药品监督管理局药品审评中心发布的《化学药品注射剂与药用玻璃包装容器相容性研究技术指导原则(试行)》[50]等一系列指导原则,借鉴了国内外的相关法规,指导性很强,可以选择借鉴。

1. 保护性、相容性、安全性、功能性/药物递送方面的研究

(1)保护性研究:预灌封注射器应为制剂提供充分的保护,以保证该制剂在有效期内避免一些不良因素的影响而导致质量下降。引起质量下降的因素通常有光照、溶剂损失、接触活性气体(如氧气)、吸收水蒸气、微生物污染等。对于某一特定制剂,可以通过实验室研究来确定哪些因素会影响药品质量。

(2)相容性研究:与制剂相容的预灌封注射器不应发生导致制剂或预灌封注射器组件质量有不可接受变化的相互作用。相互作用的情形包括:① 因吸收和吸附原料药或由于从预灌封注射器组件中迁移出来的化学成分引起的原料药降解而导致效价损失;② 因吸收、吸附或浸出物诱导的降解引起赋形剂浓度降低;③ 沉淀;④ 制剂 pH 变化;⑤ 制剂或预灌封注射器组件变色;⑥ 预灌封注射器组件脆性增大。有些相互作用可在前期筛选研究中发现。但有些相互作用只有在稳定性试验中才可以发现。因此,对稳定性试验过程发现的、可能由于制剂和预灌封注射器组件间相互作用的而引起的任何变化,应进行研究并采取适当措施。

在相容性方面,需要考察制剂对玻璃容器性能的影响,以及玻璃容器对制剂质量和安全性的影响,可关注以下方面内容:① 玻璃的类型、玻璃的化学组成、玻璃容器的生产工艺、容器的规格大小、玻璃成型后的处理方式;② 药品和处方

的性质,如药液的 pH、离子强度等;③ 硅油或针头黏合剂的化学组成。

相容性研究内容应包括包装容器对药品的影响及药品对包装容器的影响,主要分为如下 6 个步骤:

1) 确定直接接触药品的包装组件。

2) 了解或分析包装组件材料的组成、包装组件与药品的接触方式与接触条件、生产工艺过程,如玻璃容器的生产工艺(模制或管制)、玻璃类型、玻璃成型后的处理方法等,并根据注射剂的理化性质对拟选择的玻璃容器进行初步评估。

3) 对玻璃包装进行模拟试验,预测玻璃容器是否会产生脱片及其他问题。

4) 进行制剂与包装容器系统的相互作用研究,主要考察玻璃容器对药品的影响及药品对玻璃容器的影响,应进行药品常规检查项目检查、迁移试验、吸附试验,同时对玻璃内表面的侵蚀性进行考察。

5) 对试验结果进行分析、安全性评估和(或)研究。

6) 对药品与所用包装材料的相容性进行总结,得出包装系统是否适用于药品的结论。

(3) 安全性研究:预灌封注射器应由不会迁移出有害或过量物质的材料组成,避免患者在接受该药品治疗时暴露于上述物质。任何有可能迁移到制剂中的其他组分也适用于此要求(如硅油或针头黏合剂)。安全性需要进行综合研究以下 2 点:一是对包装组件进行提取研究,以确定哪些化学物质可能迁移到制剂剂型中;二是对这些提取物进行毒理学评估,以确定标签指定给药途径下的安全暴露水平。

(4) 功能性/药物递送的研究:主要包括启动注射器所需的力、解除针头护帽或其他安全机制所需的力、针头黏合力(即将注射器上的针头拔下所需的力)、针头穿透力(即可用于插入针头的力)、剂量准确度,以及临床人类因素/实用性研究,包括阅读、理解并遵循说明;妥当地组装注射器;配制注射用材料、抽取或设定适当的剂量、调试注射器(若需要);正确地进行注射或自行注射;安全而妥当地丢弃尖锐物及其他一次性材料。

三、预灌封注射器的发展前景

1. 预灌封注射器面临的挑战 高精度设备核心技术需要继续提升:作为国外首先发明并生产制造的产品,国内其关联生产设备的起步也晚,通过十几年的努力,我们国家已经实现相应生产设备的自给自足,只是部分高精度设备的核心技术,还需要继续钻研,早日达到全球领先。

　　玻璃管、针头、护帽等关键原料供货紧张：这 3 种物料全球市场的主流供货被国外几家公司长期垄断，国内供货商因为起步晚在市场的接受度不占优势。目前,国外公司对我国的供货无法有效保障,导致上述原料供货紧张,这种情况急需国内供货商能完成这些关键原料的替代供货,保证质量的同时保证供应,这既是挑战也是机遇。

　　预灌封注射器最终产品的供货也出现类似情况,我国预灌封注射器生产企业,应该把握机会,持续稳定给国内市场高质量供货,深耕生产工艺及产品质量研究,寻找机会走出国门。

　　2. 预灌封注射器的应用优势　　随着预灌封注射器应用在国内制药行业的不断开拓,展现了以下机会。

　　(1) 新材料：随着高分子材料发展,COC/COP 的原料即将实现国产自给,这类新材质将越来越多地用于药用包材,尤其是在预灌封注射器中的应用。COC/COP 材质的优点主要包括：① 具备良好的稳定性、低迁移和低吸附、成分高纯单一；② 低温减碳生产,一体成型；③ 无卤可焚烧处理,较玻璃更环保；④ 重量轻,减少运输成本；⑤ 高强度,不易碎裂；⑥ 可适配不含钨成分的不锈钢针,更安全可靠。国内药包材生产企业需要抓住医药行业的发展机会,不断创新,开发更多样化,更优性能,性价比更高的预灌封注射器。同时需要不断地强化产品的质量意识,在技术革新的同时,对药包材开展更广泛更深入的安全、性能、相容性等方面的研究,具备强大制造力的同时,也具备强大的技术支撑力。

　　(2) 新应用：2019 - nCoV (WHO 于 2020 年 1 月对 2019 新型冠状病毒的命名)持续传播,为更高效、更精确地完成疫苗接种,疫苗生产企业在传统西林瓶包装形式的基础上,增加预灌封注射器装配方式；在紧急接种过程中,使用预灌封注射器包装形式的疫苗,充分发挥了该包装形式的优点,更友好地完成疫苗接种。在疫苗生产企业,更多的疫苗产品选择预灌封注射器的同时,其他制药企业对于自身高附加值的产品,同样对预灌封注射器保持极高关注,并从易用维度优先选用。

　　(3) 新机会：随着越来越多的制药产品关注给药人员的安全,同时防止预灌封注射器用于不法用途,以及垃圾清运过程避免伤人等人性化需求。越来越多的预灌封制剂产品,选择配置安全装置。安全装置通常分为 4 类：(预灌封+安全装置一体化)安全注射器、简易安全装置、被动安全装置、主动安全装置(图 6 - 8)。

　　预灌封注射器将伴随着中国制药行业的快速崛起,深入技术革新,提供更安全便捷的用药体验。

图 6-8　主动安全装置及带有主动安全装置的预灌封注射器

第七节　机 遇 与 挑 战

受国民经济稳定增长、居民健康卫生意识逐步提高、人口老龄化加剧及医疗卫生体制改革逐步推进等因素影响,大输液行业市场容量将持续增长。大输液包装产业也必然会随之增长,并朝着质量更轻、安全性更强、适应性更广的软塑化方向发展,这对于塑料药包来说是拓展应用的最佳机遇。同时,随着世界各国医药工业的飞速发展,大输液产品由以往调节人体新陈代谢、维持体液渗透压、纠正体液酸碱平衡等治疗效果的普通输液,逐渐向营养型输液、治疗型输液、血容量扩张用输液及透析造影用输液发展,不仅可以通过静脉输注为人体提供必需的碳水化合物、脂肪、氨基酸、维生素及微量元素等营养物质,还能提供抗感染、抗肿瘤、改善心脑血液流通及疾病诊断等特殊功效物质。功能化、多元化的输液制剂也同时推动了以往作为"陪衬"的大输液包装材料、包装容器逐步走向前台成为医药产业中的重要组成部分;同时,一些传统的包装材料和包装容器将不断被新的材料和容器所取代,这是必然趋势。此外,输液制剂随成分的不同,会呈现不同的特性,如易氧化、易变色、易分解、易吸附、易析出等,而这些质量变化与塑料包装材料的特性直接相关,单一组分的玻璃、塑瓶包装系统很难去满足这诸多的特殊性能要求,因此多层共挤复合塑料包材可谓是恰逢良机。多层结构的复合膜可以充分整合不同塑料材料的优异特性,从而满足不同制剂对于包材的不同性能需求。然而,迄今,普遍应用于大容量注射剂的塑料材料主要为聚乙烯和聚丙烯两大主流体系,其他类别的特种塑料材料的安全性、生物相容性、药物相容性,甚至加工性、焊接性等均需要深入研究。因此,如何充分转化塑料材料的优势为药包所用,如何保障不同类型的注射剂在全生命周期的安全、稳定,并促进注射剂的持续发展成为药用塑料包装的一大技术挑战。此外,随着环保政策的持续推进,人类社会的可持续发展使塑料包装面临着越来越大的环境压力,如何顺应减少碳排放、对环境无害化、提高使用价值的大趋势也成为注射剂用塑料包装的另一大技术挑战。

抓住机遇、迎接挑战,充分研究塑料材料的优势,深入开展药物与新型塑料包装材料的安全性和相容性研究,合理评价新型包装系统的适用性和保护性,开发多样化、功能化、安全、便利、环保的注射剂包装形式将是众望所归。

参考文献

[1] 许维成.注射剂的质量风险管理与控制.济南:山东大学,2012:1-56.

[2] 张凤.注射剂生产过程中微生物的质量风险控制.科技创业家,2014(9):225.

[3] TRELEANO A, WOLZ G, BRANDSCH R, et al. Investigation into the sorption of nitroglycerin and diazepam into PVC tubes and alternative tube materials during application. Int J Pharm, 2009, 369(1-2):30-37.

[4] KUMAR N A, PRAVA P P. Solubility enhancement of etoricoxib by cosolvency approach. Isrn Physical Chemistry, 2012, 2012:1-5.

[5] 梁其辉.小容量注射剂内包装材料的传递方式探讨.化工与医药工程,2019,40(5):25-31.

[6] BIGHLEY L D, WILLE J, LACH J L. Mixing of additives in glass and plastic intravenous fluid containers. American Journal of Hospital Pharmacy, 1974, 31(8):736-739.

[7] 封宇飞,裴艺芳,倪倩.静脉输液技术发展沿革.临床药物治疗杂志,2014,12(6):11-15.

[8] 杨琳琳.非PVC三层共挤输液用膜的相容性研究.济南:山东大学,2013.

[9] MARAIKI F, FAROOQ F, AHMED M. Eliminating the use of intravenous glass bottles using a FOCUS-PDCA model and providing a practical stability reference guide. International Journal of Pharmacy Practice, 2016, 24(4):271-282.

[10] WESLEY J R. Intravenous containers and solution packaging. Nutrition, 2000, 16(7-8):597-598.

[11] MAZUR H. Extraction of diethylhexylphthalate from total nutrient solution-containing polyvinyl chloride bags. Jpen Journal of Parenteral & Enteral Nutrition, 1989, 13(1):59-62.

[12] LATINI, G. Potential hazards of exposure to di-(2-ethylhexyl)-phthalate in babies. a review. Biology of the Neonate, 2000, 78(4):269-276.

[13] FDA/CDRH. FDA public health notification:PVC devices containing the plasticizer DEHP. [2021-12-25]. http://www.fda.gov/cdrh/safety/dehp.

[14] 苗雅楠,骆泰庆,王薇.各类基础输液产品包装的综合评价:文献系统综述.中国卫生资源,2020,23(3):232-247.

[15] EUROPEAN MEDICINES AGENCY. Guideline on the sterilisation of the medicinal product, active substance, excipient and primary container. Amsterdam:CHMP/CVMP, 2019:

1－25.

［16］ JENKE D, CASTNER J, EGERT T, et al. Extractables characterization for five materials of construction representative of packaging systems used for parenteral and ophthalmic drug products. Pda Journal of Pharmaceutical Science & Technology, 2013, 67(5)：448－511.

［17］ 美国药典委员会 USP. Plastic Material of Construction (661.1), 2016.

［18］ 国家卫生和计划生育委员会.食品安全国家标准食品接触用塑料树脂(GB 4806.6—2016).北京：中国标准出版社,2016.

［19］ WORLD HEALTH ORGANIZATION. Guidelines on packaging for pharmaceutical products, WHO Technical Report Series, 2013, 902：120－154.

［20］ ZADBUKE N, SHAHI S, GULECHA B, et al. Recent trends and future of pharmaceutical packaging technology. Journal of Pharmacy & Bioallied Sciences, 2013, 5(2)：98－110.

［21］ 国家食品药品监督管理总局.国家药包材标准.北京：中国医药科技出版社,2015：1－127.

［22］ YUJIRO, KAMEYAMA, MAKI, et al. Comparative study of pharmacopoeias in Japan, Europe, and the United States：Toward the further convergence of international pharmacopoeial standards. Chemical and Pharmaceutical Bulletin, 2019, 67 (12)：1301－1313.

［23］ 陈蕾,康笑博,宋宗华,等.《中国药典》2020 年版第四部药用辅料和药包材标准体系概述.中国药品标准,2020,21(4)：307－312.

［24］ 陈超,王丹丹,程磊,等.《中华人民共和国药典》2020 年版和国外药典的药包材标准体系概述.中国医药工业杂志,2021,52(2)：267－271.

［25］ 王丹丹,金宏,俞辉,等.国内外药品包装材料标准的比较.中国药品标准,2013,14(3)：212－214.

［26］ 国家药典委员会,中国医药包装协会组织.欧美日药典药包材标准选编.北京：化学工业出版社,2019.

［27］ 中华人民共和国中央人民政府.国务院关于改革药品医疗器械审评审批制度的意见,2015.

［28］ 吴永锦,梁国栋,刘海明.塑料成型模具设计.北京：电子工业出版社,2012：30－31.

［29］ 张云.基于色谱质谱技术的食药塑料包装材料中添加剂的分析及其迁移行为的研究.北京：北京化工大学,2017：1－48.

［30］ 孙会敏.输液包装材料的技术要求和相容性研究.//2015 年中国药物制剂大会暨中国药学会药剂专业委员会 2015 年学术年会暨国际释控协会中国分会 2015 年学术年会会议论文集.中国药学会,2015：115－116.

［31］ 周迎鑫,翁云宣,黄志刚,等.国内外食品接触塑料材料及制品法规,标准分析.中国塑料,2020,34(12)：70－76.

［32］ 姜方方,汪仕韬,周敏,等.国内外食品接触材料的法规标准比较.塑料包装,2018,28(2)：32－35.

［33］ 张悦,孙春萌,涂家生.药用注射剂与塑料包装材料的相容性研究进展.中国药科大学学报,2020,51(1)：19－23.

［34］ 李云超.我院大输液包装演变及临床使用情况.中国实用医药,2014(23)：266－267.

[35] Food and Drug Administration. Container closure systems for packaging human drugs and biologics, 1999.

[36] ALBERT D E. Evaluating Pharmaceutical Container Closure Systems. [2021 - 11 - 26]. http: //pmo90dc87.pic37.websiteonline.cn.

[37] SOCHA G A, SAFFELL-CLEMMER W, ABRAM K, et al. Practical fundamentals of glass, rubber, and plastic sterile packaging systems. Pharmaceutical Development and Technology, 2010, 15(1): 6 - 34.

[38] AL SALLOUM H, SAUNIER J, DA SILVA A, et al. Drug interactions with poly (vinyl chloride) plasticized with epoxidized soybean oil. Acs Applied Polymer Materials, 2018, 1 (1): 70 - 75.

[39] DONG I N, PARK K N, CHUN H J, et al. Compatibility of diazepam with polypropylene multilayer infusion container. Macromolecular Research, 2009, 17(7): 516 - 521.

[40] KAMBIA N K, DINE T, DUPIN-SPRIET T, et al. Compatibility of nitroglycerin, diazepam and chlorpromazine with a new multilayer material for infusion containers. Journal of Pharmaceutical & Biomedical Analysis, 2005, 37(2): 59 - 264.

[41] LÉOPOLD TCHIAKPÉ, AIRAUDO C B, ABDELMALIK O M, et al. Stedim 6 and clearflex, two new multilayer materials for infusion containers. Comparative study of their compatibility with five drugs versus glass flasks and polyvinyl chloride bags. Journal of Biomaterials Science Polymer Edition, 1995, 7(3): 199 - 206.

[42] MIN B S, KO S W. Characterization of segmented block copolyurethane network based on glycidyl azide polymer and polycaprolactone. Macromolecular Research, 2007, 15 (3): 225 - 233.

[43] JENNIFER W, MCPHERSON T B, KOLLING W M. Stability of sodium bicarbonate solutions in polyolefin bags. American journal of health-system pharmacy, 2010 (12): 1026 - 1029.

[44] 蔡春阳,何玲利.非 PVC 软袋包装碳酸氢钠注射液的可行性探讨.现代中药研究与实践, 2012,26(3): 60 - 61.

[45] 国家药品监督管理局.国家药品监督管理局关于发布化学药品注射剂与药用玻璃包装容器相容性研究技术指导原则(试行)的通告,2015.

[46] Food and Drug Administration. Technical Considerations for Pen, Jet, and Related Injectors Intended for Use with Drugs and Biological Products Md., 2013, 20993: 301 - 796.

[47] Food and Drug Administration. Guidances (Drugs)-Safety Considerations for Product Design to Minimize Medication Errors. Center for Drug Evalution and Resear ch.

[48] 国家药品监督管理局.国家药品监督管理局关于发布化学药品与弹性体密封件相容性研究技术指导原则(试行)的通告,2018.

[49] 国家食品药品监督管理局.国家食品药品监督管理局关于印发化学药品注射剂与塑料包装材料相容性研究技术指导原则(试行)的通知,2012.

[50] European Medicines Agency. Guideline on Plastic Immediate Packaging Materials. CHMP/CVMP, 2005, 205(4): 1 - 11.

第七章

滴眼液用包装材料与容器

　　滴眼液相较于其他剂型有其特殊性,主要表现为滴眼液通常为患者自主使用,且通过滴数作为使用剂量,因此滴眼液包装装置应保证临床使用方便及使用过程的安全。滴眼液包装通过工艺和结构的不断改进以满足临床需求及符合药品监管要求,本章介绍了不同时期滴眼液包装形式发展历程,比较它们的功能差异,并且介绍了滴眼液包装不同阻菌包装系统的使用方法和性能,为滴眼液包装设计、使用和监管提供参考。

第一节　概　　述

　　滴眼液(eyedrops)是最常用的眼药剂型,通常滴入眼结膜囊内[1],是由原料药与适宜辅料制成的供滴入眼内的无菌液体制剂。滴眼液根据每个容器装量不同可分为单剂量和多剂量,单剂量包装规格通常小于 1 mL,不超过10 mL。多剂量包装根据使用过程中对药液的无菌保障方式,多剂量可以分为两种,一种是在药液中添加抑菌剂,另一种不添加抑菌剂而依靠阻菌包装系统保证开启后的无菌性。滴眼液包装容器应无菌、不易破裂,其透明度应不影响可见异物检查[2],如果滴眼液包装的透明度不足以支持对产品直接进行可见异物检查时,可以将药液转移至透明度足够好的容器中进行可见异物检查。滴眼液的包装容器有玻璃和塑料[3]。

一、滴眼液用包装的特点

　　1953 年,爱尔康制药公司(Alcon Laboratories)的鲍勃·亚历山大(Bob Alexander)在美国得克萨斯州与当地的一名医生共同研制了塑料滴眼液瓶(Drop-Tainer®)并申请了专利,从此滴眼液包装由玻璃转向塑料,目前塑料包装成为眼科用产品的标准包装形式。滴眼液包装要求随着临床对滴眼液要求的不断提高而提高,滴眼液产品的技术要求也随之提高,中国滴眼液(特殊用途除外)关键质量控制项目——微生物限度从《中国药典》(2005 年版)二部控制限度要求到提高《中国药典》(2010 年版)二部无菌要求,目前滴眼液均为无菌制剂,欧美药典更早时候就要求滴眼液应为无菌制剂。

图 7-1　滴眼液用玻璃包装

滴眼液用玻璃包装(图 7-1)由 3 部分组成:容器部分采用玻璃制成滴管状,使用部分分成滴管头部(加橡胶塞)、滴管尾部(加橡胶帽)两部分。使用时拔出橡胶塞,挤压橡胶帽从滴管头部滴出使用量滴眼液。

由于滴眼液需要逐滴进入结膜囊,不能成流水状,要求精准控制橡胶帽的挤压力,挤压力太大会将橡胶帽挤入滴管;而且滴管头的刚性使用不当会造成眼球的损伤[4],现在国内外临床均使用塑料瓶包装。滴眼液用塑料和玻璃包装的比较见表 7-1。

表 7-1　滴眼液用包装的比较

评 价 项 目	塑　　料	玻　　璃
制剂无菌性	易实现	易实现
包装系统完整性	易实现	较难
包装系统透明性	中等	好
包装系统浸出物	易控制	橡胶部分难控制
对制剂成分的吸附	有	有
包装运输、储存过程破损性	不易	易破损
使用方式挤出方式	瓶身挤压	顶部挤压
工艺清洗	不用清洗	需要清洗
容器无菌性实现	化学灭菌等	橡胶湿热灭菌、玻璃干热灭菌
临床使用安全性	安全	不易控制
附加功能	易拓展	无法增加

二、滴眼液用包装的组成

滴眼液用包装根据容量不同可分为单剂量和多剂量。多剂量滴眼液用包装根据组件不同可分为瓶身、瓶嘴和瓶盖(图 7-2)。

图 7－2　滴眼液用包装组件示例图

不同组件使用的材质分别为：

（1）瓶身：通常使用聚丙烯、低密度聚乙烯材料。瓶身可以添加色母料。

（2）瓶嘴：通常使用低密度聚乙烯材料。

（3）瓶盖：通常使用聚丙烯、高密度聚乙烯材料。瓶盖通常可添加二氧化钛、色母料。

第二节　滴眼液用包装材料的选择

基于质量源于设计的理念，滴眼液用包装系统材料、组成、包装组件应按照设计要求，对粒料、包装组件从安全性、相容性、保护性、功能性等模块进行全面研究和评估。滴眼液生产企业针对首次使用的包装材料应对所使用粒料、组件材料的表征和添加成分进行识别并进行提取物验证。对可能影响药品安全性的特定物质进行控制，根据相容性研究结果规定限度要求，必要时应在标准中进行控制。根据相容性研究、生物学评价结果，在质量协议、内控质量标准中设置生物检查项目和限度要求。企业应对系统进行完整性、密封性等评价，包括优化工艺参数及运输、储存过程对完整性、密封性的影响，采用适宜的方法进行检查，确定合格标准、警戒限度(线)。

一、滴眼液用包装的常用材料

滴眼液作为高风险制剂，其常用的包装材料欧美药典均有具体规定，目前纳入的材料为聚丙烯和低密度聚乙烯。

二、滴眼液用包装材料的表征方法

滴眼液用包装材料表征方法可分为物理表征、化学表征和生物表征[4]。

（一）物理表征

滴眼液用包装材料物理表征项目和试验方法见表7-2,相关塑料牌号数值来源于各材料生产商公开资料。

表7-2　滴眼液用包装材料物理表征项目和试验方法

项目名称	单位	聚乙烯			聚丙烯		试验方法参考标准
		3020D	DMD A8008	DFD A7042	Purell RP270G	1024	
熔融指数	g/10min	0.3	7.0	2.0	1.8	1.8	GB/T 3682;ASTM D 1238—98;ISO 1133
熔点	℃	114	130	107		164~170	《中国药典》四部(0661),ISO 11357-1/-3
密度	g/cm³	0.927	0.96	0.92	0.9	0.91	GB/T1033.1;《中国药典》四部(4012)ISO 1183,ASTM D 1505
热变形温度	℃			70		122	GB/T 1634—2004;ISO 75,ASTM D648
软化点温度	℃	102			135	155	ISO 306,ASTM D 1525
洛氏硬度	R				45	110	GB/T 3398;ISO 2039,ASTM D785
拉伸强度与伸长率	kg/cm² 与%	13/300	20/600	12/633	27/1000	400/200	GB/T 1040;ISO 527

注:实例牌号仅为示例,并不代表滴眼液用包装可以采用该牌号。

（二）化学表征

医药用塑料包装材料特别关注化学表征,它是相容性研究中可提取的基础数据,为此各国药品监管部门通过标准规定的形式固化这些项目和要求,欧美药典中关注的化学表征主要有红外光谱、总有机碳、密度、熔点(与物理表征重复但是提供了限度变化范围)、添加剂成分、溶出物(包含可提取金属元素)等。

(1) 滴眼液用包装材料如聚丙烯、低密度聚乙烯要求应符合《欧洲药典》第
10.0 版 3.1.6、3.1.5 相关内容(表 7-3)。

(2) 滴眼液用无添加剂低密度聚乙烯要求应符合《欧洲药典》第 10.0 版
3.1.4 节相关内容。

(三) 生物学表征

生物学表征是医药用塑料包装材料与工业用材料的主要区别项目之一,而
且是评价直接接触药包材的基础指标。目前,滴眼液用塑料包装材料比较完整
的评价项目和限度要求应符合《美国药典》第 43 版(88)规定,滴眼液用包装材
料评价结果应符合生物学评价Ⅵ级。

表 7-3　滴眼液用包装材料聚丙烯、低密度聚乙烯要求

序号	名　称	CAS 号	限度要求①	备　注②
1	2,6-二叔丁基-4-甲基苯酚	[128-37-0]	不超过 0.125%	塑料添加剂 07
2	3-(1,1-二甲基乙基)-β-[3-(1,1-二甲基乙基)-4-羟苯基]-4-羟基-β-甲基苯甲酸-1,2-亚乙基酯	[32509-66-3]	不超过 0.3%	塑料添加剂 08
3	四[3-(3,5-二叔丁基-4-羟基苯基)丙酸]季戊四醇酯	[6683-19-8]	不超过 0.3%	塑料添加剂 09
4	1,3,5-三甲基-2,4,6-三(3,5-二叔丁基-4-羟基苄基)苯	[1709-70-2]	不超过 0.3%	塑料添加剂 10
5	3-(3,5-二叔丁基-4-羟基苯基)丙酸正十八碳醇酯	[2082-79-3]	不超过 0.3%	塑料添加剂 11
6	三(2,4-二叔丁基苯基)亚磷酸酯	[31570-04-4]	不超过 0.3%	塑料添加剂 12
7	1,3,5-三(3,5-二叔丁基-4-羟基苯甲基)-S-三嗪-2,4,6[1H,3H,5H]三酮	[27676-62-6]	不超过 0.3%	塑料添加剂 13
8	2,2'-二(十八烷基氧)-5,5'-螺[1,3,2-二氧亚磷酸酯]	[3806-34-6]	不超过 0.3%	塑料添加剂 14

续　表

序号	名　　称	CAS 号	限度要求	备　注
9	1,1′-二(十八烷基)二硫化物	[2500-88-1]	不超过 0.3%	塑料添加剂 15
10	二(十二烷基)3,3′-硫代二丙酸盐	[123-28-4]	不超过 0.3%	塑料添加剂 16
11	二(十八烷基)3,3′-硫代二丙酸盐	[693-36-7]	不超过 0.3%	塑料添加剂 17
12	四(2,4-二叔丁基酚)-4,4-联苯基二亚磷酸酯	[119345-01-6]	不超过 0.1%	塑料添加剂 18
13	硬脂酸	[57-11-4]	不超过 0.5%	塑料添加剂 19
14	烷基酰胺	[05518-18-3]/ [00110-30-5]	不超过 0.5%	塑料添加剂 03
15	油酸酰胺	[301-02-0]	不超过 0.5%	塑料添加剂 20
16	芥酸酰胺	[112-84-5]	不超过 0.5%	塑料添加剂 21
17	聚丁二酸(4-羟基-2,2,6,6-四甲基-1-哌啶乙醇)酯	[65447-77-0]	不超过 0.3%	塑料添加剂 22
18	水化碳酸氢氧化镁铝	—	不超过 0.5%	—
19	硅铝酸钠	—	不超过 0.5%	—
20	二氧化硅	—	不超过 0.5%	—
21	苯甲酸钠	—	不超过 0.5%	—
22	脂肪酸酯或盐	—	不超过 0.5%	—
23	磷酸钠	—	不超过 0.5%	—
24	液体石蜡	—	不超过 0.5%	—
25	氧化锌	—	不超过 0.5%	—
26	滑石粉	—	不超过 0.5%	—
27	氧化镁	—	不超过 0.2%	—
28	可提取铝	—	不超过 1 mg/L	—
29	可提取铬	—	不超过 0.05 mg/L	—
30	可提取钛	—	不超过 1 mg/L	—
31	可提取钒	—	不超过 0.1 mg/L	—
32	可提取锌	—	不超过 1 mg/L	—
33	可提取锆	—	不超过 0.1 mg/L	—

① 每种粒料中添加抗氧剂的种类不能超过 3 种,总量不得超过 0.3%。
② 资料来源:摘自《欧洲药典》第 10 版 3.1.5 节。

三、滴眼液用包装材料与容器的相容性研究

与口服制剂相比,吸入气雾剂或喷雾剂、注射液或注射用混悬液、眼用溶液或混悬液、鼻吸入气雾剂或喷雾剂等制剂,由于给药后将直接接触人体组织或进入血液系统,被认为是风险程度较高的品种[5]。基于滴眼液为高风险制剂,在选择使用相关包装材料时要按照相关要求进行实验和评估[5~7]后开展相容性研究,考察制剂与包装组件发生相互作用的可能性及评估由此可能产生的安全性风险的结果,按照相关要求进行试验和评估[5~7]。

滴眼液用包装材料的相容性研究目前国内外药品监管部门尚未出台相关研究指导原则,但滴眼剂生产工序、药品配方等诸多方面与化学注射剂相同,可以参照《化学药品注射剂与塑料包装材料相容性研究技术指导原则(试行)》[5]开展研究和评估。

药物与包装材料、容器相容性研究主要分为以下6个步骤。

(1)确定直接接触药品的包装组件(测试用组件以最终产品为宜)。

(2)了解或分析包装组件材料的组成、催化剂、添加剂等材料信息,以及包装组件与药品的接触方式和接触条件、生产工艺过程(包括加工工艺)。

(3)分别针对包装组件所采用的不同包装材料进行提取研究。

(4)进行制剂与包装材料的相互作用研究,包括迁移试验和吸附试验。

(5)对可提取物或制剂中的浸出物进行安全性评估。

(6)对药物与所用包装材料的相容性进行总结,得出包装系统是否适用于药品的结论。

在相容性研究中,提取研究的难度最大。提取研究指采用适宜的溶剂,在较剧烈的条件下,对包装组件材料进行的提取试验。提取溶剂通常选择与制剂相同或相似的理化性质,如 pH、极性和离子强度等;提取条件一般根据产品的实际使用情况,通过提高温度或延长提取时间的方式尽可能多地提取出包装材料中的可提取物;同时,还应注意提取比例即材料的表面积(或重量)与溶剂的体积比。

分析测试方法通常采用顶空-气相色谱-质谱联用法、气相色谱-质谱法、液质色谱-质谱法、电感耦合等离子体质谱法等,根据产品的实际使用情况和毒理阈值建立合理的分析阈值。因为可提取物的种类繁多,利用这些分析手段是希望将所有提取出来的化学物质都鉴定出来,所以在化学报告中避免出现未知的化学物质是很重要的。如果报告中列出了未知的化学物质,那么监管机构将可

能要求完成完整化学物质的鉴定。

滴眼液用包装材料不仅可以吸附药品,而且可以吸附多剂量滴眼液的抑菌剂辅料[8],在稳定性研究中应关注抑菌剂的情况。

有关塑料包装材料对药物活性成分或辅料吸附的文献报道较多,但主要集中在塑料输液袋对输液中添加药物的吸附,而滴眼液包装对药品吸附的文献报道不多,主要集中在对滴眼液中防腐剂的吸附。张莉等[9]报道了低密度聚乙烯和聚酯滴眼液瓶对抑菌剂三氯叔丁醇存在吸附作用;Aspinall 等[10]报道了低密度聚乙烯瓶对滴眼液中防腐剂醋酸苯汞的吸附作用。

Richardson 等[11]对隐形眼镜药水储存过程中防腐剂的丢失进行了考察,苯扎氯铵和葡萄糖酸氯己定由于带有阳离子,可以吸附在低密度聚乙烯或聚丙烯表面;而三氯叔丁醇和硫柳汞则通过吸收进入低密度聚乙烯或聚丙烯材料内部,表现为含量持续降低。

四、滴眼液用包装的关键质量项目与控制方法

滴眼液用单剂量包装采用吹灌封工艺,中间控制通常为在线监测,各生产设备应经过 3Q 验证。本章主要介绍滴眼液用包装容器(包括瓶身、瓶嘴、瓶盖)关键质量项目与控制方法。

1. 外观 质量标准中应明确检验数量及可接受质量水平,采用目测法进行检验。外观应厚薄均匀,表面光洁,色泽均匀,无凹凸点,容器、瓶嘴内壁光洁,无易脱落物。容器瓶口、瓶盖螺纹清晰、光滑。

2. 鉴别 主要控制项目为红外光谱鉴别项、密度,各组件应符合设计要求和质量协议的检验频次。

3. 密封性 质量协议应明确检验数量及可接受质量水平。

(1)在扭矩为 55～80 N·cm 条件下,瓶口与瓶盖均应配合适宜,不得划牙。

(2)先打开瓶盖去除防盗圈(如有),将容器、瓶嘴组合后,旋紧瓶盖(用测力扳手将瓶与盖旋紧,扭矩为 55～80 N·cm),纸与带有抽气装置的容器内加挡板,用水浸没,抽真空到真空度为 20 kPa,维持 2 min,瓶内不得有进水或冒泡现象。

4. 可见异物 将容器、瓶嘴组合后,加氯化钠溶液至标示容量,旋紧瓶盖,振摇 1 min,照可见异物检查法[《中国药典》(2020 年版)四部通则 0904]进行检查,应符合规定。

5. 炽灼残渣 分别取容器、瓶嘴、瓶盖 2 g,缓缓炽灼至完全炭化,放冷;加硫酸 0.5～1 mL 使其湿润,低温加热至硫酸蒸气除尽后,在 700～800℃ 条件下炽

灼至恒重,遗留残渣不得过 0.1%。含遮光剂的炽灼残渣不得过 3.0%。

6. 正己烷不挥发物　除质量协议另有规定外,分别取容器、瓶嘴 5.0 g,剪成 2 cm×0.3 cm 小片,置圆底烧瓶,精密加入正己烷 50 mL,加热回流 4 h,冰浴冷却后过滤,取滤液转移至已恒重的蒸发皿中,在水浴上蒸干后,置 105℃ 干燥 2 h,称重,并用空白溶液校正,不得超过 60.0 mg。

7. 脱色试验　仅适用于着色瓶。取 3 个容器,每个容器取内表面积为 50 cm² 的某部分,剪成 2 cm×0.3 cm 小片,分置于 3 个具塞锥形瓶中,分别加入 4% 乙酸溶液 50 mL(60℃±2℃)、65% 乙醇溶液 50 mL(25℃±2℃)、正己烷 (25℃±2℃) 50 mL 浸泡 2 h,以同批 4% 乙酸溶液、65% 乙醇溶液、正己烷为空白溶液,浸泡液颜色不得深于空白溶液。

8. 溶出物　按要求制备供试液。

(1)瓶身:取本品平整部分,并将其剪成 3 cm×0.3 cm 的小块,置 500 mL 具塞锥形瓶中,用水振荡洗涤后,弃去洗液。于 30~40℃ 干燥后,按内表面积 3 cm² 加 1 mL 的比例加入实验用水,密塞,于 70℃±2℃ 保存 24 h,取出,放冷至室温,即得供试液。以同批水为空白溶液。

(2)瓶盖:取本品,置 500 mL 具塞锥形瓶中,用水振荡洗涤后,弃去洗液。于 30~40℃ 干燥后,按 0.2 g 加 1 mL 的比例加入实验用水,密塞,于 70℃±2℃ 保存 24 h,取出,放冷至室温,即得供试液。以同批水为空白溶液。

(3)瓶嘴:取本品,置 500 mL 具塞锥形瓶中,用水振荡洗涤后,弃去洗液。于 30~40℃ 干燥后,按 0.2 g 加 1 mL 的比例加入实验用水,密塞,于 70℃±2℃ 保存 24 h,取出,放冷至室温,即得供试液。以同批水为空白溶液。

溶出物的试验项目有澄清度、颜色、pH 变化值、吸光度、易氧化物、重金属、不挥发物。

9. 滴出量　将容器、瓶嘴组合后,瓶嘴浸入装有 0.9% 氯化钠溶液烧杯,吸入溶液至规格装量,取出擦干瓶口,先弃去前 10 滴,然后均匀收集 50 滴(10 滴/分),测定体积。计算平均滴出量,应为 0.05 mL±0.01 mL。

10. 环氧乙烷残留量　适用于经环氧乙烷灭菌的组件,采用残留溶剂测定法第一法[《中国药典》(2020 年版)四部通则 0861]测定,根据风险评估结论设置限度。

五、滴眼液用包装的密封完整性

药品包装密封完整性(container closure integrity)指包装系统能够防止内

容物损失,阻止微生物及有害气体或其他物质的进入,从而保证药品长期符合安全与质量要求的能力,适用的范围为无菌药品包装系统。在滴眼液的整个生命周期中,需要证明容器密封完整性并确保容器密封系统的完整性,所以完整性应从设计开始。生产过程使用的模具尺寸及各加工工艺参数应能有效地进行监控,并确保生产整体容器密闭系统所需的工艺参数得以持续保持一致。

单剂量滴眼液用包装通过熔封来进行密封,三件套采用物理配合密封以保证密封效果,密封原理与注射液相近,并且滴眼液与注射剂均属于高风险无菌制剂,所以滴眼液包装密封完整性可参照注射剂密封完整性评价方法。

国内外发布了许多有关药品包装密封完整性研究指导原则,如《美国药典》的"包装完整性评价——无菌产品"(package integrity evaluation-sterile products),国家药品监督管理局药品审评中心 2020 年 10 月发布的《化学药品注射剂包装系统密封性研究技术指南(试行)》等。滴眼液组件组合性能及灌装药品后进行的密封完整性检查方法通常有概率性方法如微生物挑战法(浸入或气溶胶法)、色水法、气泡释放法;确定性方法如压力衰减法、真空衰减法等。

多剂量滴眼液用包装完整性研究可参考 Degenhard M 等[12]关于无抑菌剂的多剂量滴眼液或喷鼻剂的包装完整性研究。

第三节　滴眼液用包装生产工艺

一、滴眼液用瓶(容器)的生产工艺

滴眼液用包装生产工艺根据组件结构需要采用不同的塑料加工技术。瓶身(装滴眼液部分)采用中空吹塑工艺;瓶嘴、瓶盖采用注塑模塑工艺[13]。

(一)多剂量滴眼液用瓶(容器)生产工艺

中空吹塑(blow moulding,又称中空吹塑模塑)是一种生产中空制品的加工方法。吹塑成型是将挤出或注塑成型所得的半熔融态管坯(型坯)放入各种形状的模具中,在管坯中通入压缩空气使其膨胀,紧贴于模具型腔壁上,经冷却脱模得到中空制品的方法。

中空吹塑可分为挤出吹塑和注塑吹塑两大类。两者的主要区别在于型坯的制备,吹塑过程基本相同[13]。多剂量滴眼液用瓶(容器)大多数采用注塑吹塑工艺,工艺流程图见图7-3。

注塑吹塑工艺生产的容器可以得到密封好(盖得严)、高精度口部端面内表面和螺纹部分。具有型坯壁厚、容易控制,所吹塑的容器壁厚均匀;重量误差小、容器比较稳定;容器无结合线;底部无切口,强度高;无废边,不需要进行再修饰;原材料消耗低、生产效率高等优点。

(二)单剂量滴眼液用瓶(容器)生产工艺

单剂量滴眼液用瓶(容器)通常采用挤出吹塑工艺和吹灌封技术。与传统注塑(吹塑)生产工艺相比,吹灌封技术采用隔离技术,将制备区与控制区严格划分开,同时,采用独立空气净化系统,保证控制区域无菌,组成吹、灌、封设备模块,从而实现无菌生产。

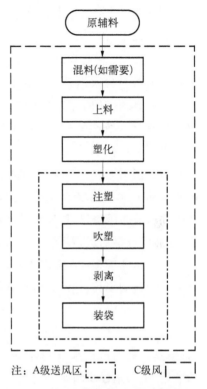

注: A级送风区 ┌┈┐ C级风 ┌──┐

图7-3　多剂量滴眼液用瓶(容器)注塑吹塑生产工艺流程图

依据PDA第77号技术报告《运用吹-灌-封技术制造无菌药品》,从药包材的角度出发,可以将吹灌封技术制备包材工艺分为开放式瓶坯工艺和密闭式瓶坯工艺。

1. 开放式瓶坯工艺　所使用设备为往复式机械,该类吹灌封技术基本工作原理如下:

(1)挤出管坯:料仓内树脂进入挤出机,经加热达到熔融状态;在挤出机螺杆的推动下,熔融状态的树脂经挤出头挤出形成管胚;管胚内部通有无菌空气,以支撑管胚形状并保持管胚内壁无菌。

(2)瓶身成型:管坯到规定长度时,开启状态的模具移动至管胚正下方,瓶模具合拢夹持管胚;在模具和未夹持管坯交界处,将管坯割断。在瓶模具内壁与已夹持管坯外壁间形成真空,使管坯成型为瓶身;瓶模具内通有冷却水,将瓶身冷却固化;此时模具已运行到灌装芯轴下方,灌装芯轴下行,灌装针进入瓶身内进行灌装。

(3)瓶体密封:待灌装结束后,灌装芯轴上行;头模具合拢夹持管坯;在头模具内壁与已夹持管坯外壁间形成真空,使管坯成型为瓶头并完成密封;头模具内通有冷却水,将瓶头冷却固化。

(4) 冲切:模具移动至冲切工位,开启后将已密封瓶体遗留在冲切工作;开启状态的模具再次运动至管胚下方,开始下一个周期;已密封的瓶体,在冲切工位冲切模具的作用下,将瓶体与下脚料分离,得到最终产品。

2. 密闭式瓶坯工艺　所用设备为旋转式灌装机械,该类吹灌封技术基本工作原理如下:

(1) 挤出管坯:料仓内树脂进入挤出机,经加热达到熔融状态;在挤出机螺杆的推动下,熔融状态的树脂经挤出头挤出形成一个连续的单个椭圆形管坯;管胚内部通有无菌空气,以支撑管胚形状并保持管胚内壁无菌;管坯内部有灌装芯轴,在瓶身成型后进行灌装。

(2) 容器成型:管坯进入旋转模具中(该旋转模具分为两条链且每条链上有多个匹配的模具,这两条链在连续的镜面反向旋转回路中移动)被模具夹持,链条模具与挤出管坯以相同的速度移动;无菌空气或其他气体在正压下进入管胚,以防止其塌陷;在模具内壁与已夹持管坯外壁间形成真空,使管坯成型为容器;模具内通有冷却水,将容器冷却固化,再进行灌装;旋转模具持续旋转,灌装结束后,下一组模具将管胚管闭合,同样在真空和冷却水的作用下将容器密封部位成型、密封和冷却,并形成新的容器。

(3) 冲切:容器经传送带至冲切工位,在冲切模具作用下将整板产品与边角料分开。

(4) 分切:整板产品经传送带传送至分切工位,分切为预定支数更少的整板产品。

3. 吹灌封生产系统　根据整个生产过程、用途,吹灌封技术由气动系统、塑胚控制系统、在线清洗/在线灭菌系统等组成。

(1) 气动系统:由空气压缩机、过滤系统、控制减压系统、输送系统等组成。气动系统根据用途分为:

1) 压缩空气系统(提供动力系统):主要用于设备上气动部件的运行,如废料切除气缸等的运作,药液、冷却水、真空、在线清洗、在线灭菌等管路上阀门的运作;最好选择自润滑的气动元件。

2) 洁净空气系统:空气经过初步处理再进行过滤(活性炭过滤,除油、除水和除菌过滤等无菌过滤),可用于挤出塑坯的支撑空气(防止挤出的塑料管坯内部产生粘连)、瓶体成型空气、药液灌装系统的保压空气。

（2）塑坯控制系统：开放式塑坯控制系统包括塑料颗粒自动进料装置、挤出螺杆、挤出模头、加热控制系统、冷却系统及挤出塑坯的壁厚控制系统。

机器的螺杆注塑挤压机将塑料粒子加温热融后，通过挤出头在洁净空气的支撑下形成管坯；在 A 级洁净空气（单向流）的保护和管胚夹的帮助下，管胚进入密封单元的模具中，在真空的作用下在模具内加工成容器；模具归到灌装位，然后灌装芯轴系统下行吹制成容器后，缓慢上提并进行灌装，至设定的装量，真空把残留在灌装针上的药液回吸，灌装结束。灌装芯轴系统退回至顶部，头部模具开始闭合，同时头部模具开始吸真空（真空使头部成型更好），封口结束。

（3）在线清洗/在线灭菌（CIP/SIP）系统：在计算机程序控制下分 3 个步骤：在线清洗、在线灭菌、无菌气体吹干，对所有的物料过滤器、管线进行清洗和灭菌。可以快速实现不同产品生产或相同产品不同批次生产环节中的在线清洗/在线灭菌，而且工艺参数互相关联，分布在不同位置的温度传感器保证了系统参数的真实性，使得在线清洗/在线灭菌验证的稳定性和重现性非常可靠。

二、滴眼液用瓶（容器）嘴与瓶盖的生产工艺

注射模塑又称注塑成型或简称注塑，是成型塑料制品的一种重要方法。用注塑可成型各种形状、尺寸、精度、满足各种要求的模塑制品[13]。

注塑生产包括加料、塑化、注射入模、保压、冷却和脱模等步骤。

滴眼液用瓶（容器）嘴、瓶盖均采用注塑生产工艺，工艺流程图见图 7-4。

三、滴眼液用瓶（容器）组件的生产过程控制

滴眼液用瓶（容器）各组件虽然生产工艺存在差异，但是过程控制要求基本相同，具体可参照《无菌药品生产质量管理规范》的要求进行控制[14]。

与中空工业产品相比，滴眼液用瓶（容器）生产过程需关注以下几个方面，以多剂

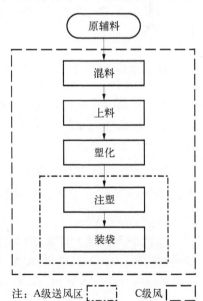

注：A级送风区 C级风

图 7-4　瓶嘴、瓶盖注塑生产
工艺流程图

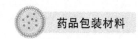

量滴眼液瓶(容器)为例:

(1)原辅料上料通常采用管道输送,以防止扬尘及污染。

(2)塑料加热熔融,在规定的温度下通过挤出机头或注塑模具制成管状型坯,将半熔融的型坯放到吹塑模具内,闭合模具,该过程要求由同一台设备完成,应尽可能快速,过程应尽可能短。

(3)使用压缩空气充入型坯进行吹胀,压缩空气应采用一定孔径过滤装置进行除水、除尘、除油、除菌。过滤去除空气中微粒,保证成品质量、降低生物负荷和防止压缩空气对洁净生产环境产生不良影响。除油以防止对成品质量造成影响。

(4)冷却定型后,开模取出滴眼液包装组件,冷却过程应防止对洁净生产环境造成不良影响。

与其他注塑工业产品相比,滴眼液用瓶(容器)嘴、瓶盖生产过程需要关注以下几个方面。

(1)原辅料上料通常采用管道输送,防止扬尘及污染。

(2)冷却定型后,开模取出滴眼液用包装组件,冷却过程应控制防止对洁净生产环境造成不良影响。

(3)应关注脱模剂品种(如使用)。

(4)瓶身、瓶嘴、瓶盖需要添加色母料等功能性母粒应按配方组成预先混合后,再上料。

四、滴眼液用包装的灭菌工艺

多剂量滴眼液用包装各组件通常由药包材生产企业生产,药包材生产企业对其生产质量管理规范一般为非无菌生产,制药企业在使用前必须预先对收到的组件进行灭菌处理。

常用灭菌方法有湿热灭菌法、干热灭菌法、气体灭菌法、辐射灭菌法、过滤除菌法、液相灭菌法。根据滴眼液用包装组件的特性,主要可采用灭菌方式有气体灭菌法、辐射灭菌法。

1. 气体灭菌法　目前,最常用的灭菌剂是环氧乙烷,环氧乙烷液体具有很强的脂溶性,会将塑料溶解,同时环氧乙烷具有易燃易爆性,所以一般与80%~90%的惰性气体混合使用,且通常在充有灭菌气体的密闭腔室内进行灭菌,通过加压或减压将灭菌气体扩散至滴眼液用包装组件袋中,从而达到包装组件内外表面与灭菌气体充分接触,以环氧乙烷为非特异性烷基化合物,杀死微生物。灭菌效果受腔室内的温度、湿度、灭菌气体浓度、灭菌时间等因素影响,所以应符合《无菌药品生产质量管理规范》规定。

(1) 环氧乙烷灭菌应当符合《中国药典》和注册批准的相关要求。

(2) 灭菌工艺验证应当能够证明环氧乙烷对产品不会造成破坏性影响,且针对不同产品或物料所设定的排气条件和时间,能够保证所有残留气体及反应产物降至设定的合格限度。

(3) 应当采取措施避免微生物被包藏在晶体或干燥的蛋白质内,保证灭菌气体与微生物直接接触。应当确认被灭菌物品的包装材料的性质和数量对灭菌效果的影响。

(4) 被灭菌物品达到灭菌工艺所规定的温度、湿度条件后,应当尽快通入灭菌气体,保证灭菌效果。

(5) 每次灭菌时应当将适当的、一定数量的生物指示剂放置在被灭菌物品的不同部位,监测灭菌效果,监测结果应当纳入相应的批记录。

(6) 灭菌记录的内容应当包括完成整个灭菌过程的时间、灭菌过程中腔室的压力、温度和湿度、环氧乙烷的浓度及总消耗量。应当记录整个灭菌过程的压力和温度,灭菌曲线应当纳入相应的批记录。

(7) 灭菌后的物品应当存放在受控的通风环境中,以便将残留的气体及反应产物降至规定的限度内。

2. 辐射灭菌法　常用辐射射线有 ^{60}Co 或 ^{137}Cs 衰变产生的 γ 射线、电子加速器产生的电子束和 X 射线装置产生的 X 射线。滴眼液用包装材料一般采用 γ 射线灭菌。γ 射线通过直接破坏微生物的核糖核酸、蛋白质和酶而起到灭菌效果。无菌保证水平达到 $\leq 10^{-6}$ 时,应根据材料生物负荷水平尽可能采用低辐射剂量,通常辐射剂量 25 kGy,相关灭菌要求应符合《无菌药品生产质量管理规范》第七十三条。

(1) 辐射灭菌工艺应当经过验证。

(2) 验证方案应当包括辐射剂量、辐射时间、包装材质、装载方式,并考察包装密度变化对灭菌效果的影响。

(3) 辐射灭菌过程中,应当采用剂量指示剂测定辐射剂量。

(4) 生物指示剂可作为一种附加的监控手段。

(5) 应当有措施防止已辐射物品与未辐射物品的混淆。在每个包装上均应有辐射后能产生颜色变化的辐射指示片。

(6) 应当在规定的时间内达到总辐射剂量标准。

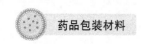

无论采用何种灭菌方式"应当定期对灭菌工艺的有效性进行再验证(每年至少1次)。"如果是受委托灭菌,使用方应对被委托方进行质量审计。

第四节 机 遇 与 挑 战

随着各国药品监管机构将滴眼液列入高风险制剂管理,药品监管机构对滴眼液用包装材料、工艺的技术要求及滴眼液生产企业使用要求随之提高,滴眼液用包装所使用的材料和滴眼液用包装制造工艺随之发生改变。

1. 滴眼液用包装的发展趋势

(1)滴眼液的无菌性:药品研发以满足临床需求为导向,滴眼液通常为患者自主使用,通过单手轻轻挤压瓶身壁,药液加压后经过瓶嘴按量滴入眼睛,为了减少患者二次伤害,滴入眼睛时,必须保持无菌。滴眼液按照《药品生产质量规范(2010年修订)》附录:无菌药品要求组织生产、验证及过程控制等能达到无菌保障水平。多次使用(多剂量)包装开启后的无菌性,可使用阻菌包装系统和在制剂配方中添加抑菌剂如苯扎溴铵等保持制剂无菌性,但是应关注有关抑菌剂对患者的不良影响[15]。

(2)滴眼液生产工艺:滴眼液在装入容器和密封后,通常不采用再灭菌方式,为保证滴眼液无菌性,一般采用对滴眼液包装预灭菌或无菌制造工艺:药液通过无菌过滤工艺后采用无菌药品灌装技术将药液装入已灭菌的包装容器中。基于药品无菌生产理念、配套工艺设备的发展,无菌技术已应用于滴眼液生产,是一种目前国内外普遍采用的滴眼液生产工艺。

滴眼液常用的无菌技术是吹灌封技术[16]。吹灌封技术在制药行业的应用始于21世纪80年代,是继在食品、饮料行业应用后的重要发展阶段,近20年的制药行业应用中,此项技术逐步完善,从开发初期的"自动化生产概念",升级为"无菌、自动化生产概念",提升了吹灌封技术的应用价值。

吹灌封技术是塑瓶包装无菌生产技术,与传统输液生产比较,该项技术采用隔离技术,将制备区与控制区严格划分开,同时,采用独立空气净化系统,保证控制区域无菌,组成吹、灌、封设备模块,从而实现无菌生产。

(3)滴眼液用包装材料:目前,国内外主要使用的滴眼液用包装材料有聚乙烯、聚丙烯,其他材料正在开发应用中。

滴眼液用包装材料应满足保护性、安全性、相容性、功能性的要求[17],而且国内外相关法规对包装系统的要求,通常将注射剂及眼用制剂包装系统一并提出。

1）安全性：包括化学安全性和生物安全性，即包装组件的组成材料应不含有害物质或脱落过量的物质，而使接受这个药品治疗的患者免于暴露于这些物质。这一点对于滴眼液用包装组件尤其重要，其他任何有可能迁移物质进入滴眼液中的非直接接触药品的组件也适用于此要求（例如，内标签上的印刷油墨、不干胶标签的黏合剂）。

2）相容性：与某制剂相容的包装组件不会与制剂发生过多的作用，以导致制剂或包装组件的质量发生不可接受的改变。

相互作用的例子包括吸收或者吸附活性药物成分造成的含量降低；从包装组件上脱落的化学成分引起活性药物成分的分解；吸收、吸附或者脱落物引起功能性辅料的浓度降低、沉淀；滴眼液 pH 的改变；制剂或者包装组件的颜色变化；滴眼液包装组件脆性增加。

聚乙烯等塑料可以吸收多剂量滴眼液配方中含有的抑菌剂（杀菌剂）。含有抑菌剂配方的药物，使用的包装容器必须测试其吸收能力和与活性成分的相容性[18]。理想的滴眼液包装是在制剂配方中不添加抑菌剂，能保证使用过程中将微生物污染的风险几乎降低到零。

滴眼液塑料包装使用内贴签中含有的黏合剂/油墨中浸出物对药品产生的安全性风险，应进行评估和研究。

3）保护性：滴眼液使用的容器密封系统应能为滴眼液提供充足的保护，保证在有效期内能避免一些因素（如湿度、光线）造成此制剂的品质降低。造成这种降级的因素通常有暴露在低湿度环境中溶剂的减失、微生物污染。药品还可能因为被污染而造成无法接受的品质降低。滴眼液塑料容器可能出现水蒸气穿过容器的密封系统现象，可能通过穿过瓶身表面或者密封口（瓶身与瓶盖及瓶身与瓶嘴）扩散。

注重滴眼液用包装容器的质量，防止物理、化学和生物变化，这些变化可能会降低眼科的治疗效果。制备滴眼液时必须关注许多因素，其中最重要的是渗透压、pH、稳定性、黏度和无菌性。关注该剂型包装主要涉及的化学和物理因素，保证制剂生命周期的无菌和开启后防止微生物的污染。

滴眼液用塑料包装容器为半渗透性塑料包装，必要时应采用阻隔性保护系统作为外包装（如阻隔性复合袋、泡罩包装）。

4）功能性：滴眼液包装的容器/密封系统的功能性指其按照设计要求发挥功能的能力。该容器/包装系统通常不仅用来包装、保护药品，而且需要保证药品能按照预定的方法有效地传递到作用部位发挥治疗效果。在评价功能时,有两个主要方面要考虑:容器/密封系统功能的实现和药物传递。滴眼液包装系统应特别关注提高患者依从性(自主使用)、使用后安全性和滴眼液剂量准确性。多剂量滴眼液用包装如使用阻菌系统,应对阻菌效果进行评价。

2. 多剂量阻菌包装系统的发展概况　随着技术和设备的发展和进步,人们对身体健康的更加注重,滴眼液含有的防腐剂对健康的影响越来越被关注。"奥布卡因滴眼液"品种单剂量规格(0.4%(0.5 mL∶2 mg))经国家一致性评价专家委员会审议,列入仿制药参比制剂目录[19],而该品种多剂量规格[0.4%(20 mL∶80 mg)]因含防腐剂存在安全性问题,审议未通过[20],由此可以看出中国药品审评专家组对滴眼液配方中抑菌剂的关注。因抑菌剂的安全性问题,多剂量滴眼液受到了一定的限制,不需要添加抑菌剂的单剂量滴眼液有了发展空间,同时也促使滴眼液生产企业通过改进包装形式从而实现多剂量滴眼液不含抑菌剂,因此更加安全的多剂量滴眼液阻菌包装系统有了更好的发展空间。

国外 2011 年开发了特殊的阻菌包装系统,这种阻菌包装系统被国内外滴眼液生产企业应用于多剂量滴眼液,使得滴眼液配方中不添加抑菌剂成为可能,如玻璃酸钠滴眼液(国药准字 H20213567)采用 OSD®阻菌包装系统和玻璃酸钠滴眼液(注册证号 H20150150)采用 COMOD®阻菌包装系统[21]。阻菌包装系统不同配件也有差异,两者工作原理对比见图 7-5 和表 7-4。目前市场上有多种商品化产品采用物理阻菌方式,均能达到使用后阻挡空气中微生物的要求。

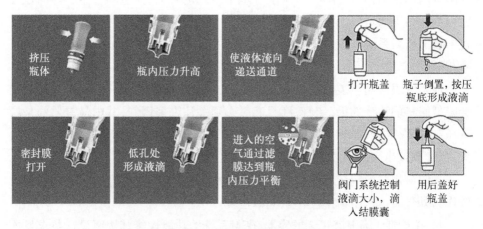

图 7-5　OSD®和 COMOD®阻菌系统工作原理图

表 7 − 4　OSD® 和 COMOD® 阻菌系统工作原理对比

项目　　品种	OSD®阻菌包装系统	COMOD®阻菌包装系统
使用方式	倒置垂直	倒置垂直
工作原理	第一步：拉下突出的条带来撕开防盗环，摘下外罩，将装置在眼睛上方翻转至上下颠倒位置。食指和拇指握住容器中间部位。药液重力作用下进入药液递送通道	第一步：打开保护盖，倒置，按压外包装底部（底盖）（压力可使弹簧弹起）→泵体打开→药液由瓶内进入储液区—银珠弹回—泵体关闭（隔开储液室和瓶内的药液）
	第二步：手指平稳地增加挤压力，瓶内压力上升，克服弹簧作用力，使滴舌后退，打开尖端出液阀，在顶端逐渐形成液滴并以给定大小滴落。内压降低，弹簧复位，滴舌立即前进，关闭顶端阀门，闭合滴孔，防止微生物污染	第二步：当压力达到 3 Pa 时，阀门打开→释放出定量的药液，滴入过程。储液室的压力即刻会降低，阀门关闭（避免外界空气被反吸进瓶内）→银珠弹起
	第三步：松开手指压力，空气从滴孔与基座形成的空气通道，经滤芯过滤后，形成洁净的空气，进入瓶内，瓶体恢复，防止微生物污染。以备下一次使用	第三步：泵体打开，药液再次进入了储液区
特点	采用滴孔密封技术及空气过滤膜技术	采用改变柔软的瓶的形状来平衡瓶内外的气压

　　3. 多剂量阻菌包装系统的有效性评价　对于不含防腐剂的多剂量包装材料，必须向药品监管部门、药品企业明确展示其阻菌的功能和包装材料的完整性。目前，尚无关于无防腐剂多剂量包装系统的微生物测试或如何模拟使用期的有效指南。

　　因此，该行业必须自行开发出令人信服的完整性测试方法。Aptar 制订了一种竞争性测试程序来证明该包装材料适当的功能，特别是在防止微生物侵入包装系统方面。测试考虑了《欧洲药典》"5.1.3 节抗菌防腐的效果"和《美国药典》51 章抗菌有效性测试中所载的选定物种：铜绿假单胞菌（ATCC 9027，革兰氏阴性菌）、金黄色葡萄球菌（ATCC 6538，革兰氏阳性菌）、白念珠菌（TCC 10231，酵母）和来自巴西曲霉的孢子（ATCC 16404，霉菌孢子），这些菌种被用于确认多剂量包装中添加防腐剂的抗菌效果。

2019 年,Aptar Pharma 推出了一种新的 TSIT 测试方法[12],有 3 种选定的指示菌,铜绿假单胞菌、金黄色葡萄球菌和白念珠菌。为了确认整个包装系统(OSD 阻菌盖和容器)在模拟最坏微生物情况下的完整性,在美国盐湖城尼尔森实验室(Nelson Laboratories)进行了一次暴露于雾化细菌孢子的密封完整性测试方法,旨在确定成品包装的可靠性。测试程序包括将大量的萎缩芽孢杆菌孢子雾化成大小为 4.5 μm 或更小的细小液滴的气溶胶,进行气溶胶挑战,随后进行培养,并对挑战生物体的存在情况进行评分。

两种测试方法均为不含防腐剂的多剂量阻菌包装有效性评价提供了参考。

参考文献

[1] 杨培增,范先群.眼科学.9 版.北京:人民卫生出版社,2018:27.

[2] 国家药典委员会.中国药典.四部(2020 年版).北京:中国医药科技出版社,2020:7,204.

[3] 潘卫三.工业药剂学.3 版.北京:中国医药科技出版社,2015:185 - 190.

[4] 高长有.高分子材料概论.北京:化学工业出版社,2018:21 - 37.

[5] 国家食品药品监督管理局.化学药品注射剂与塑料包装材料相容性研究技术指导原则(试行).[2021 - 12 - 20]. https://www. nmpa. gov. cn/xxgk/fgwj/gzwj/gzwjyp/20120907093801278.html.

[6] USP-NF. Assessment of extractables associated with pharmaceutical packaging/delivery systems. [2021 - 12 - 20]. https://online. uspnf. com/uspnf/document/1 _ GUID - 5B829ECA - 165E - 46C5 - A244 - 3FF958BBC190_3_en-US? source = TOC.

[7] USP-NF. Assessment of drug product leachables associated with pharmaceutical packaging/delivery systems. [2021 - 12 - 20]. https://online. uspnf.com/uspnf/document/1_GUID - 080B9CD2 - A445 - 44A2 - A529 - 2CC7F86BCC64_2_en-US? source = TOC.

[8] 马玉楠,蔡弘,骆红宇.药品与包装相容性理论与实践.北京:化学工业出版社,2019:450 - 459.

[9] 张莉,杨柏涛,田洪斌,等.盐酸左氧氟沙星滴眼液抑菌剂添加及包装材料相容性研究.中国药事,2014,28(5):479 - 484.

[10] ASPINALL J A, DUFFY T D, SAUNDERS M B, et al. The effect of low density polyethylene containers on some hospital-manufactured eyedrop formulations I. sorption of phenylmercuric acetate. J Clin Pharm Ther, 1980, 5 (1): 21 - 29.

[11] RICHARDSON N E, DAVIES D J, MEAKIN B J, et al. Loss of antibacterial preservatives from contact lens solutions during storage. J Pharm Pharmacol, 1977, 29(1): 717 - 722.

[12] DEGENHARD M, THORSTEN B, REINHOLD W, et al. Microbial integrity test for preservative-free multidose eyedroppers or nasal spray pumps. Pharm. Ind, 2019, 81(9): 1247 - 1252.

[13] 杨鸣波,黄锐.塑料成型工艺学.3 版.北京:中国轻工业出版社,2014:170 - 255.

［14］ 赵娜,石靖,许真玉,等.化学药品注射剂灭菌工艺研究及验证的基本考虑.中国新药杂志,2021,30(16):1456-1459.

［15］ 朱研.局部药物中不同防腐剂对青光眼患者干眼的影响差异.中国眼耳鼻喉科,2016,11(6):401-405.

［16］ 中国医药包装协会.吹灌封一体化(BFS)输液技术指南.［2021-12-20］. https://www.cnppa.org/index.php/Home/Bz/show_2019/id/735.html.

［17］ Food and Drug Administration. Guidance for industry, Container Closure Systems for Packaging Human Drugs and Biologics.1999.

［18］ LOCKHART H, PAINE F A. Packaging of pharmaceuticals and healthcare products. New York:Springer, 1996:25-41.

［19］ 国家药品监督管理局.关于发布仿制药参比制剂目录(第四十二批)的通告(2021年第41号).［2021-12-20］. https://www.nmpa.gov.cn/zhuanti/ypqxgg/ggzhcfg/20210625154803120.html.

［20］ 国家药品监督管理局药品审评中心.关于发布《化学仿制药参比制剂目录(第四十二批)》的公示.［2021-12-20］. https://www.cde.org.cn/main/news/viewInfoCommon/aff7fa652f37f74a70db0dd330a2dbc2.

［21］ EuSAN GmbH.HYCOSAN 的药品说明书.［2021-12-20］. http://192.168.1.246:10001/pc/pi/info? piid=1181048.

第八章

经口鼻吸入的高风险制剂的
递送系统与包装材料

经口吸入和鼻用药物制剂因给药途径特殊,药物的递送系统和包装材料对药物的递送到靶器官及药物疗效的发挥起到了至关重要的作用。本章将从经口吸入和鼻用药物制剂的概述开始,并着重就其中两类制剂:吸入气雾剂和鼻喷雾剂的递送系统、包装材料和质量控制要求进行详细的阐述。

第一节 概 述

经口吸入制剂指原料药物溶解或分散于适宜介质中,以气溶胶或蒸汽形式递送至肺部发挥局部或全身作用的液体或固体制剂。经口吸入制剂包括吸入气雾剂、吸入粉雾剂、吸入喷雾剂、吸入液体制剂和可转变成蒸汽的制剂。鼻用药物制剂指直接用于鼻腔,发挥局部或全身治疗作用的制剂,包括滴鼻剂、洗鼻剂、鼻用气雾剂、鼻用喷雾剂、鼻用粉雾剂、鼻用软膏剂、鼻用乳膏剂、鼻用凝胶剂、鼻用散剂和鼻用棒剂。《欧洲药典》对经口吸入制剂及鼻用药物制剂也有分别的通则进行描述。而《美国药典》将吸入和鼻用药物制剂(inhalation and nasal products)归为一大类,包括了经口吸入和鼻用药物制剂(orally inhaled and nasal drug products, OINDP),《欧洲药典》对经口吸入制剂及鼻用药物制剂也有分别的通则进行描述。

《国家食品药品监督管理局关于印发化学药品注射剂与塑料包装材料相容性研究技术指导原则(试行)的通知》(国食药监注〔2012〕267号)中列出了不同给药途径剂型与包装系统发生相互作用的风险分级,经口吸入制剂在所有给药途径中风险最高且制剂与包装系统发生相互作用的可能性也最高。同样,鼻用药物制剂也是高风险的给药途径,制剂与包装系统发生相互作用的可能性也高。常见经口吸入的高风险制剂的剂型分类和应用领域见表8-1。

表 8-1　常见经口吸入的高风险制剂的剂型分类和应用领域

给药途径	剂型分类	应用领域
经口吸入（经口吸入制剂）	吸入气雾剂 吸入粉雾剂 吸入喷雾剂 吸入液体制剂	哮喘和慢性阻塞性肺疾病 其他呼吸系统疾病：肺部囊性纤维化、肺结核 蛋白质类药物
经鼻腔给药（鼻用药物制剂）	鼻用液体制剂（滴鼻剂、洗鼻剂、喷雾剂等） 鼻用半固体制剂（鼻用软膏剂、鼻用乳膏剂、鼻用凝胶剂等） 鼻用固体制剂（鼻用散剂、鼻用粉雾剂和鼻用棒剂等）	鼻部疾病：过敏性鼻炎 全身治疗作用 中枢神经系统疾病 鼻喷疫苗

一、经口吸入制剂的种类与特点

经口吸入制剂系指通过特定的装置将药物以雾状形式传输至呼吸道和（或）肺部以发挥局部或全身作用的制剂。与普通口服制剂相比，经口吸入制剂的药物可直接达到吸收或作用部位，吸收或作用快，可避免肝脏首过效应、减少用药剂量；而与注射制剂相比，可提高患者依从性，同时可减轻或避免部分药物不良反应。

经口吸入制剂包括吸入气雾剂、吸入粉雾剂、吸入喷雾剂、吸入液体制剂。

气雾剂系指将含药溶液、乳状液或混悬液与适宜的抛射剂共同分装于具有特制阀门系统的耐压容器中，使用时借助抛射剂的压力将内容物呈雾状喷出，吸入后发挥局部或全身治疗作用。气雾剂一般由药物、辅料、耐压容器、定量阀门系统和喷射装置组成。

粉雾剂系指将微粉化的药物和（或）载体以单剂量或多剂量贮库形式，采用特制的干粉吸入装置，由患者主动吸入雾化药物至呼吸道或肺部的制剂。

喷雾剂系指含药溶液、乳状液或混悬液置于特制的装置，使用时借助适当的雾化系统将内容物呈雾状释出，用于患者吸入的制剂。喷雾剂一般由药物、辅料、容器、雾化装置等组成。

吸入液体制剂通过雾化吸入装置进行药物递送。雾化吸入装置将药物转变为气溶胶形态，并经口腔吸入，对应一种以呼吸道和肺为靶器官的直接给药方法。小容量雾化器是目前临床最为常用的雾化吸入装置，其储液容量一般小于

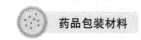

10 mL。根据发生装置特点及原理不同,目前临床常用雾化器可分为射流雾化器、超声雾化器和振动筛孔雾化器。

吸入疗法具有直达肺部靶器官、全身不良反应少等优势,适用于呼吸道疾病的治疗。可通过将 2~5 μm 的药物气溶胶颗粒递送进肺部,沉积在支气管和肺泡,进行相关治疗。最常见的是使用如糖皮质激素、支气管扩张剂、胆碱能受体拮抗剂及其复方制剂来治疗哮喘和慢性阻塞性肺疾病,也可使用如治疗肺部囊性纤维化的妥布霉素、多黏菌素 E、沙美特罗等,治疗肺结核的利福平、异烟肼、吡嗪酰胺、链霉素等。吸入疗法通过肺部给药,起到局部治疗的作用,这样不但可以减少服药剂量,而且可以减少全身给药时高剂量所带来的不良反应。

肺部因具有肺泡上皮层厚度薄、表面积大、毛细血管丰富、代谢反应相对较少等有利于药物吸收转运的特点,已成为一些易被酶降解的作用于全身的蛋白质类药物和治疗肺部疾病药物的重要给药靶器官。随着纳米科学的迅速发展,肺部给药新剂型正成为药物制剂研究的一个新热点。无论是起全身治疗作用的药物还是起局部治疗作用的药物,肺部给药都是一个有前景的非侵入性给药途径。由于肺部具有很高的溶质渗透能力、巨大的吸收表面积及有限的蛋白质水解能力,胰岛素、鲑降钙素等口服易被酶降解的蛋白质类药物可经肺部给药途径较快地发挥全身作用。

二、鼻用药物制剂的种类与特点

鼻用药物制剂指直接用于鼻腔,发挥局部或全身治疗作用的制剂。鼻腔给药因为生物利用度高、副作用小、使用方便、起效迅速等优点,近两年受到广泛推崇。现代医学研究中,鼻黏膜给药治疗疾病也有几十年历史,虽然经鼻腔给药的剂型所占的比例较小,但在过去的几年中呈现出良好的发展势头,鼻腔给药吸收迅速、生物利用度高、给药方便,适用于一些不能口服的药物,既能发挥局部作用,又能通过吸收发挥全身作用。尤其对于口服难以吸收的肽类和蛋白类药物而言,鼻腔给药可作为静脉注射的替代途径。此外,鼻腔给药也能够避免药物运送至肝脏,肝脏发挥"解毒作用"导致药物降解,从而出现药效降低的问题。

鼻用药物制剂可分为鼻用液体制剂(滴鼻剂、洗鼻剂、喷雾剂等)、鼻用半固体制剂(鼻用软膏剂、鼻用乳膏剂、鼻用凝胶剂等)、鼻用固体制剂(鼻用散剂、鼻用粉雾剂和鼻用棒剂等)。鼻用液体制剂也可以固态形式包装,配套专用溶剂,在临用前配成溶液或混悬液。

鼻用药物制剂直接作用于鼻腔,快速起效于鼻黏膜,一般用于鼻部疾病的治疗,如过敏性鼻炎,鼻用糖皮质激素和鼻用第二代抗组胺药物是治疗过敏性鼻炎的一线治疗药物,鼻用药物通过鼻黏膜吸入较口服药物具有局部疗效高、全身不良反应低的优势。此外,也可用于与鼻部疾病有关的邻近器官疾病治疗。

人类鼻腔黏膜表面积约为 150 cm²,呼吸区黏膜表层上皮细胞均有许多微绒毛,可增加药物吸收的有效面积,鼻黏膜上皮下层有丰富的毛细血管、静脉窦、动-静脉吻合支及淋巴毛细血管交织成网,使吸收的药物可迅速进入血循环,以提高鼻腔用药的生物利用度,如地西泮滴鼻给药平均显效时间明显优于肌内注射。地西泮、咪达唑仑等抗惊厥药物鼻腔给药可用于癫痫持续状态的急救,起效优于注射给药,并且非损伤、无侵入感,可自行或第三方给药。

中枢神经系统的疾病包括脑肿瘤、中枢神经系统感染、慢性疾病、药物成瘾、癫痫、周期性偏头痛、神经变性疾病、精神分裂症和脑卒中等。患有这些疾病的人数众多,但由于脑组织天然生理屏障——血脑屏障的存在,95%以上的药物无法通过血脑屏障失去疗效。由于鼻黏膜在解剖生理上与脑部存在独特的天然联系,鼻腔给药可靶向于中枢神经系统。

20 世纪 90 年代,鼻喷流感疫苗出现,具有"无痛""无创"的优势,流感减毒活病毒通过鼻腔接种后,在鼻腔建立一道免疫屏障。2019 年,全球新冠疫情暴发,鼻喷式新冠疫苗也是全球研发的热点,鼻喷新冠疫苗通过将疫苗喷在鼻黏膜处,可以让鼻腔和喉咙上部的黏膜形成免疫记忆,成为第一道防线,当黏膜产生抗体后,就可以从源头上阻断病毒的感染。

第二节　递送系统与包装材料

本节中将着重讨论吸入气雾剂和鼻喷雾剂的递送系统和包装材料。

一、吸入气雾剂的递送系统与包装材料

(一)产品结构

气雾剂指将含药溶液、乳状液或混悬液与适宜的抛射剂共同分装于具有特制阀门系统的耐压容器中,使用时借助抛射剂的压力将内容物成雾状喷出,一般由药物、辅料、递送系统(包括阀门系统、耐压容器、促动器)组成。

气雾剂产品设计,要考虑各种有效成分、溶剂和添加剂之间的配比及相容性,涉及配方和配制工艺的设计,以及生物学、生态学、毒理学、物理、化学等诸多方面。气雾剂容器应用到金属材料、涂料、密封及耐腐蚀材料,涉及材料学、力

学、加工工艺学、涂覆及印刷、机械强度设计及测定。气雾剂递送系统中最关键、最复杂的组成部分之一：气雾剂阀门，应用到塑料、橡胶及金属材料，涉及结构设计、精密模具及成型工艺、喷射速率控制及雾化原理雾滴尺寸的选择与测定、封口及严格的密封性试验，阀门系统的质量状况及与药品是否有良好的匹配，对保证气雾剂产品获得所需的喷雾模式及发挥最佳效能具有十分重要的影响。抛射剂作为气雾剂诞生的基础及动力源，一方面关系着环境，保护臭氧层；另一方面又涉及生产中对化学危险品的安全操作、运送、储存及废弃物的处置，易燃易爆空气混合物浓度检测、报警及通风，防火防爆紧急事故处理，对人员的各种安全防护，应符合各种政府法规、条令的要求。常用的抛射剂有氢氟烷烃类（hydrofluoroalkane，HFA）如四氟乙烷（HFA134a）和七氟丙烷（HFA227ea）。在处方中常见一种或几种抛射剂联合使用，以达到理想的抛射动力和稳定性。原来尚有氯氟烷烃类（氟利昂）抛射剂，在 1987 年，《蒙特利尔破坏臭氧层物质管制议定书》制定了一条有关减少使用对臭氧层有害材料的规定，其中包括用作吸入气雾剂抛射剂的化合物——氯氟烃，目前已被对环境破坏作用小的氢氟烷烃所取代。目前，替代氢氟烷烃类的两个主要选择是二氟乙烷（HFC 152a）和四氟丙烯（HFO 1234ze），这两种物质的全球增温潜能值相较于目前的氢氟烷烃类抛射剂都要低得多。这也将对吸入气雾剂的递送系统提出新的要求。

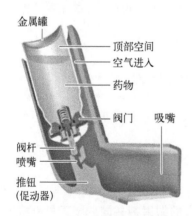

金属罐
顶部空间
空气进入
药物
阀门　吸嘴
阀杆
喷嘴
推钮
（促动器）

图 8-1　典型的气雾剂递送系统

吸入气雾剂递送系统通常是由阀门、推钮（促动器）和金属罐等组成（图 8-1）。作为直接接触药品的包装材料，吸入气雾剂的容器系统与其他剂型有区别，其容器系统既作为药物的承载体，又可控制药物定量进入体内发挥药效，因此它对经口吸入制剂的质量及产品的安全有效性起着决定性作用。

经口吸入制剂所采用的容器系统应当可以不连续、精确地释放一定状态的小剂量药物成分。经口吸入制剂的给药剂量依赖于所用装置包括阀门系统、喷嘴等的设计、性能和重现性，在确定采用何种装置前，对装置的外观、材料、各项性能指标等需要有全面的了解，同时根据药物组方的特性如处方与容器系统的相容性、黏度、密度、表面张力、流变学特性等选择合适的装置，以保证给药剂量的准确性，能够防止患者按说明书使用给药剂量出现偏差，满足治疗的需求。

1. **气雾剂阀门**　是用于控制含抛射剂的药物剂量,是气雾剂递送系统的核心引擎。通常由进料阀和出料阀的打开和关闭位置进行定量配出。典型的吸入气雾剂阀门的构造如图 8-2 所示。其中,阀体用于装载上下阀杆、定量腔、上阀杆垫圈、下阀杆垫圈和弹簧,是药液的初步通道。定量环在药用气雾剂阀门中起的作用是控制

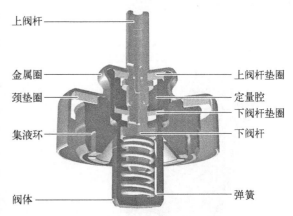

图 8-2　典型的气雾剂阀门的构造

阀门的剂量,常用的剂量范围是 25~75 μL。下阀杆是阀门的下通道,其作用是药液进入定量环的通道。上阀杆是阀门的上通道,是药液输出的主要通道。上阀杆垫圈与下阀杆垫圈在药用气雾剂阀门中起密封作用,同时下阀杆与下阀杆垫圈配合形成进料阀,上阀杆与上阀杆垫圈配合形成出料阀。弹簧的作用是确保按压后阀杆的正常复位,是阀门复位的动力来源。且在弹簧的作用力下,上阀杆垫圈与上阀杆配合,形成密封结构。金属盖的作用是将阀门固定在配合的容器上,起连接作用,但不直接接触药液。颈垫圈作用是防止容器中的药液泄漏。集液环是可选用零件,安装在颈垫圈与气雾剂容器之间,能够保护配方及有效降低药液残留。

2. **气雾剂推钮(促动器)**　是通过阀杆与阀门连接,是经过阀门定量的气雾剂经过的最后通道,经口鼻吸入药物的连接部件。通常由推钮体和外罩组成,其中推钮体起到主要功能作用。外罩仅作为防尘。经典的吸入气雾剂推钮结构如图 8-3 所示。

推钮结构包含有喷孔、气雾通道、阀杆连接孔、吸入口、套筒和限位筋(图 8-3)。其中,喷孔影响气雾剂的雾化形态和粒径分布。主要考量喷孔直径和喷孔长度,通常不同药物需要设计不同的喷孔直径和喷孔长度来达到所需的肺部沉积。另外,雾化通道是形成气雾的初始通道,其内部形状的设计,在进行雾化形态和空气动力学评价时也是需要考量的一部分。吸入口的长短和大小需要适合于使用人群,同时也是气雾剂的最后通道,需要注意气雾剂在吸入口内表面的残留。由于不同药品设定的包装大小不同,配合选用不同的金属罐,其套筒长度设计不同。同时,需要关注其限位筋是否能有效地使罐体竖直运动,如果不能限位,可能会使气雾剂阀门不能正常工作,出现计量不稳定或连喷现象。

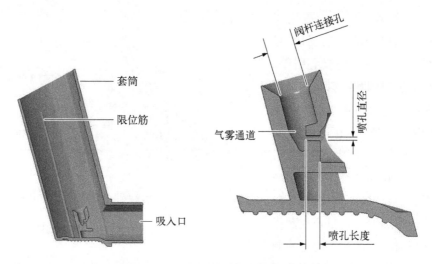

图 8-3　典型的气雾剂促动器推钮结构

此外,计数装置对于吸入气雾剂药品有非常重要的作用。没有计数器,患者无法判断剩余药量。部分患者通过摇晃药瓶来判断剩余药量,然而由于气雾剂产品的结构特点,部分残留药物在瓶内并不能完全被喷射出来形成有效药物。为了解决药瓶内剩余剂量的指示问题,保证患者有效用药,目前发达国家已经通过法规进行了一系列规范,要求吸入气雾剂产品配备剂量指示装置,能够让使用者轻易地掌握药瓶内的剩余剂量。

计数装置按照工作机制分类分为机械型指示装置、电子型指示装置和智能连接装置。机械型性价比高,其次是电子型指示装置,利用电子计数线路和显示屏幕,指示使用次数或者剩余剂量。智能连接装置,通过附加或集成在药物装置上的传感器,通过近场通信(NFC)、无线保真(Wi-Fi)或者蓝牙处理芯片与手机相连,并可以通过手机将信息上传到云空间,并与患者、医生或者药物的生产方进行数据交互。

计数装置按照指示方式分类分为(单次)计数器和指示器。例如,每按压一次气雾剂产品,计数器便有一个数字的相应变化,这种类型的计数装置被称为"计数器"。装置上有若干的数字跨度显示或者颜色条纹变化显示剩余剂量的变化被称为"指示器"。

3. 气雾剂金属罐　气雾剂是压力容器,因此需要采用铝罐或不锈钢罐,灌装药物和抛射剂后,与阀门连接形成密封容器,可以满足气雾剂在长期储存、运输和使用过程中的密封性和安全性,所以罐体要有足够的强度,罐口设计也需要结合阀门设计,以保证与阀门瓶颈垫圈的压缩量,达到长期密封性符合药典规定的年泄漏率。在灌装过程中,需要研究阀门与罐口接合部位的夹口高度和夹口直径,定义控制规范,以使其能稳定生产。同时,需要控制罐口无缺口、损伤、异物等现象,以防止密封性不合格。另外,不同配方可能需要选择不同的材质的罐子。因为罐体内壁与药物是长期接触,采用铝罐时,有些混悬配方会出现药物颗粒在罐子内壁残留挂壁,或是配方与铝罐罐体有交互反应,导致给药剂量不准确,影响药物稳定性和相容性,需要采用有涂层的铝罐来解决内壁残留问题,并使其具有更好的相容性。通常,这种涂层由聚四氟乙烯和全氟烷氧基树脂附着于罐体内表面形成。另外,对于一些非常有腐蚀性的配方,多采用特殊材料的不锈钢罐,以使药物达到更好的稳定性和相容性。

由于气雾剂设定的包装大小不同,总揿次有 60 揿、120 揿、200 揿等,对应的金属罐的装量也不同,有 10 mL、14 mL、19 mL 等。

（二）工作原理

吸入气雾剂广泛应用于肺部精准定量给药,采用环保型抛射剂作为驱动力,将不同配方的药物通过阀门喷射出来,在抛射剂暴露在空气中瞬间的蒸汽压下,形成有一定速率的含药物粒子的气溶胶,随患者的吸入,将一定剂量的 $2 \sim 5\ \mu m$ 的药物颗粒送达肺部。

（三）材料的选择

直接接触药品的包装材料和容器对于药品的质量有举足轻重的作用。美国 FDA 对经口吸入制剂的安全重视程度最高,甚至超过了注射剂。应基于药包材与药物的相容性测试选择合适的药包材。容器系统各组成部件均应采用无毒、无刺激性、性质稳定、与药物不起相互作用的材料制备。

此外,为了用药安全,对于容器系统中可能在生产、储藏过程中出现浸出物的,应考虑对浸出物进行研究。可以通过在稳定性研究的加速试验和留样试验的有代表性的时间点或末期测定药物或空白对照中的浸出物达稳态水平来进行分析。如果研究结果提示有浸出物,应进行进一步的毒理学研究,确认浸出物水平符合安全性要求。

1. 气雾剂阀门材料　气雾剂阀门由塑料、弹性体材料和铝制材料等制成。通常将配方分为无乙醇配方和含乙醇配方,以下列举了配合无乙醇配方和含乙醇配方的药物的推荐气雾剂阀门部件材料（表 8 - 2）。

表 8-2　气雾剂阀门常见材料配置表

	无乙醇配方	含乙醇配方
阀 体	聚甲醛(POM)	聚对苯二甲酸丁二醇酯(PBT)
定量腔	聚甲醛(POM)	聚对苯二甲酸丁二醇酯(PBT)
上阀杆	聚甲醛(POM)	聚甲醛(POM)
下阀杆	聚甲醛(POM)	聚甲醛(POM)
集液环	尼龙(PA)	聚丙烯
上垫圈	下垫圈材质可选用丁腈橡胶(NBR)或三元乙丙橡胶(EPDM)	三元乙丙橡胶(EPDM)
下垫圈	下垫圈材质可选用丁腈橡胶(NBR)或三元乙丙橡胶(EPDM)	三元乙丙橡胶(EPDM)
颈垫圈	优先考虑采用环烯烃共聚物(COCE)	环烯烃共聚物(COCE)
弹 簧	不锈钢	不锈钢,更高洁净等级
金属圈	表面氧化处理的铝质材料	表面氧化处理的铝质材料

(1)无乙醇配方:对于阀门与药物接触的材料,在塑料零件:阀体、定量腔上阀杆、下阀杆可选用聚甲醛材质,以使浸出物达到要求,同时有足够的强度来保证容器的密封性和驱动阀门。集液环可选用尼龙材质,以减小垫圈与配方的接触,减小药物残留量,同时,尼龙材料因为吸水特性,而起到吸收罐内潮气、保护配方作用。在橡胶件零件中,上垫圈、下垫圈材质可选用丁腈橡胶或三元乙丙橡胶来使配方浸出物达到要求,充分溶胀后,获得良好的密封性和剂量稳定性。由于颈垫圈是瓶口密封性的关键零件,又是与药物长期接触且面积相对于上下垫圈面积较大的零件,需要采用密封性好且可提取物低的材质,通常优先考虑采用环烯烃共聚物新型超低可提取物材质,也可以按配方需求选用丁腈橡胶或三元乙丙橡胶材质。在金属零件中,弹簧作为系统的动力来源而且长期与药物接触,需要选用特殊规格的不锈钢材质。金属圈是用来固定阀门和与罐相连接的零件,需要有足够的强度来保证容器的密封性,多采用表面氧化处理的铝质材料。

(2)含乙醇配方:阀体、定量腔可选用聚对苯二甲酸丁二醇酯材质,上阀杆、下阀杆可选用聚甲醛材质,减少聚甲醛材质的使用,以满足含乙醇配方与材料的相容性,同时,聚对苯二甲酸丁二醇酯材质可以有足够的强度来保证容器的密封性和驱动阀门。另外,聚液环也可以采用聚丙烯材质,使药物获得更好的相容性。

腐蚀性强的配方对阀门选材要求会更高,如采用全聚对苯二甲酸丁二醇酯材质,上垫圈、下垫圈采用纯度更高的三元乙丙橡胶,颈垫圈采用新一代的环烯烃共聚物材质,弹簧采用更洁净等级,以满足腐蚀性配方的相容性要求。

2. 气雾剂推钮(促动器)材料　气雾剂推钮常见的有经典型和带计数指示器或计数器型的,由于药物经过推钮上的气雾通道,而且吸入口与口腔连接,聚丙烯具有很好的安全性,所以推钮体多采用聚丙烯材质来满足这些要求。带有计数装置的推钮,计数器结构可能会选用一些高强度的材质来满足传动机构的要求,同时也会考虑选用聚丙烯来作为本体。

3. 气雾剂金属罐材料　气雾剂金属罐常见的有铝罐、带涂层的铝罐及不锈钢罐,是药物的储存容器,因此需要根据不同配方的特性来选用合适的金属罐。

二、鼻喷雾剂的递送系统与包装材料

(一)产品结构

典型的鼻喷雾剂递送系统通常是由药用喷雾剂泵和瓶组成,如图 8-4 所示。它是一个复杂的药物定量递送系统。通常采用正置大气压喷雾泵,将瓶内药液通过泵内压差吸入一定剂量,然后通过雾化推钮将药液分散成一定喷雾形态的微小粒径的喷雾。喷雾到达在鼻腔内的给药部位。

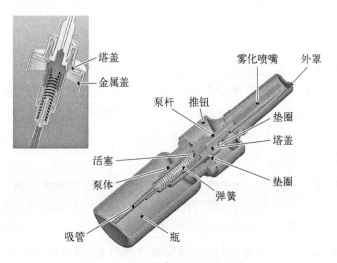

图 8-4　典型的鼻喷雾剂递送系统

1. 喷雾剂泵　喷雾剂泵是用于控制药物剂量并将药物形成雾化的递送系统,是鼻喷雾剂递送系统的主要部件。常见的正置大气压泵,是通过喷雾剂泵内设的进料阀、出料阀的打开和关闭顺序,在泵内形成压力差,将药物吸入泵内定量腔,再打开出料阀,进行定量配出。喷雾泵结构有多种类型,这里仅以图8-4所示的结构对喷雾泵结构做基本概述。泵芯由泵体、泵杆、活塞、塔盖、弹簧组成,是喷雾剂泵的核心部件。进料阀由泵体内部结构与泵杆形成,出料阀由泵杆与活塞配合形成。弹簧给泵系统在静止状态下密封提供保持力,也是泵复位动力来源。塔盖是用于固定泵芯零件,将各零件组合在一起形成泵芯。泵芯顶部有几种不同的封口盖(如螺纹盖、卡口盖、夹口盖),用来连接不同形式的瓶口。泵芯底部有吸管,用于吸取瓶内的药液。推钮与泵杆结合,形成药液出液通道。内部装有雾化喷嘴,雾化喷嘴是药液的最后出口,在顶端形成喷雾。推钮外侧配有外罩,起到防尘作用。另外,鼻腔喷雾剂泵在泵和推钮之间可能会选配卡环,以达到防止误喷的效果。

2. 喷雾剂瓶　喷雾剂中,瓶是主要的包装容器,其与泵配合使用。瓶口有不同的连接方式。例如,螺纹口、卡口、夹口,分别采用不同的标准:螺口采用玻璃制品包装协会标准 GPI 18/415、GPI 20/410、GPI 24/410 等,卡口瓶多采用 ISO 8362-1 注射剂容器及附件第 1 部分:管制玻璃注射瓶、ISO 8362-4 注射剂容器及附件第 4 部分:模制玻璃注射瓶等标准。夹口瓶通常采用 ISO 8362-1 注射剂容器及附件第 1 部分:管制玻璃注射瓶、ISO 8362-4 注射剂容器及附件第 4 部分:模制玻璃注射瓶等标准。

(二) 工作原理

1. 排气启喷　通过按压推钮排出剂量腔内的空气(多次按压),按压力使泵杆带动活塞下移,活塞与泵体配合,进口通道,出口通道都关闭,在剂量腔内空气被压缩,当行程到达排气口时,压缩空气从排气口排出,按压结束后,复位弹簧推动活塞向上,出口一直保持关闭状态,打开进口通道。通过吸管吸入药液为下一步递送完整的剂量做准备。

2. 药物递送　通过按压推钮产生压力,使泵杆带动活塞下移,关闭进口通道,出口通道一直保持关闭,剂量腔液体作用力到大于压缩弹簧施加的力后,出口通道打开,药液从泵杆经推钮通道排出,将剂量腔内的药液通过推钮递送出不同形态的喷雾,按压结束后,复位弹簧推动活塞向上,出口通道关闭,活塞上移,打开进口通道。吸入药液填充剂量腔,为下一剂量做准备。

(三) 材料的选择

1. 喷雾剂泵的材料　喷雾剂泵通过物理原理、机械结构以实现定量泵出药液。在考虑泵物理特性和功能时,同时需要考虑与药物配方之间的相容性。通常与药物接触的零件有泵体、泵杆、活塞、塔盖、弹簧、垫圈、吸管、推钮体、雾化喷嘴等,所以优先考虑将与药物相容性好的医药级聚丙烯、聚乙烯等材质用作与药液接触的泵芯零件和推钮零件,有时兼顾机械强度,也会用到聚对苯二甲酸丁二醇酯或聚甲醛材质制作泵杆,来满足泵的密封性载荷和推钮驱动要求。弹簧作为系统的动力来源而且长期与药物接触,需要选用特殊规格的 AISI302、AISI304 或 AISI316 不锈钢材质。金属圈是用来固定阀门系统和与瓶相连接的零件,需要足够的强度来保证容器的密封性,多采用表面氧化处理的合金铝质 Alloy 5657 等材料。

2. 喷雾剂瓶的材料　喷雾剂中所使用的瓶有多种材料,常见的有玻璃、塑料瓶或罐。玻璃瓶常采用中性硼硅药用玻璃瓶,其具有良好的化学性能,与大部分有机溶剂有很好的相容性,在鼻喷剂中有很广泛的应用。塑料瓶中多采用聚丙烯、聚乙烯,有时可能也会采用聚对苯二甲酸乙二醇酯,并加入颜色较深的色母,代替有色玻璃瓶,应用于有避光要求的药物配方。

第三节　递送系统的技术要求

一、吸入气雾剂质量控制与递送系统

吸入气雾剂的质量控制与递送系统密不可分。质量指标和参数主要有药物/雾滴的粒度和粒度分布、喷射模式、每揿主药含量、每瓶总揿次。

(1) 药物/雾滴的粒度和粒度分布:由于药物随抛射剂喷出后,药物的粒度除与处方因素(原料药的粒度分布、水分、黏度、表面活性剂的使用、抛射剂等)有关外,阀门系统、环境温度等也对药物粒度具有较大影响。因此,从质量控制的角度出发,气雾剂喷出后的雾滴粒度及粒度分布的测定非常重要。目前,其测定方法有显微镜测定法、撞击器法、光学测定法等。

显微镜测定方法简单,可观察颗粒的形状及判断分散情况,有些显微镜系统还可用图像分析来获得数量分布。但这种方法只检查相对较少的颗粒,有可能采样不具有代表性,同时测得的也是静态粒径。

撞击器法系将气雾剂经过一系列的不同粒径过滤器收集后采用专一性的理化方法测定药物含量,根据每一级的相应粒径可以获得空气动力学粒度直径分布。本法获得的药物分布数值不受颗粒中辅料等的影响,重现性和稳定性强,是目前用于评价经口吸入制剂的较好方法,但工作量大、耗费时间,其中空气流速是影响测定的主要因素。

光学颗粒测定方法主要有激光衍射粒径测定法和激光飞行时间测定法,可以作为气雾剂空气动力学粒度及粒度分布研究的方法。

由于不同气雾剂在给药设计和操作模式上可能存在很大差别,没有一种单一的方法能满足经口吸入制剂研究和成品质量控制的所有要求。基于这一原因,在吸入剂研究过程中,可以根据本身具有的条件和需要,选择合适的粒度和粒度分布测定方法。

(2)喷射模式:为验证气雾剂批间和批内动态喷射状态的一致性或均匀性,还可在条件允许的前提下对气雾剂的喷射模式进行研究。气雾剂的喷射模式与阀门系统、喷口的大小、形状有关,与抛射剂的蒸汽压、药物颗粒的大小及处方组成等也有关系。

喷射模式试验可以通过以下几个技术参数评估:① 喷嘴到靶板的喷射距离;② 同一喷射模式下的喷射次数;③ 靶板与喷嘴的相对位置和方向;④ 喷雾的视觉体现。

(3)每揿主药含量:是处方因素的综合体现,也是容器和阀门系统质量的体现,因而该项是气雾剂重要的过程控制和终点控制项目之一。通过对批间和批内每揿主药含量的测定,可以有效控制产品的质量,保证临床给药的一致性,确保临床疗效。

(4)每瓶总揿次:为保证每瓶气雾剂的给药次数不低于规定的次数,需要进行每瓶总揿数的测定。每瓶总揿数与每揿主药含量一样,也是气雾剂重要的检查和控制项目。影响每瓶总揿数的主要因素有生产过程中的装量差异及泄漏率。泄漏率是体现气雾剂密封性的重要指标。

二、鼻喷雾剂质量控制与递送系统

鼻喷雾剂质量控制与递送系统密不可分,尤其是喷雾剂泵。质量指标和参数主要有药物/雾滴的粒径分布、喷雾性能(喷雾模式和喷雾几何学)、剂量均一性。

(1)药物/雾滴的粒径分布:喷雾雾滴研究是采用激光衍射粒径分析技术,适合测量喷雾液滴的粒径动态及喷雾动力学的详细研究。激光衍射粒径测定仪对经典手动弹簧释放泵喷雾动力学研究发现:体外喷雾动力学过程可分为3个相。喷雾第一步,液体开始流过喷嘴,被观察到雾滴的形成相,这是第一阶段,在这个阶段喷雾过程不定,容易产生大液滴。第二阶段,随着液滴流量的增加,液滴传输趋于稳定,产生大量粒径大小一致的雾滴,这一阶段称为完全发展相,其是最重要的观测阶段,通常考虑把这一阶段作为调节测量部分,因为它是唯一可重复再现的测量阶段。第三阶段,由于通过喷嘴的液体流量降低,大粒径雾滴迅速增加,并且出现了雾化极不稳定的状态,雾滴粒子大小难以控制,这个阶段被称为消失相(图8-5)。很明显,激光衍射粒径测定仪能够测量雾化微粒对激光束光散射的角度,通过不同的透镜接受大小不同粒子衍射的数据,最后经计算间接获得动力学雾化数据。激光衍射粒径测定仪最佳的粒径范围为20~150 μm,这个范围正好能满足沉降在鼻腔中的雾粒的测定需要。通常设定不同的测定参数,测定观察Dv10、Dv50、Dv90等粒径,以满足合适的液滴粒径分析需要。

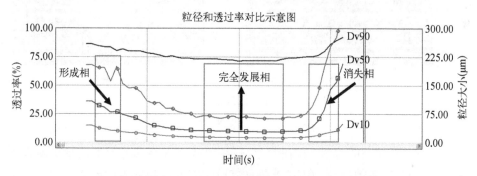

图8-5　喷雾形成与粒径变化过程图(激光衍射粒径测定仪)

Dv10(μm):全体检测液滴中10%的粒径落在这个数值以下;Dv50(μm):全体检测液滴中50%的粒径落在这个数值以下;Dv90(μm):全体检测液滴中90%的粒径落在这个数值以下

喷嘴的口径大小、液雾喷射的角度及速度、测定的高度、喷雾的体积等非处方因素也会对喷雾的效果产生巨大的影响。此外,处方因素中原料药本身的粒径大小和分布对雾滴粒径有直接的影响。这样就需要对原料药的粒径、分布、粒型等参数进行质量控制,以确定样品中可能含有的粒度较大和较小的活性颗粒的比例。

(2)喷雾性能(喷雾模式和喷雾几何学):喷雾模式的测量通常有两种方法,分别是撞击法和非撞击法。撞击法是在喷雾形成的路径中,放入薄层色谱板(thin chromatography plate),让喷雾显影在薄层色谱板上,再勾画出喷雾轮廓(图8-6)。

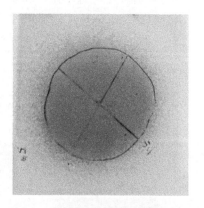

图8-6　撞击法(薄层色谱法)采集的喷雾图案示意图

非撞击法则采用激光束垂直穿过喷雾圆锥体进行照明,高速照相机采集一系列喷雾雾团形状,通过算法进行数据拟合,确定最终的喷雾轮廓(图8-7)。

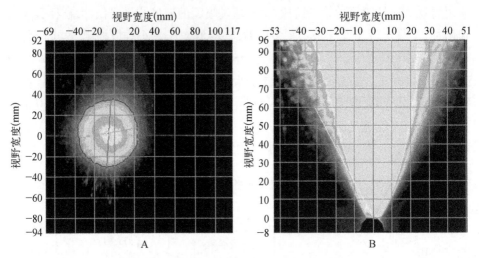

图8-7 非撞击法采集的喷雾示意图

A. 喷雾图案示意图;B. 喷雾几何学示意图

影响喷雾性能的因素:粒径分布、喷雾模式和喷雾几何学的测量受多种因素影响。例如,泵的设计、喷嘴(推钮)的设计、配方本身的黏度或表面张力及患者的使用方法[1,2]。振摇鼻喷雾剂产品的力度大小、按压速度(力度)的大小都会直接影响喷雾性能。因此,有监管机构(如美国 FDA)要求采用自动按压[3],选择和患者习惯的按压方式来进行测试,以减少不同操作人员间引入的误差,更好地甄别装置间的差异。例如,当喷雾泵的按压力(按压速度)增大时,可以明显地观测到中值粒径的减小[4](表8-3)。

表8-3 不同按压力下的中值粒径

按压力(kg)	使用激光衍射法测试粒径分布(μm)	
	中值粒径 Dv50	标准偏差
3	50.12	1.61
4	43.90	1.84
5	40.86	1.11
6	39.31	1.76
7	37.37	3.07
8	36.66	2.37

此外,即使采用相同的喷雾泵,当推钮特性变化时,如喷孔直径或者深度发生变化时,都会影响喷雾雾团形成时的速度,喷雾模式和喷雾几何学也随之产生变化。

通常配方中黏度的增大会减小喷雾面积,增大中值粒径[5]。但是,增稠剂的选择对这一趋势的影响是不一致的。Pu 等[6]在研究中发现,微晶纤维素虽然能极大地增加配方的黏度,但是对于喷雾模式(最长喷雾直径)及粒径分布(中值粒径)影响比较有限;而羟丙基甲基纤维素在调节黏度时,能倍数级更改喷雾特性(表8-4)。

表8-4　不同增稠剂加入后的喷雾性能

	配方 A	配方 B	配方 C	配方 D	配方 E	配方 F
	无添加	1%微晶纤维素	2%微晶纤维素	0.1%羟丙甲纤维素	0.2%羟丙甲纤维素	0.3%羟丙甲纤维素
黏度(cp*)	1.3(0.0)	4.5(0.0)	21.8(0.1)	2.8(0.0)	4.8(0.0)	8.1(0.0)
喷雾模式最长直径(mm)	34.1(0.3)	32.2(0.6)	32.4(0.9)	17.3(0.5)	11.2(0.2)	8.8(0.3)
喷雾几何学喷雾角度(°)	49.7(0.5)	48.2(0.6)	45.9(0.4)	47.9(1.0)	40.6(0.2)	37.3(1.0)
粒径分布中值粒径(μm)	31.6(0.4)	34.1(0.1)	37.7(0.3)	39.8(0.1)	69.6(0.3)	70.4(1.3)

* cp:厘泊

（3）剂量均一性：测试每喷中药物活性成分的含量,与标示量进行对比,通常可以和喷重互为补充。除药物本身特性外,喷雾泵喷重的稳定性直接决定剂量的均一性,尤其是喷雾泵在使用中喷重的扰动,接近排空时的拖尾,决定剂量均一性的合格与否。

第四节　机遇与挑战

随着药包材和递送装置的作用和意义的不断演变,从保护药物配方到精准地向靶器官递送,药包材和递送装置已成为药物制剂至关重要的一部分。

在物联网、大数据和5G通信技术下,对于药品的包装材料和递送装置又赋予了新的价值,超越药物本身的价值,药品的包装材料和递送装置可以作为一种"患者"与"药物"之间的交互界面,实现信息传递、数据收集。

以经口吸入制剂为例,由于经口吸入药物装置在使用时操作技术上的要求,患者在经口吸入药物装置的操作、用药依从性上均面临挑战。这一现状引发我们的思考,怎样的经口吸入装置技术符合患者的用药需求。有学者提出"超越药丸"(beyond the pill, BTP)的概念,即从药物本身的其他因素如依从性、教育、支持、疾病管理和融入护理系统出发,将数字和智能技术引入药片和包装中,创造额外功能和价值,提高药物的治疗效果[7]。在当今数字化技术暴发的年代,在慢性呼吸道疾病用药治疗领域,数字技术作为一股驱动产业颠覆式变革的新力量,在吸入装置上赋予更多的用药辅助、管理、教育功能,正在给患者的吸入用药治疗带来实实在在的变化[8]。

智能吸入器是一种可以连接或集成标准哮喘吸入器的数字监测设备,该设备能够跟踪吸入器的实际使用情况,自动采集和准确记录用药数据,通过无线传输与计算芯片,数据可同步传输到云端,便于患者随时查看和分享,从而提供患者的用药依从性。

附加智能连接设备(add-on devices)已被优先用于一些临床研究,用于真实世界数据的收集,已有商业上市的产品。其优点是: ① 可以更快地获得法规批准;② 可多次重复使用;③ 使用成本较低;④ 易于使用。但由于此类设备仍然需要患者在使用之前进行安装或初始化等操作,增加了患者的操作步骤。此外,对附加装置的使用也需要进行额外的患者教育和操作培训。因此,临床医师和临床药师在进行患者吸入装置操作指导时,同时也需要关注对患者进行附加智能连接设备的操作培训。

集成智能连接设备(integrated devices)可以解决附加设备增加操作步骤这一问题。集成设备的这个优势只有在单次使用的装置上才能发挥,可能会增加药物的成本。美国 FDA 近两年已经批准了采用集成式智能吸入器的哮喘吸入药物。此外,为解决药物成本的问题,开发可重复使用的集成式智能吸入器可能是未来的方向。

智能吸入器的最初目的是提升患者使用药物的依从性,随着智能吸入器逐步演变为可实现多种功能的智能工具,未来智能吸入器可作为慢病管理的载体,如疾病诊断工具、远程患者监测、用药提醒、患者装置教育、纠正错误用药姿势、医患线上互动、急救药物的紧急呼叫、电子锁等。

如何将智能吸入器作为疾病诊断的工具? 实际上,患者吸入药物时的流量传感器数据可以作为评估肺功能的替代措施。虽不能立即取代现有的诊断方法,但可通过提供的数据帮助患者更好地管理个人的肺功能指标。

　　智能吸入器记录用药时间、剩余药量、环境温度、使用地点等各项数据,并根据设定的时间、药量生成用药依从性图表,在线数据分析。患者可以和医生、护理人员、药师共享数据,数据的共享为患者带来了诸多好处,即在治疗方案中的参与度更高,医生可以根据获得的数据,调整治疗方案,从而实现患者在适当的时间获得更正确的护理和治疗。真正体现了以患者为中心的慢病管理流程。

　　智能吸入器上还可通过语音、声音、灯光、震动反馈等标识来指导患者正确操作吸入器,纠正错误用药姿势,可根据不同的吸入装置的操作关键步骤的特点,定制化这一装置教育的模块。可见,未来药包材和递送装置将通过各种传感器作为疾病管理的载体。

参考文献

[1] SUMAN J D, LAUBE B L, LIN T, et al. Validity of *in vitro* tests on aqueous spray pumps as surrogates for nasal deposition. Pharmaceutical research, 2002, 19(1): 1-6.

[2] GRMAŠ J, DREU R, INJAC R. Analytical challenges of spray pattern method development for purposes of *in vitro* bioequivalence testing in the case of a nasal spray product. Journal of Aerosol Medicine and Pulmonary Drug Delivery, 2019, 32(4): 200-212.

[3] US Food and Drug Administration. Bioavailability and bioequivalence studies for nasal aerosols and nasal sprays for local action april 2003. [2022-11-10]. https://www.fda.gov/regulatory-information/search-fda-guidance-documents/bioavailability-and-bioequivalence-studies-nasal-aerosols-and-nasal-sprays-local-action, 2004. Applications for dropret sizing.

[4] KIPPAX P G, KRARUP H, SUMAN J D. Manual versus automated actuation of nasal sprays. Pharm Technol, 2000: 30-39.

[5] DAYAL P, SHAIK M S, SINGH M. Evaluation of different parameters that affect droplet-size distribution from nasal sprays using the Malvern Spraytec®. Journal of pharmaceutical sciences, 2004, 93(7): 1725-1742.

[6] PU Y, GOODEY A P, FANG X, et al. A comparison of the deposition patterns of different nasal spray formulations using a nasal cast. Aerosol Science and Technology, 2014, 48(9): 930-938.

[7] BRAIDO F, CHRYSTYN H, BAIARDINI I, et al. Respiratory effectiveness group. "trying, but failing" — the role of inhaler technique and mode of delivery in respiratory medication adherence. J Allergy Clin Immunol Pract, 2016, 4(5): 823-32.

[8] PRICE D, DAVID-WANG A, CHO S H, et al. Time for a new language for asthma control: Results from REALISE Asia. Journal of asthma and allergy, 2015, 8: 93.

第九章

透皮贴剂用包装材料与容器

透皮给药系统是近年来药剂学研究中十分令人关注的领域,透皮给药系统由于具有改善患者顺应性、维持稳定的血药浓度、避免肝肠首过效应及用药安全性高的特点,作为现代给药系统中重要的研究领域,透皮给药技术发展前景广阔。然而,透皮给药制剂目前关注较多的是透皮给药系统优化与相关载药基质的研究,对包装材料研究较少。包装材料是透皮制剂的重要组成部分,选择合适的包装材料对药物制剂稳定性、有效性及患者的顺应性均有重要影响。本章对透皮给药剂型的包装材料、包装材料技术指标进行探讨,为大家进行透皮给药系统包装材料的选择提供参考。

第一节 概 述

我国是最早将药草涂抹在皮肤上,采用局部给药方法治疗伤口疼痛、感染等疾病的国家,到了清代,医家吴师机发表了中国最早的外治专著《理瀹骈文》,其中提出了内病外治的理论,尽管如此,一直到 20 世纪 70~80 年代,随着大量透皮理论和实践研究的兴起,人们才真正开始逐步认识透皮给药。透皮贴剂,通常又称透皮给药系统(transdermal drug delivery systems, TDDS)或透皮治疗系统(transdermal therapeutical systems, TTS),指药物通过皮肤吸收进入人体血液循环并达到有效血药浓度,是一种实现疾病预防或治疗的给药途径。与皮肤局部治疗系统(dermal topical system, DTS)发挥局部治疗作用不同,透皮贴剂是通过皮肤给药以达到全身治疗目的的一种给药途径。被认为是继口服、注射之后的第三大给药系统。

现代压敏胶技术和新型包装材料结合制备的透皮贴剂,为患者提供了一种低致敏性、轻、薄、皮肤黏接性适宜的制剂产品,由于透皮给药可避免肝肠首过效应、可随时终止给药、临床治疗顺应性好,近年来,透皮给药技术得到了较快的发展,成为高端制剂类型的代表之一,越来越多地受到人们的关注,表9-1中的制剂是近年来透皮贴剂的一些重要产品[1]。

表9-1 已批准上市的透皮贴剂

药物(批准年份)	每天剂量(mg)	分配系数(log P)
东莨菪碱(1979)	0.3	0.98
三硝酸甘油酯(1981)	2.4~15	1.62
可乐定(1984)	0.1~0.3	2.42±0.52
雌二醇(1986)	0.025~0.100	4.01
芬太尼(1990)	0.2~2.400	4.05
尼古丁(1991)	7~21	1.17
睾酮(1993)	0.3~5	3.32
雌二醇和醋酸炔诺酮(1998)	0.025~0.050 和 0.125~0.250	4.01 和 3.99
去甲孕酮和乙炔雌二醇(2001)	0.2 和 0.034	3.90±0.47 和 3.67
雌二醇和左炔诺孕酮(2003)	0.050 和 0.007~0.015	4.01 和 3.72±0.49
奥昔布宁(2003)	3.9	4.02±0.52
塞莱杰琳(2006)	6~12	2.90
哌甲酯(2006)	26~80	2.15±0.42
罗替戈汀(2007)	1~3	4.58±0.72
卡巴拉汀(2007)	4.6~9.5	2.34±0.16
格拉司琼(2008)	3.1	2.55±0.28
丁丙诺啡(2010)	0.12~1.68	4.98

透皮贴剂的特点是多层结构,基本类型包括贮库型和基质型两种,其中基质型又可分为含药压敏胶(drug-in-adhesive,DIA)和周边黏胶骨架型两种,最基本结构包括背衬、含药物和赋形剂的基质层、负责用于皮肤黏附的黏附层和离型膜,长期释药贴剂,往往还需要增加控释膜。贴剂各部分结构所使用的材料和作用见表9-2。

表9-2　贴剂各部分组成及作用

结　构	作　用
背衬层	保护和支持作用
基质(压敏胶或骨架材料)	存载药物
控释膜	控制药物释放速率
黏附层	与皮肤贴合
离型膜	保护作用

第一类：贮库型透皮贴剂。

贮库型透皮贴剂主要由背衬层、含药贮库层(简称药库层)、控释膜层、黏胶层、防粘层(又称离型膜)组成(图9-1)，药物包含在隔室中,通常以液体(即溶液或悬浮液)或凝胶的形式存在。药物贮库制备工艺较复杂,其中控释膜的选择至关重要。控释膜的存在可以使药库层的药物零级释放到皮肤,因此控释膜必须对药物有良好的通透性。

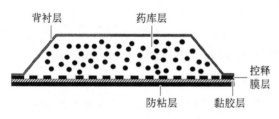

图9-1　贮库型透皮贴剂

第二类：周边黏胶骨架型透皮贴剂。

该类透皮贴剂主要由背衬层、黏胶层、药物骨架层、防粘层组成(图9-2),该类贴剂药物骨架层常温条件下通常为半固体膜,直接与皮肤接触,由四周的压敏胶层固定在皮肤上。该类透皮贴剂中药物非零级释放,药物的经皮渗透速率由角质层控制,促渗剂等可以影响药物释放和渗透速率。含药骨架一般由亲水聚合物构成,如聚乙烯醇、聚乙烯吡咯烷酮、聚丙烯酸酯、聚丙烯酰胺等。

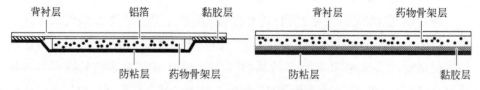

图9-2　周边黏胶骨架型透皮贴剂

第三类：含药压敏胶型透皮贴剂。

该类透皮贴剂是由背衬层、含药黏胶层或含药黏胶层与控释黏胶层，以及防粘层组成（图9-3）。此类贴剂结构简单，重量轻，使用方便，药物从压敏胶层或骨架层中的释放速率符合一级动力学过程，促渗剂等添加剂可以改变药物的释放速率。对比前两类透皮贴剂，含药压敏胶型贴剂结构和制备工艺相对简单，制造成分相对低廉，但在处方灵活性上比贮库型贴剂差[2]，且不适合于长效经皮给药制剂。

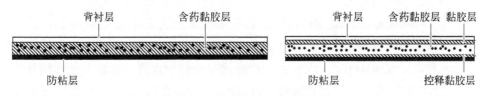

图9-3　含药压敏胶型透皮贴剂

第二节　透皮贴剂用材料的选择与使用

一、透皮贴剂用背衬材料的种类与性质

作为透皮贴剂的重要组成部分，背衬为透皮贴剂提供了相对封闭的稳定环境并发挥支持作用，也在一定程度上影响了药物经皮吸收，是影响贴剂产品质量的关键因素之一。因此，选择合适的背衬材料，对满足透皮贴剂的安全性、有效性和临床顺应性十分重要。随着近代材料学和聚合物加工技术的不断发展，越来越多的聚合物可以用于满足透皮贴剂背衬材料的需要。目前，背衬材料主要包括高分子膜材和织物类材料两种[2]。

1. 聚乙烯膜　即聚乙烯薄膜，指用聚乙烯生产的热塑性塑料薄膜。聚乙烯膜相对密度为0.92~0.96，根据密度的不同，可分为低密度、中密度、高密度等。聚乙烯膜具有防潮性好、耐药品腐蚀、无毒、卫生、价格低廉等优点。但相比于其他膜材，其气密性较差，随着密度的增加，膜的硬度、熔融温度均增加，渗透性下降[3]。

聚乙烯分子量通常为10~1 000 kDa，随着分子量的增加，聚乙烯膜的物理力学性能增加，机械性能和阻隔性能会相应提高，耐热度也随之提升。聚乙烯的力学性能还取决于支化度和结晶度。结晶度高，聚乙烯的伸长率和拉延性变差。生产方法不同或不同厂家的聚乙烯的分子量、密度和结晶度都会有一定的差异[4]。

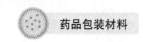

聚乙烯膜可用于贴剂的背衬层,透气性适中。

2. 聚酯膜　通常无色透明,较为坚韧,是一种强度优良、韧性强的聚合物薄膜。相对密度为1.3~1.38,熔点在255~265℃。具有良好的刚性、硬度、耐磨性和耐折性。同时,聚酯具有良好的气密性和防潮功能,能够防止气味的透过,保证皮肤的封闭性良好。并且耐酸、碱和大多数的有机溶剂,不易被破坏。但在强碱的作用下,表面会被水解。聚酯膜化学性质稳定,同时是一种环保材料,加工过程中很少加入其他辅助剂,可以回收利用[3]。

聚酯膜可用于透皮贴剂的背衬层,可增加皮肤水合,提高药物的经皮渗透性。

3. 聚氨酯膜　即聚氨基甲酸酯薄膜,对人体皮肤无任何伤害,可以广泛应用于服装面料、医疗卫生、皮革等领域。具有防水、透气等特点,其防水性极佳(可承受水压在10 000 mm水柱之上),通过在材料中添加亲水剂可使薄膜具有极好的透湿性,可允许人体汗液湿气自由透过,因此也称"第二层皮肤",聚氨酯膜对皮肤无刺激性。弹性高,适用于贴在关节部位,并且具有一定的抗菌作用。材料焚化炉燃烧时无空气污染问题,于土壤掩埋时,3~5年自然分解,是一种无毒无害的环保材料。这些特性使得聚氨酯膜成为21世纪材料之主流[4]。

聚氨酯膜可用于贴剂的背衬层,透气性好,但易与药物吸附或结合,因此聚氨酯作为贴剂衬材,需要关注药物的迁移性。

4. 无纺布　也称不织布,通过热黏、机械或化学加工的方式制作,具有工艺流程短、生产快、成本低、用途广等众多优点。同时,无纺布的原料来源广,可使用腈纶、涤纶、黏胶纤维等制作,具有防潮、透气、重量轻、柔软度高、无毒、皮肤刺激性小、对环境无害等优点,因此经常用于面积较大的透皮贴剂中[3]。

无纺布是通透性较高的衬材,常用于氟比洛芬贴膏剂等水凝胶贴膏剂的背衬层。

二、透皮贴剂用背衬材料的选择与应用

目前,市场上的透皮贴剂用背衬材料较多,如聚乙烯、聚酯、聚氨酯、聚偏二氯乙烯、棉布和毛绒布等,主要分为透性和不透性两种,具有多孔或微孔的无纺布及聚氨酯类材料具有较好的透气性,有利于汗液的挥发和皮肤表面透气,适用于长效透皮给药系统,但缺点是易与药物结合,且不适用于易挥发的药物。长时间使用不透性的背衬材料如聚酯膜,可以增加角质层水合作用,提高药物皮肤渗透性,但也容易促进细菌的生长,导致透皮贴剂的黏附性降低,因此在单日贴剂中使用较多。聚乙烯具有良好的力学性能和适中的透气性,因此在透皮贴剂背

衬层中使用也较多。综合来看,背衬材料的选择和使用需要根据压敏胶的性质、给药时间、药物的理化性质等来决定[2]。

透皮贴剂对背衬材料的基本要求包括以下几点[2]。

(1)柔韧性:对背衬材料来说十分重要,既要柔软可以折叠,又需要一定的韧性和抗拉强度。

(2)良好的透气性和低的水分透过速率[<20 g/(m² · 24 h)]。

(3)透明或半透明,晕光度<10%。

(4)相容性:背衬与含药基质应具有良好的相容性,药物活性分子在含药基质中能够维持稳定,同时背衬中的单体不会对贴剂的质量产生影响。

(5)防冷流[5]:冷流现象指压敏胶基质在背衬层边缘或离型膜缝隙产生蠕变或渗出的现象,可能发生在药品生产和储存过程中。挑选合适的背衬能够一定程度上防止含药基质出现冷流现象。

(6)耐辅料的腐蚀。

(7)没有毒性。

(8)厚度适宜。

(9)具有良好的撕裂强度。

(10)便于热封。

背衬材料对透皮贴剂的产品质量至关重要,可影响贴剂的稳定性、渗透性和顺应性等,为了增加透皮贴剂的安全有效性,使患者有良好的使用体验,应在处方设计的过程中对其中的关联性进行研究。背衬材料多为高分子聚合物材料,关注其安全性必不可少,另外,在可浸出物、残留单体、物理性能和化学惰性等方面都需要进行系统考察。同时,背衬材料应该安全无毒,对皮肤无刺激,对环境无污染。根据美国 FDA 关于透皮贴剂的研究指导原则,为了更好地把控透皮贴剂产品质量,应对辅料的关键质量属性予以识别、评估和适当控制[6]。因此,药厂应与供货者保持密切联系,选择采用性能良好的薄膜产品。

三、透皮贴剂用离型膜的种类与性质

离型膜又称防粘层、保护层,是具有剥离性能的纸制品、塑料制品或金属材料的通称。它是在经过预处理的纸或塑料薄膜的一面(或两面)涂布具有不同离型性能的离型剂而生产出来的产品。离型膜贴附在透皮贴剂(或贴膏剂)的胶黏层上起保护作用,使用时揭去,且不会引起贮库及粘贴层等剥离。透皮贴剂的保护层,活性成分不能透过,通常水也不能透过[7,8]。

1. 离型膜的基材种类 透皮贴剂离型膜基材主要有离型纸和塑料薄膜两大类。按照离型力可将其分为轻离型膜、中离型膜、重离型膜;按表面处理可分为单面离型膜、双面离型膜、无硅离型膜、氟塑离型膜、单面电晕离型膜、双面电晕离型膜、磨砂离型膜、哑光离型膜等。

(1)离型纸:又称硅油纸、防粘纸。可以按有塑离型纸和无塑离型纸分类,也可以按离型剂分为有机硅离型纸和非硅离型纸。

1)淋膜离型纸:在一般纸的表面先热熔涂塑一层聚乙烯粒子,要求熔融指数在 7 左右,再涂有机硅离型剂。目前,国内生产的离型纸多数是此种方法。一般淋膜离型纸淋膜量为每平方米 16 g,淋膜离型纸又分为单淋和双淋。一般单面离型纸是单淋的,当然也有双淋的单面离型纸,因为离型面淋膜较厚一般为 20 g,不离型面一般较薄 15 g,这样的离型纸比较平整。如果是双面淋膜量均为 22 g 的淋膜纸,则比较适合做双面离型纸。

2)格拉辛纸:是比较理想的离型纸用基材,它是由树脂浸渍后经超级压光后涂布离型剂生产而成。纸张的紧实度好,底纸质地致密、均匀,有很好的内部强度和透光度,适合模切厂使用,并且具有耐高温、防潮、防油等优点[8]。

3)CCK 离型纸:CCK 原纸是表面涂布了一层特殊的陶土后再涂布离型剂,生产而得的离型纸。CCK 原纸表面的陶土极易破坏有机硅,所以只有少数国内生产的 CCK 离型纸真正能够达到标准要求。

4)皱纹纸和 KK 纸:皱纹纸是经过特殊处理、表面有均匀美观皱纹的一种纸张。KK 纸是一种用聚乙烯醇和纤维素等材料进行过表面处理的纸张。这两种纸张的共同优点是耐热性好[9]。

5)纸塑复合材料:指各种纸张用胶黏剂黏附一层聚酯、聚丙烯或聚乙烯薄膜形成的一种复合材料。可以改善纸张的性能,但耐热性降低。

(2)塑料薄膜

1)聚丙烯薄膜:是一种优良的气体及水蒸气阻隔材料,具有耐化学性、耐热性、电绝缘性、高强度机械性能和良好的高耐磨加工性能等,可耐受 100℃ 以上煮沸灭菌。聚丙烯的力学强度、刚性和耐应力开裂都相当于或稍优于高密度聚乙烯,而且有突出的延伸性和抗弯曲疲劳性能。聚丙烯的最大缺点是低温下易脆裂,耐低温性能不如聚乙烯。

2)聚酯薄膜:是透皮贴剂中常用到的一种离型膜材料。聚酯薄膜由聚对苯二甲酸乙二醇酯经铸片及双轴定向拉伸而制得。与其他薄膜比较,其表面平整光洁、涂布均匀。产品物理性能优良,厚度公差小,热收缩率低。具有高抗张强度,抗拉伸性,优良的耐热、耐寒性和良好的耐化学药品性和耐油性。因此,聚酯离型膜与胶黏制品复合时离型膜无迁移现象,并且聚酯离型膜单面或双面涂层单位面积重量的允差非常小;基膜具有优异的机械强度和化学性能,在较长时间内耐高温性可以达到 180℃,10 min 内可以达到 200℃,因此在正常天气条件下有很高的稳定性和极长的保存期限。但是它也有缺点:不耐强碱,易带静电。

3)聚乙烯薄膜:聚乙烯膜也可以作用离型膜基材,关于聚乙烯膜前面已有叙述。

4)聚氯乙烯薄膜:聚氯乙烯是应用广泛的通用型热塑性塑料,为半透明状,有光泽。它是一种有热敏性、热塑性、无定型的聚合物。聚氯乙烯有优良的阻隔氧气的性能,是一种廉价、坚韧并且易于加工的物质,加入增塑剂和填料的聚氯乙烯塑料的相对密度为 1.15~2.00,聚氯乙烯的力学性能取决于聚合物的分子量,增塑剂和填料的含量。聚合物的分子量越大,力学性能、耐寒性、热稳定性越高,但成型加工比较困难;分子量低则相反。聚氯乙烯含氯量达 65%,因而具有阻燃性和自熄性。聚氯乙烯的热稳定性差,无论受热或日光照射都能引起变色,并伴随着力学性能和化学性能的降低。聚氯乙烯是无定形聚合物,它的玻璃化温度为 80℃ 左右,在此温度下即开始软化,随着温度的升高,力学性能逐渐丧失。但在实际应用中,聚氯乙烯的长期使用温度不宜超过 65℃。聚氯乙烯的耐寒性较差,尽管其催化温度低于-50℃,但低温下聚氯乙烯制品也会变硬、变脆。聚氯乙烯薄膜具有防潮性、抗水性、气密性良好、可以热封、印刷性能优良等特点。

5)OPP 薄膜:又称双向拉伸聚丙烯薄膜,它主要的原材料就是聚丙烯,采用平模法通过双向拉伸而加工出来的薄膜,它的优点是具有较强的拉伸强度,无论是光泽度还是透明度等都比较完美,因为 OPP 离型膜拥有优良的印刷功能与涂层附着力,良好的水蒸气阻隔性能,广泛应用于各类包装行业。

6)乙酸纤维素薄膜:有二乙酸纤维素薄膜和三乙酸纤维素薄膜两种。它们的透明性好,光泽度高,电气性能也极好。但由于价格高,作为离型膜基材使用的并不多。

7)乙烯-乙酸乙烯酯共聚物薄膜:是一种通用高分子聚合物,可燃,燃烧气味无刺激性。乙烯-乙酸乙烯酯共聚物有很好的耐低温性能,其热分解温度较低,约为 230℃ 左右,随着分子量的增大,乙烯-乙酸乙烯酯共聚物的软化点上升,加工性和塑件表面光泽性下降,但强度增加,冲击韧性和耐环境应力开裂性提高,乙烯-乙酸乙烯酯共聚物的耐化学药品、耐油性方面较聚乙烯、聚氯乙烯稍差,并且随着乙酸乙烯含量的增加,其性能变化更加明显。在弹性、柔性、光泽性、透气性等方面,乙烯-乙酸乙烯酯共聚物优于聚乙烯。另外,可通过加入增强填料的方法来避免或减少乙烯-乙酸乙烯酯共聚物力学性能下降的问题。

8)聚氨酯薄膜:透明性好、耐磨弹性佳、轻度高,但不耐老化、不耐湿,利用其耐磨性好的特点可作离型膜基材使用。但聚氨酯薄膜具有一定的拉伸性,进行转移涂布时,聚氨酯薄膜并不合适。

9)其他塑料薄膜[3]:如氟塑料薄膜,按氟塑料组分可分为聚四氟乙烯、全氟烷氧基树脂、全氟(乙烯丙烯)、三氟氯乙烯共聚物、聚氟乙烯、聚偏氟乙烯等,这些薄膜耐热性、耐寒性、药物耐受性优良,而且摩擦系数小,是良好的离型膜基材;尼龙、聚乙烯醇、聚丁烯、聚丙烯酸酯薄膜也可用作离型膜基材使用。

2. 离型膜涂层的种类、制备和性质　离型剂是涂敷于离型膜基材上用于保护透皮贴剂(或贴膏剂)胶体,并使离型膜与胶体易于剥离的一类物质。离型剂早期以石蜡为主,如 21 世纪 50 年代,日本互应化学工业株式会社研制了造纸表面加工助剂石蜡乳液系列离型剂[10]。离型剂的种类很多,一般来讲表面张力较小的物质都有一定的离型性能。常用的离型剂有有机硅、有机氟和长链烷基酯三大类。用于透皮贴剂或贴膏剂的离型膜材料的离型剂主要有含氟类和有机硅离型剂,使用有机硅离型剂的离型膜称为硅化离型膜材料,使用含氟类离型剂的离型膜称为氟化离型膜材料。有机硅离型剂可分为溶剂型有机硅离型剂、水乳液型有机硅离型剂和无溶剂型有机硅离型剂。

(1)有机硅离型剂:以 Si—O 键为骨架,硅原子的全部或部分与有机基团结合,如甲基(Me)、苯基(Ar)等。一般用直链的聚二甲基硅氧烷的端基 Si—OH 和单体甲基聚硅氧烷上 Si—H 基进行脱氢交联反应制得[10]。

1)溶剂型有机硅离型剂[10,11]:溶剂型有机硅具有使用方便、耐老化、性能好等特性,但离型膜制备过程残留的大量溶剂易造成环境污染、危害人身体健康。溶剂型有机硅离型剂主要包括以下两种:① 缩合型有机硅离型剂,所用的主要聚合物是二甲基聚硅氧烷,它的聚合度越大,交联剂的分子量越小,所得到离型剂的离型效果就越小。调节主体聚合物和交联剂的分子量,即可得到具有不同离型效果的有机硅离型剂。② 加成型有机硅离型剂,加成型有机硅离型剂是目前主流的离型剂,其固化机制是基于铂催化剂作用下,乙烯基硅油与含氢硅油进行的硅氢加成反应,在足量的铂催化剂存在的条件下,加成型有机硅离型剂的固化速率快。这类离型剂使用的主体聚合物分子量一般比较大。它们的离型性能较差,离型剥离值较高。为了调节涂层的离型性,常使用离型调节剂,通常是一些分子量较低的有机硅树脂。据瓦克化学(中国)有限公司报道,专为聚酯薄膜涂布推出 DEHESIVE 955 溶剂型加成固化有机硅离型剂,其在低剥离速率时,具有中等离型力及优异的离型稳定性、卓越的浴槽寿命和对聚酯薄膜优异的附着性。

2）水乳液型有机硅离型剂:有机硅乳液是在高速搅拌下将乳化剂的水溶液不断加入主体有机硅聚合物和交联剂的混合物中制得的。也可由有机硅单体经乳液聚合的方法制得主体二甲基聚硅氧烷乳液,然后再加入交联剂混合均匀制得[2]。这类有机硅离型剂同样分为加成型和缩合型两种。该离型剂与溶剂型有机硅离型剂相比,水乳液型有机硅离型剂存在着离型性能和工艺性能上的选择余地小,离型性能不易稳定并容易受到环境、温湿度的影响,应用范围较窄等缺点。但由于成本低,涂布方法简单,涂布量容易控制,无公害,使用安全,不损害人身健康,不需要溶剂回收,对环境无污染,故水乳液型有机硅离型剂也有很多厂家使用。

3）无溶剂型有机硅离型剂:这是一类 21 世纪 70 年代后才发展起来的较新的有机硅离型剂,国内发展很快。这类有机硅离型剂同样根据其交联反应的不同分为加成型和缩合型,与前面不同之处在于,其主链由乙烯基聚二甲基硅氧烷、烃基封端聚二甲基硅氧烷进行脱氢交联反应而制得[10]。这类离型剂不污染环境、无火灾危险、离型效果好、固化速度快。所以目前已发展成为有机硅离型剂中最重要的一类。但是,无溶剂型有机硅离型剂的成本较高,对涂布设备要求高,设备费用高,薄层涂布时涂展性差。

（2）有机氟离型剂[12]:采用有机硅离型剂制备的离型膜,具有较低的表面能和较好的离型效果,但根据相似相溶原理,有机硅离型剂用于有机硅压敏胶基质时会出现黏卷现象,不能达到预期的离型效果,因此贴剂用离型膜采用的离型剂逐渐被含氟的离型剂所替代,尤其是在外部离型剂方面。以含氟的化合物作为溶液,可以形成极薄的具有不黏着性和优良的离型性,并且容易二次加工,减少了对模具的污染,同时提高了对复合材料制品的保护。含氟离型膜是在聚酯薄膜基材上涂布含氟离型剂制备而成的,是专为与硅酮压敏胶等黏合而设计的,不但可以提供稳定的低剥离力,还能保持良好的后续黏着强度。含氟离型膜以聚对苯二甲酸乙二醇酯为基材,产品表面涂上 $0.2 \sim 0.6\ \mu m$ 的氟离型物质。薄膜表面平整光洁,涂布均匀,无折皱、撕裂、颗粒、气泡、针孔等缺陷。含氟离型膜具有物理机械性能优良、厚度公差小、透明度高、热收缩率低、柔韧性好等优点。例如,3M Scotchpak 离型膜是含有氟化物涂层的聚酯膜,氟化物涂层对各种类型胶的适应性好,可有效减少氟化物对胶的转移,能很好地与黏合剂（包括有机硅、丙烯酸酯、聚异丁烯和橡胶类压敏型胶粘剂）分离。

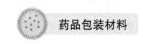

含氟离型膜的核心技术要素为聚酯薄膜、氟素离型剂和涂布工艺。

3. 离型膜的选择和应用

（1）与处方的兼容性：离型膜的基材和离型剂等决定了离型膜与贴剂的适用性。有机硅离型膜可适用的胶水为热熔胶、油性丙烯酸压敏胶、乳液型丙烯酸压敏胶。氟素离型膜除了适用上述胶水外，也适用硅压敏胶，因此适用性更广。溶剂型硅油的涂布成本是最低的。硅油涂布量直接影响到离型膜的剥离性能。较高涂布量的硅油，能够密实地将底层的原纸覆盖，保证硅油分布均匀。而较低的硅油涂布量，则容易出现漏涂等现象，致使剥离不良。乳液型丙烯酸压敏胶需要较低的硅油涂布量，而油性丙烯酸压敏胶及热熔胶则需要较高的硅油涂布量。

（2）剥离力：指压敏胶基质与离型膜揭开时的剥离力，剥离力有规范的测试标准。离型纸的剥离力主要取决于硅油配方和涂布量，涂布量的多少直接影响到离型膜的剥离性能。较高涂布量的硅油，能够密实地将底层的原纸覆盖，保证硅油分布均匀。而较低的硅油涂布量，则容易出现漏涂等现象，致使剥离不良。常温剥离力指在常温下通过标准测试方法得到的剥离力数据，单位是 N/25 mm，可以转换成多少克。一般 0.15 N/25 mm，即 15 g 左右的剥离力，俗称轻剥离；0.250 N/25 mm，即 20～30 g 的剥离力，俗称中剥离；0.4～0.6 N/25 mm，即 40～60 g 的剥离力，俗称重剥离；当然也有 0.03～0.05 N/25 mm，即 3～5 g 的剥离力，俗称超轻剥离；也有 1.00 N/25 mm，即 100 g 以上的剥离力，俗称超重剥离。残余黏着力指离型纸在经过第一次剥离后，第二次剥离时的力，经计算后得到的数据，主要反映硅油固化的效果[13]。

（3）厚度：离型膜的厚度，主要取决于透皮贴剂产品自身的工艺需求。

（4）洁净度：指离型膜表面的清洁程度，因为离型纸厂家的生产环境不尽相同，大多数不是无尘工作室，由于成本的问题，也不可能采用无尘工作室，一般来说都是普通的厂房，好一点的离型膜生产工艺会在环保和环境方面有很多的改进，这些都会对离型膜的洁净度产生影响。透皮贴剂用离型膜应采用无尘或除尘工艺，避免离型膜表面的灰尘污染。

四、透皮贴剂用外包装材料的种类与应用

1. **透皮贴剂用外包装材料的种类与性质**　透皮贴剂外包装材料主要为复合膜袋，复合膜袋是将复合膜通过热合的方法而制成的袋，按制袋形式可分为三边封袋、中封袋、拉链袋等[14]。

复合膜袋由两层或三层以上材料复合而成，常用复合膜袋有聚酯/铝/聚乙

烯药用复合膜袋、聚酯/低密度聚乙烯药用复合膜袋、双向拉伸聚丙烯/低密度聚乙烯药用复合膜袋、纸/聚乙烯/铝/聚乙烯药用复合膜袋、玻璃纸/铝/聚乙烯药用复合膜袋等。因为是多层材质,所以复合袋性质稳定,防潮、隔氧、耐高温、耐酸碱性强,可以长期放置,抗撕扯能力强[15]。

2. **透皮贴剂用外包装材料的选择与应用**　包装材料的选择应在确保透皮贴剂药品质量的前提下,兼顾使用的方便性及经济性,贴剂中药物的结晶会严重影响贴剂的质量,药物的经皮吸收会下降,同时贴剂中药物杂质的产生也与环境因素有关,因此在选用包装材料时,必须结合透皮贴剂的特性和包装材料的材质特点,根据外包装材料对光、热、氧、水蒸气等的阻隔性能进行筛选和优化,另外保证外包装材料不与药品发生作用或迁移也是必须要考虑的因素。例如,聚酯/铝/聚乙烯药用复合膜袋具有良好气体、水分阻隔性。玻璃纸/铝/聚乙烯药用复合膜袋具有良好的易撕性,方便取用药品;良好的气体、水分阻隔性,保证内容物的稳定性。纸/聚乙烯/铝/聚乙烯药用复合膜袋具有良好的印刷性,对光、气体和水具有良好的阻隔性能[16]。

目前,上市透皮贴剂用包装材料多采用聚酯/铝/聚乙烯药用复合膜袋、纸铝塑复合袋;如吲哚美辛贴剂为聚酯\铝\聚乙烯药品包装用复合膜袋包装、双氯芬酸钠贴剂为铝塑复合膜袋包装、硝酸甘油贴剂为铝塑复合袋包装等[17]。

第三节　透皮贴剂用包材的关联性实验

药包材作为直接接触药品的包装材料和容器,对药品的质量有十分重要的影响。影响较大的国外药典标准体系,如《美国药典》《欧洲药典》《日本药典》等,均已收载相关药包材标准。《中国药典》(2015 年版)中首次收载了 9621 药包材通用要求指导原则和 9622 药用玻璃材料和容器指导原则两个指导原则,开启了药包材标准纳入《中国药典》的序幕[18]。《中国药典》(2020 年版)和《国家药包材标准》(2015 年版)中对药包材的检测方法提出了详细的规定。透皮贴剂用内包材通常指其背衬层与离型膜,由于这些包材直接与药品和基质接触,故需要一系列关联性实验确保贴剂的质量及安全性和使用性能等。

一、透气(湿)性试验

1. **药包材的水蒸气透过量测定[7]**　各国药典对药包材的水蒸气透过量测定,以及相关的仪器装置、试验条件等都提出了详细的规定。测定方法主要包括重量法、电解分析法等。其中,重量法中的杯式法和红外检测器法可以用于检测药用薄膜或薄片等片状材料的水蒸气透过量。

杯式法指将供试品固定在特制的装有干燥剂的透湿杯上,通过透湿杯的重量增量来计算药用薄膜或薄片的水蒸气透过量,透湿杯应由质轻、耐腐蚀、不透水、不透气的材料制成,有效测定面积不得低于 25 cm^2,一般适用于水蒸气透过量不低于 2 g/(m^2·24 h)的薄膜或薄片。

红外检测器法适用于药用薄膜或薄片等材料片材的水蒸气透过量的测定。当供试品置于测试腔时,供试品将测试腔隔为两腔。供试品一边为低湿腔,另一边为高湿腔,里面充满水蒸气且温度已知。由于存在一定的湿度差,水蒸气从高湿腔通过供试品渗透到低湿腔,由载气传送到红外检测器产生一定量的电信号,当试验达到稳定状态后,通过输出的电信号计算出供试品水蒸气透过率。红外透湿仪由湿度调节装置、测试腔、红外检测器、干燥管及流量表等组成。高湿腔的湿度调节可采用载气加湿的方式或饱和盐溶液的方式调节,红外检测器与低湿腔相连测定水蒸气浓度。红外传感器对水蒸气的灵敏度至少为 1 μg/L 或 1 mm^3/dm^3。

具体试验条件、测试程序、水蒸气透过量计算和统计分析方法和要求等详见《中国药典》(2020 年版)。

2. **透皮贴剂透气性测试** 透皮贴剂和贴膏剂通常直接粘贴在皮肤上产生全身性或局部药理作用,此类制剂在使用时,由于背衬和压敏胶的影响,透皮贴剂可能会存在透气性差的问题,引起皮肤的分泌和排泄的功能障碍,导致皮肤分泌的油脂、体液和代谢的废物等在皮肤和压敏胶中累积,长时间会导致皮肤被浸发白,甚至引起过敏或感染。因此采用适宜方法对药物透皮贴剂的透气性进行测试十分必要。

目前,关于透皮贴剂的透气性测试并没有统一的标准和要求,研究者根据实验要求设计出一种可以检测透皮贴剂透气性的方法[3],透气性测试的具体方法为:取一底面积(S)已知的表面皿,向其中注入一定体积的去离子水,称重并记录质量为 W_1;取一面积略大于 S 的供试品,将其胶面面向水贴敷,密封表面皿,置于37℃、相对湿度65%环境中,放置 24 h 后再次称量,记录质量为 W_2;利用下式计算湿气透过率。

$$湿气透过率 = (W_1 - W_2)/S$$

二、体外释放度试验与体外透皮试验

透皮贴剂和贴膏剂从基质中释放药物到皮肤表面,然后扩散进入皮肤角质层、活性表皮、真皮及皮下组织,药物被皮肤组织吸收或通过皮肤中微血管进入体循环而产生全身作用。无论是皮肤局部起效还是发挥全身作用的透皮贴剂和贴膏剂,其释放性能和透皮性能对药物的疗效起着关键的作用,而透皮贴剂和贴膏剂的衬材对药物的经皮吸收动力学过程会产生一定的影响。

1. **体外释放度试验(*in vitro* release test IVRT 试验)**　用来评估药物从透皮贴剂释放的速率和程度,是质量研究及稳定性考察中的重要指标[5],在建立体外释放度考察方法时,需要考察的因素包括介质、pH、温度、转速和装置等,适用于透皮贴剂的释放度测定装置主要采用溶出仪和扩散池。《中国药典》(2020 年版)对透皮贴剂的溶出仪释放度测量法中包括网蝶法和转筒法。

(1)网碟法:将溶出介质预温至 32℃±0.5℃,将透皮贴剂固定于两层碟片之间或网碟上,溶出面朝上,尽可能使其保持平整。再将网碟水平放置于溶出杯下部,并使网碟与桨底旋转面平行,两者相距 25 mm±2 mm,吸取溶出介质,并及时补充相同体积的 32℃±0.5℃的溶出介质。

(2)转筒发:待溶出介质预温至 32℃±0.5℃;除去透皮贴剂的保护层,将有黏性的一面置于一片铜纺上,铜纺的边比贴剂的边至少大 1 cm。将透皮贴剂的铜纺覆盖面朝下放置于干净的表面,涂布适宜的胶黏剂于多余的铜纺边。如需要,可将胶黏剂涂布于透皮贴剂背面。干燥 1 min,仔细将透皮贴剂涂胶黏剂的面安装于转筒外部,使贴剂的长轴通过转筒的圆心。挤压铜纺面除去引入的气泡。将转筒安装在仪器中,试验过程中保持转筒底部距溶出杯内底部 25 mm±2 mm,立即按品种正文规定的转速启动仪器。在规定取样时间点,吸取适量溶出液,及时补充相同体积的温度为 32℃±0.5℃的溶出介质。采用上述两种方法时,需要注意背衬层是否存在药物释放的问题并采取相应的技术手段。

《日本药典》和国家药品监督管理局药品审评中心于 2020 年 12 月颁布的《化学仿制药透皮贴剂药学研究技术指导原则(试行)》中,也提出了采用扩散池法开展透皮贴剂体外释放度的研究方法,采用扩散池法进行透皮贴剂的体外释放度试验,需要对药物在接受介质中的溶解度和稳定性进行考察,对温度和转子转速进行优化,并建立具有良好鉴别力和平行性的扩散池体外释放度方法。

2. **体外透皮试验(IVPT 试验)**　是为了模拟药品在生理条件下的透皮过程,以部分反映药品的质量与临床治疗有效性的关联[6]。体外透皮试验目前主流方法为弗兰兹扩散池法(Franz diffusion cells),也可采用流通池法(flow through cell)。背衬材料会影响皮肤的水合作用,进而影响药物的经皮渗透速率,因此在考察背衬材料对贴剂中药物渗透影响时需要开展体外透皮试验。在建立体外透皮试验方法时,应考察皮肤模型、接受介质、温度等因素。

体外透皮试验的皮肤主要分为人体皮肤、动物皮肤和人工合成膜等,在体外透皮试验前需要考察皮肤的完整性,通常使用经表皮水分散失量和测量皮肤电阻值等方法来评价皮肤的屏障功能是否完整;选择接受池中接受介质的原则是需要保证体外透皮试验中的漏槽条件,通常认为在整个试验过程中,接受介质中药物的浓度不能超过其饱和溶解度的 10%;接受介质应当一定程度上反映药物在体内透皮吸收情况,并不会明显影响皮肤的屏障作用,同时不影响药物的稳定性;另外,体外透皮试验一般在 32℃±1℃、模拟皮肤表面的温度的条件下进行,同时还需要根据接受介质的种类,优化接受池转子的转速,降低介质种类和黏度对体外透皮试验结果的影响。

三、剥离强度试验

剥离强度试验通常指透皮贴剂或贴膏剂的压敏胶层的剥离强度试验,剥离力试验要求在指定的温湿度和时间条件下进行平衡,然后使用仪器将透皮贴剂或贴膏剂从基材上剥离并记录相应的力,反映透皮贴剂或贴膏剂从皮肤上揭下的强度。对于透皮贴剂和贴膏剂而言,离型膜从压敏胶基质或黏附层的剥离力试验,可以参考复合膜的剥离试验方法进行,离型膜(防粘层)剥离力指在指定的温湿度和时间条件下进行平衡,然后使用仪器将防粘层从透皮贴剂上剥离并记录相应的力。另外,有时还需要进行背衬材料与压敏胶基质之间的黏基力测定。

1. 剥离强度试验 剥离强度表示贴膏剂、透皮贴剂的膏体与皮肤的剥离抵抗力,剥离力试验通常采用 180°剥离强度试验法进行测定。试验时,应使供试品的破坏负载在满标负荷的 15%~85%;力值误差不应大于 1%;拉力试验机以 300 mm/min±10 mm/min 的下降速度连续剥离,选择厚 1.5~2.0 mm、宽 50 mm±1 mm、长 125 mm±1 mm 的不锈钢板,使用的聚酯薄膜采用符合 JB1256-77(6020 聚酯薄膜)规定的厚度为 0.025 mm 的薄膜,长度约为 110 mm,宽度应大于供试品约 20 mm。相关的测定方法和结果判定可参见《中国药典》(2020 年版)中的相关规定。

2. 离型膜(防粘层)剥离强度试验 用来测试透皮贴剂或贴膏剂压敏胶与离型膜之间的剥离力,测定防粘层剥离力是选择透皮贴剂和贴膏剂离型膜的重要手段,目前关于透皮贴剂离型膜剥离力检测尚未有规范统一的测定方法。《中国药典》(2020 年版)中提到,药包材剥离强度测定法适用于塑料复合在塑料或其他基材(如铝箔、纸等)上的各种软质、硬质复合塑料材料剥离强度的测定,故在测定透皮贴剂防粘层剥离强度时可以参考药包材剥离强度测定法。药包材剥离强度测定法指将规定宽度的试样,在一定速度下,采用材料试验机进行T型剥离,测定所得的复合层与基材的平均剥离力。防粘层剥离力试验的仪器装置、试验环境、试样制备、测定法和结果判断可参见《中国药典》(2020年版)的相关规定。

3. 粘基力测定试验 粘基力指压敏胶黏剂与衬材之间的剥离力,是透皮贴剂和贴膏剂处方和工艺筛选优化的重要内容之一,粘基力过低会导致胶面与基材脱离,因此透皮贴剂和贴膏剂衬材的选择,可以借助透皮贴剂或贴膏剂持粘力和剥离力测定的结果进行分析,对透皮贴剂和贴膏剂而言,正常情况下,要求粘基力>持粘力>剥离力>快粘力。粘基力过低时,可调整骨架材料和其他成分配比,增加胶体对基材的浸润性,提高粘基力。

第四节 机 遇 与 挑 战

我国作为全球最大的医药市场之一,药用包装材料行业处于成长阶段,增长速度快于其他地区。我国市场近十年的经济发展速度快于全球平均水平,跨国制药公司逐渐将我国市场作为其产品销售的重要增长点。透皮给药系统作为高端复杂制剂之一,越来越受到人们的关注,这无疑为透皮制剂包装材料的发展创造了前所未有的机遇,由于透皮给药系统的研究时间比较短,人们对透皮给药系统本身的理解和认识还不够深入,对透皮制剂用包材的选择与应用也面临着诸多的挑战。

1. 透皮贴剂用药包材的发展机遇 透皮贴剂用包材技术发展日新月异,随着人们对健康品质要求和生活质量的提高,环保意识的增强,各种新型材料与透皮制剂的结合,为透皮贴剂用包材的发展提供了重要的机遇。

(1)环保型材料:由于透皮贴剂使用过后被当作医疗废物丢弃,不可降解材料对环境造成污染,因此开发出一些可降解、易回收、污染小的高分子材料有利于减少医疗废物对环境的污染,这些材料的研制和应用市场开发大有可为[19]。

(2)智能材料:指能够对环境做出响应并具有一定功能的新型材料。通过将生物技术、电子技术等先进科学技术与包装材料相结合,开发出实现长效透皮给药或定时提醒患者更换透皮贴剂的智能材料。这对于需要长期使用透皮贴剂的患者来说具有重要的意义[20]。

（3）抗菌材料：由于透皮贴剂的特殊性，透皮贴剂往往需要在皮肤上维持单日或多日给药，因此在给药期间透皮贴剂有可能被微生物污染；为了保证药品安全性，使用具有抗菌功能的背衬材料对患者的用药安全性具有深远的意义。例如，徐瑞芬[21]等在塑料中添加了纳米二氧化钛，获得了抗菌塑料并对其抗菌性能进行了研究。虽然这些研究仅在初级阶段，但无疑会成为今后透皮贴剂用包材开发的热点方向。

2. 透皮贴剂用包材面临的问题与挑战　透皮贴剂在整个治疗的全周期需要与皮肤较长时间贴合，并且不能引起明显的皮肤刺激和过敏反应，同时还要辅助透皮药物的输送，对特殊的剂型还要实现一些特殊的功能，因此，透皮贴剂用包材面临着诸多技术和应用方面的挑战。

（1）透皮贴剂用包材应保证贴剂中药品的质量及活性成分的稳定性，包装材料不与活性成分发生反应，防止保质期内药物发生任何形式的改变、流失和污染等现象。

（2）透皮贴剂用包材应具有一定的耐热性、阻隔性等物理性能，防止药品在运输过程中受气候等环境因素影响而产生质变。

（3）透皮贴剂用包材应改善患者的顺应性，具有比较适宜的透气性、透湿性且方便使用。

（4）成本低廉且对环境影响小；透皮贴剂用包材应价格低廉且易于加工，同时，丢弃后应避免对环境造成不良影响，易于回收。

透皮贴剂中常见的包装材料和容器包括塑料、金属材料等，随着材料科学与技术的进步，各种质轻、易加工、稳定性高、封闭性好、防潮能力强和抗菌抑菌等性能优异的复合包装材料也被应用到透皮制剂中来。

目前，透皮贴剂用包材依旧采用较传统的包装材料，透皮贴剂的剂型的优势还没有完全发挥出来，因此适合透皮贴剂的新包装材料必将在未来有广阔的发展空间。

参考文献

［1］ PASTORE M N, KALIA Y N, HORSTMANN M, et al. Transdermal patches：History, development and pharmacology. British Journal of Pharmacology, 2015, 172（9）：2180-2209.

［2］ 郑俊民.透皮给药新剂型.北京：人民卫生出版社,2006：329-333.

［3］ 熊维政,杨义厚,梁秉文.药物贴膏剂生产与开发.北京,化学工业出版社,2010：48-51.

［4］ 屠美.药用高分子材料及其应用.广州：华南理工大学出版社,2006：131-140.

［5］国家食品药品监督管理局药品审评中心.化学仿制药透皮贴剂药学研究技术指导原则（试行），2020.

［6］US Food And Drug Administration. Transdermal and topical delivery systems-product development and quality considerations. ［2020－05－09］. https：//www.fda.gov/regulatory-information/search-fda-guidance-documents/transdermal-and-topical-delivery-systems-product-development-and-quality-considerations.

［7］国家药典委员会.中华人民共和国药典（2015年版）.北京：中国医药科技出版社,2015.

［8］WAGLE P G, TAMBOLI S S, MORE A P. Peelable coatings：A review. Progress in Organic Coatings, 2021, 150：106005.

［9］刘因华,赵远,郭世民.浅谈透皮给药的机制方法和发展前景.云南中医中药杂志,2008,（10）：59－61.

［10］张俊苗,付永山,伍安国,等.离型纸用离型剂研究的新进展.纸和造纸,2015,34（9）：4.

［11］杨庆红,陈荣雄,邵向东,等.有机硅纸张离型剂的研究进展.有机硅材料,2020,34（5）：4.

［12］许显成,邬艺,陈仁秀,等.氟素离型剂的发展与应用.化工技术与开发,2020,49（1）：35－37.

［13］黄小雷,刘文.防粘纸离型性能研究.中国印刷与包装研究,2012,4（2）：5.

［14］庾晋,白木,周洁.我国药品包装综述.中国包装工业,2002（3）：19－23.

［15］中国食品药品检定研究院.国家药包材标准（2015年版）.北京：中国医药科技出版社,2015：174－177.

［16］胡婧,罗华菲,王浩.压敏胶骨架型透皮给药系统的生产工艺及设备概况.中国医药工业杂志,2010,41（1）：46－50.

［17］顾锁娟,陈云,张彩荣.药品包装用复合膜结构：ZL201821102509.7.2019－02－22.

［18］陈蕾,康笑博,宋宗华,等.《中国药典》2020年版第四部药用辅料和药包材标准体系概述.中国药品标准,2020,21（4）：307－312.

［19］阳康丽,袁志庆,陈洪.论药品包装材料的现状及发展趋势.包装工程,2006（4）：295－297.

［20］胡晓兰,梁国正.生物降解高分子材料研究进展.化工新型材料,2002,30（3）：7－10.

［21］徐瑞芬,许秀艳,付国柱.纳米二氧化钛在抗菌塑料中的应用性能研究.塑料,2002,31（3）：26－29.

第十章

口服制剂用防止儿童开启
包装材料与容器

防止儿童开启包装材料和容器是当代广泛使用的一类口服制剂包装的形式,可以有效避免和防止儿童误食药剂。本章主要介绍口服制剂药包材中儿童安全保护类的药包材容器产品的相关知识,包括对目前国内外常见的防止儿童开启包装的分类介绍,以及该类产品的技术要求、设计原理和检测方法等。

第一节 概 述

防止儿童开启包装(child-resistant packaging)是根据儿童生理和智力发育特点,特别是 5 岁以下学龄前儿童在短时间内难于识别和想出打开包装的方法而设计制造的包装形式,其结构相对复杂,而正常成年人通过识别提示能无困难地打开,用于存装不适合儿童接触或食用的制剂产品的药用包装材料或容器。主要是与瓶类产品配套的防止儿童开启盖(child-resistant closure),也包括与泡罩包装配套的特殊保护层的儿童保护包装(child-proof packaging)等形式。

儿童误食药品具有一定的普遍性,如果保管不当,儿童拿到固体制剂容器后,如果能够自行打开包装,就很容易被当作可口的糖果来食用。而有些口服液体药品,本身主要辅料成分是糖浆,儿童一旦品尝过后,就会记住可口的味道,在大人不注意的情况下,自行打开包装食用,造成超剂量误食。或者看到类似包装的如杀虫剂、化妆品、洗涤剂等化学产品,因为不能识别上面的文字标识,也会以为是糖浆而随手拿来自行打开食用,造成误食伤害。

据相关统计,儿童中毒死亡在非故意伤害导致儿童死亡的排名中列第五位,全球一年中约有四万五千名儿童死于中毒事件。由于药品和化学品本身性能的要求,"是药三分毒",成年人尚且会因为吃错药而造成伤害,更何况是儿童。因此,通过合适的包装形式来减少和避免儿童误食药品的情况发生,是非常有必要的。

防止儿童开启包装是针对儿童这个特殊群体的生理和智力发育特点开发的特殊药品包装形式,它可以很好地避免儿童自行打开包装,也就可以从根本上有效地减少和避免儿童误食药品。儿童安全的保障是国家和每个家庭首要预防措施之一,设计巧妙的安全瓶盖和包装形式可以从根源上有效减少儿童意外中毒事件发生。

美国是最早进行危险品防止儿童开启包装研究并制订测试方法标准的国家。1970 年 12 月 30 日颁布了《有毒品安全包装条例》(poison prevention packaging act, PPPA),该项立法对儿童误服而中毒问题的解决奠定了坚实的基础。通过在儿童与有害化学物质之间创造一个安全屏障,才有可能控制造成中毒事故的各种误摄入因素。1970 ~ 1972 年,FDA 负责执行《有毒品安全包装条例》,之后把管辖权交给了美国消费品安全委员会(US Consumer Product Safety Commission, CPSC)负责执行。《有毒品安全包装条例》授权美国消费品安全委员会,要求家用产品和药品都要经过特殊包装,以免药品和危险的家用产品对儿童造成伤害(protect young children from medicines and dangerous household products)。《有毒品安全包装条例》对特殊包装的定义为一种用于儿童安全的包装,其设计结构使 5 岁以下儿童在合理时间内难以开启或取出一定数量的有毒或有害物质,但对正常成人来说却不难开启,但这并不意味着此包装使所有儿童在合理时间内不能打开或获取一定数量有毒或有害物质。该条例要求对有潜在危害的药品和有危险性的家用产品使用防止儿童开启包装,如计划生育药、精神类药、心血管类药、激素类药等和有危害的日化用品如含氯消毒剂、清洗剂、有腐蚀性的酸碱类产品、农药等。

通过多年实施《有毒品安全包装条例》,儿童因误摄入有毒家用产品(包括药品)而中毒死亡的数目显著下降。据相关报道,美国 5 岁以下儿童药物中毒的死亡率 1974 ~ 1992 年降低了 45%[1]。

1989 年,国际标准化组织包装技术委员会(ISO/TCl22)制订了 ISO 8317《防止儿童开启包装——可重新封口包装的要求和试验方法》(child-resistant packaging-requirements and testing procedures for reclosable packages)国际标准,正式在国际上提出了"防止儿童开启包装"这一概念,并对其要求和试验方法做了规定。随后欧洲共同体(欧共体)也提出《关于危险品包装的欧共体指令(67/548)》,规定此类产品应使用防止儿童开启包装,并且应符合国际标准《防止儿童开启包装——可重新封口包装的要求和试验方法》(child-resistant

packaging — requirements and testing procedures for reclosable packages）
（ISO8317）的相关规定。随后，欧洲标准化委员会（European Committee
Standardization，CEN）又出台了（药品）《保护儿童的不可重封口的药品包
装——要求及试验》（child-resistant non-reclosable packaging for pharmaceutical
products — requirements and testing）（EN14375—2016）和（非药品）《包装-防止
儿童开启包装——非药品类不可再次封闭包装要求与测试程序》（child-resistant
packaging — requirements and testing procedures for non-reclosable packages for
non-pharmaceutical products）（EN 862—2016）两个药品类和非药品类的防止儿
童开启包装要求与测试程序，作为对防止儿童开启包装的系列测试的补充。目
前，世界上已存在多种基于这类测试方法的防止儿童开启包装。

在国际组织和各国政府的大力推广和努力下，使用防止儿童开启包装的成
效显著。据报道，荷兰实施防止儿童开启包装后，4 岁以下儿童因药物而中毒的
比例降低了 15%，因类似伤害接受门诊治疗的患儿减少了 50%，澳大利亚儿童
因药物而中毒的比例降低了 45%~60%[1]。

2008 年，WHO 和联合国儿童基金会（United Nations International Children's
Emergency Fund，UNICEF）发布的《世界预防儿童伤害报告》指出，防止儿童开
启包装是自有记录以来，预防儿童中毒的最成功措施。防止儿童开启包装对药
物、燃料、家用化学品和农药都很有效……应该将其应用在所有的非处方销售药
物上，以防止儿童误食这些有潜在致命性的产品。国家应当用法律强制药物使
用防止儿童开启包装。

防止儿童开启包装在我国也逐步得到了推广和应用。2010 年，国家质量监
督检验检疫总局会同国家标准化管理委员会发布了《防止儿童开启包装 可重新
盖紧包装的要求与试验方法》（GB/T 25163—2010）。目前，我国已有很多防止
儿童开启包装产品上市。

第二节　口服制剂用防止儿童开启塑料
包装的主要类型与选择

防止儿童开启的塑料包装种类繁多，市面上不同的供应商会有多种多样的
产品供选择和使用，如何针对制剂本身的要求选择合适的防止儿童开启的产品
类型，除了要充分了解制剂本身的特性以外，还需要了解具体的防止儿童开启包
装产品的设计原理、材料特性等，并在此基础上，进行制剂与包装材料的相容性

试验和稳定性研究,确保兼顾符合制剂质量保护的要求和防止儿童开启的要求。本节从防止儿童开启包装的设计依据和主要产品类型方面介绍防止儿童开启的要求,供制剂生产商在选择此类包装产品时参考。

一、口服制剂用防止儿童开启包装的设计依据

医药包装设计首先要考虑到安全性。药品包装的根本要求就是必须在有效期内各种条件下保证被包装制剂的安全性、有效性和稳定性。

口服制剂用防止儿童开启包装需要满足医药包装的设计原则,同时考虑特殊包装的要求,即其设计结构使 5 岁以下儿童在合理时间内难以开启或取出一定数量的有毒或有害物质,但对正常成人来说却不难开启的要求。

最常见的防止儿童开启包装是与各种药包容器(瓶)配套的防止儿童开启瓶盖,一般由各种满足药品包装材质要求的聚乙烯或聚丙烯类塑料树脂注塑成型成组件,通常为 2~3 个组件,再通过装配而成,这种类型的防止儿童开启瓶盖结构比普通瓶盖要复杂一些。另外一类防止儿童开启包装是一种特殊结构的铝塑复合膜泡罩包装产品,一般通过复合一层不易察觉的高强度保护层,须通过文字之类提示成年人如何揭开保护层后才能打开包装,取出药品。还有一些袋装药品,使用强度比较大的材质,如杜邦特卫强纸,不容易被儿童撕开,也具有防止儿童开启包装的功能。还有一些特殊结构的纸盒,通过巧妙的设计,儿童无法破解开启技巧,也可起到防止儿童开启包装的功能。

二、口服制剂用防止儿童开启塑料瓶盖的主要类型与选择

1. **口服固体制剂用防止儿童开启瓶盖的主要类型与选择**　口服固体制剂主要有片剂、胶囊剂、丸剂、颗粒剂等,目前常见的防止儿童开启瓶盖的类型主要有压旋式防止儿童开启瓶盖、挤旋式防止儿童开启瓶盖、暗码式防止儿童开启瓶盖、凸耳式防止儿童开启瓶盖等。

(1) 压旋式防止儿童开启瓶盖[1-3]:是防止儿童开启瓶盖的最主要的形式,市面上大部分的防止儿童开启瓶盖特别是口服固体制剂的防止儿童开启瓶盖主要是压旋式防止儿童开启瓶盖的形式。

压旋式防止儿童开启瓶盖为内外两层的双层结构,外盖顶部的内侧和内盖顶部的外侧分布有可以啮合的齿轮,内盖的螺纹与瓶口相配,给外盖加压后,内外盖的齿轮相互啮合,旋转瓶盖时可以打开或逆向关闭瓶盖。只有下压和旋转两个动作同时进行时才能开/关瓶盖。儿童由于生理和智力未发育成熟,动作协

调能力比较差,无法同时完成下压和旋转两个动作,因此不能打开瓶盖,也就达到了防止儿童开启的功能,可以避免儿童误食药品。

下面结合瓶盖图片介绍几种常见的压旋式防止儿童开启瓶盖形式的口服固体制剂防止儿童开启瓶盖。

1) 口服固体药用聚丙烯压旋式防止儿童开启瓶盖(无防盗环)(图 10-1)。

类型:压旋式防止儿童开启瓶盖。

材料:内外盖均为聚丙烯,内盖含封口垫片,无防盗环。

首次打开时需要打开封口铝箔垫片。适合对水分不太敏感的口服固体制剂。

图 10-1　口服固体药用聚丙烯压旋式防止儿童开启瓶盖(无防盗环)

2) 口服固体药用高密度聚乙烯压旋式防止儿童开启瓶盖(无防盗环)(图 10-2)。

类型:压旋式防止儿童开启瓶盖。

材料:内外盖均为高密度聚乙烯,内盖含封口垫片,无防盗环。

首次打开时需要打开封口铝箔垫片。适合对水分不太敏感的口服固体制剂。

图 10-2　口服固体药用高密度聚乙烯压旋式防止儿童开启瓶盖(无防盗环)

3) 口服固体药用聚丙烯压旋式防止儿童开启瓶盖(含防盗环)(图 10-3)。

类型:压旋式防止儿童开启瓶盖。

材料：内外盖均为聚丙烯，内盖有密封环，无封口垫片，内盖有防盗环。

首次打开时会破坏防盗环，再次密封性能好。适合防伪要求比较高、对再次密封性要求高的口服固体制剂。

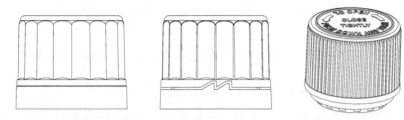

图 10-3 口服固体药用聚丙烯压旋式防止儿童开启瓶盖(含防盗环)

4）口服固体药用聚丙烯/高密度聚乙烯压旋式防止儿童开启瓶盖(图10-4)。

类型：压旋盖。

材料：内外盖分别为聚丙烯和高密度聚乙烯，一般内盖的材质与瓶子的材质一致，如与高密度聚乙烯瓶配套时，一般内盖也采用高密度聚乙烯材质。内盖含封口垫片，无防盗环。

首次打开时需要打开封口铝箔垫片。适合对水分敏感度一般的口服固体制剂。

图 10-4 口服固体药用聚丙烯/高密度聚乙烯压旋式防止儿童开启瓶盖

5）口服固体药用聚丙烯/低密度聚乙烯防止儿童开启防潮组合瓶盖(图10-5)。

类型：压旋式防止儿童开启瓶盖。

材料：内外盖均为聚丙烯，内盖有密封环，无封口垫片，内盖上组装一颗低密度聚乙烯筒装干燥剂胶囊，内盖有防盗环。

首次打开时会破坏防盗环，再次密封性能好。适合防伪要求比较高，对再次

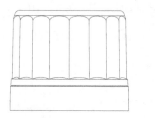

图 10-5　口服固体药用聚丙烯/低密度聚乙烯防止儿童开启防潮组合瓶盖

密封性要求高,对水分敏感需要吸湿防潮的口服固体制剂。

6) 口服固体药用聚丙烯防止儿童开启包装老人友好组合瓶盖(图 10-6)。

类型:压旋式防止儿童开启瓶盖。

材料:内外盖均为聚丙烯,内盖有密封环,无封口垫片,内盖上可以组装筒装干燥剂胶囊或不组装,内盖有防盗环。

首次打开时会破坏防盗环,再次密封性能好。其是专门为老年人或手劲比较弱的成年人设计的,便于使用笔杆之类利用杠杆原理降低开启力的,便于老年人开启药瓶瓶盖的特殊的防止儿童开启瓶盖。例如,直径 35 mm 的老人友好组合瓶盖,正常开启扭矩在 60 N·cm 左右,使用 12 cm 笔杆辅助开启的话,只需要大约1/4 的扭矩即 15 N·cm 左右即可逆时针轻松打开瓶盖,反向密封时也一样,正常需要 110 N·cm 左右,利用笔杆时,只需要 25~30 N·cm 的扭矩即可顺时针再次密封瓶盖。

适合防伪要求比较高,对再次密封性要求高的口服固体制剂。对水分敏感需要吸湿防潮的口服固体制剂可以加装干燥剂胶囊。

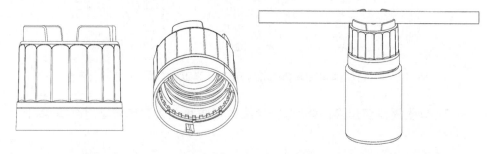

图 10-6　口服固体药用聚丙烯防止儿童开启老年人友好防潮组合瓶盖

(2) 挤旋式防止儿童开启瓶盖:也是一种比较普遍的防止儿童开启瓶盖形式,无论是口服固体制剂还是口服液体制剂均有使用这种方式的瓶盖。

　　类型：挤旋式防止儿童开启瓶盖主要有两种。第一种如图 10-7 所示，为内外两层的双层结构，外盖内侧特定部位和内盖外侧分布有可以啮合的纵向齿轮，内盖的螺纹与瓶口相配。

　　按照指示在特定部位按方向给外盖挤压后，内外盖的齿轮相互啮合，旋转瓶盖时可以打开或逆向关闭瓶盖。只有挤压和旋转两个动作同时进行时，才能开关瓶盖。

挤压外盖，外盖外部凹槽内盖凹槽啮合　　　　内盖内部通过螺纹与瓶子啮合

图 10-7　挤旋式防止儿童开启瓶盖结构

　　另一种形式的挤旋式防止儿童开启瓶盖外形上与上面的相似，但内部结构及原理不一样，如图 10-8 所示，需要与瓶子设计配套。瓶口颈弧部位有两个相对的凸起，瓶盖外盖内侧也有两个相对的凸起，当顺时针盖紧瓶盖时，瓶口上的凸起与外盖上的凸起成爬坡状态，当听到"吧嗒"声时，两个凸起相互啮合，可以正常盖紧。逆时针开启瓶盖时，瓶口上的凸起正好卡住瓶盖上的凸起，相互啮合，无法转动。只

图 10-8　挤旋式防止儿童开启瓶与盖配合结构

有按照指示挤压瓶盖时，外盖凸出部位变形外移，瓶盖内凸块与瓶口的外凸块脱开啮合，此时同时逆时针转动瓶盖即可打开瓶盖。

　　儿童由于生理和智力发育不成熟，动作协调能力比较差，无法同时完成挤压和旋转两个动作，因此不能打开瓶盖，也就达到了防止儿童开启的功能，可以避免儿童误食药品。

　　下面结合瓶盖图片介绍几种常见的挤旋式防止儿童开启瓶盖形式的口服固体制剂防止儿童开启瓶盖：

1）口服固体药用聚丙烯/高密度聚乙烯挤旋式防止儿童开启瓶盖(图 10 - 9)。

类型：挤旋式防止儿童开启瓶盖。

材料：外盖内盖分别为聚丙烯和高密度聚乙烯,一般内盖的材质与瓶子的材质一致,如与高密度聚乙烯瓶配套时,一般内盖也采用高密度聚乙烯材质。内盖含封口垫片,无防盗环。

首次打开时需要打开封口铝箔垫片。适合对水分一般敏感的口服固体制剂。

图 10 - 9 口服固体药用聚丙烯/高密度聚乙烯   **图 10 - 10** 口服固体药用聚丙烯挤
挤旋式防止儿童开启瓶盖   旋式防止儿童开启瓶盖

2）口服固体药用聚丙烯挤旋式防止儿童开启瓶盖(图 10 - 10)。

类型：挤旋式防止儿童开启瓶盖。

材料：内外盖均为聚丙烯,内盖有封口垫片,内盖无防盗环。

首次打开时会破坏封口垫片,再次密封性能好。适合要求一般的口服固体制剂。

（3）暗码式防止儿童开启瓶盖(图 10 - 11)：暗码式防止儿童开启瓶盖需要瓶盖与瓶口结构配合,瓶盖和瓶口上均有一个指示箭头,只有两个箭头对准时,

凸起

图 10 - 11 暗码式防止儿童开启瓶盖

可以打开瓶盖。瓶盖内侧3个凸起,其中箭头位置的凸起比另外两个要小,开盖时,该凸起对准瓶口凸缘的缺口处,向上扳起时,小凸起从缺口处脱离,同时给后面的凸起让出移动距离,同时脱离瓶口凸缘的固定,从而打开瓶盖。儿童对指示的识别能力比较差,不理解箭头的意思,因而很难打开瓶盖,从而起到防止儿童开启的作用。

(4) 凸耳式防止儿童开启瓶盖:凸耳式防止儿童开启瓶盖需要瓶盖与瓶口结构配合,完成锁合(图10-12、图10-13)。

瓶盖内部有凸起结构,与瓶口相配合。紧盖时,通过推和提两个独立完成的动作来完成,打开时,将瓶盖向下压的同时,逆时针旋转一定角度,再给一个向上提力,便可将瓶盖拔起。此锁合结构开启位置比较明显,很容易被儿童找到,因此需要设计较大的推力结构,才能阻止儿童开启瓶盖和误服药品。

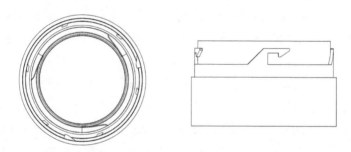

图 10-12　凸耳式防止儿童开启瓶盖结构

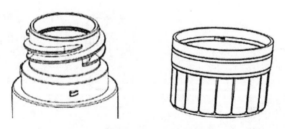

图 10-13　凸耳式口服固体药用高密度聚乙烯
防止儿童开启包装系统

(5) 其他形式的口服固体制剂防止儿童开启瓶盖(图10-14)。

如在瓶口或瓶盖上设置一个特殊的"儿童锁"或单独的"锁环",只有按照指示打开这个"锁"后,才能开启瓶盖,而儿童无法识别这些开锁的提示,因而不能打开瓶盖。

图 10‑14　其他形式的口服固体制剂防止儿童开启瓶盖

2. 口服液体制剂用防止儿童开启瓶盖的主要类型与选择

（1）口服液体制剂防止儿童开启瓶盖的主要类型与选择：口服液体制剂主要有糖浆、混悬液、滴剂、乳剂、膏剂等，目前适用的主要防止儿童开启瓶盖的类型主要有压旋式口服液体制剂用防止儿童开启瓶盖、挤旋式口服液体制剂用防止儿童开启瓶盖、凸耳式口服液体制剂用防止儿童开启瓶盖、迷宫式拔拉口服液体制剂用防止儿童开启瓶盖等。

口服液体制剂用压旋式口服液体制剂用防止儿童开启瓶盖的原理和结构与固体制剂用压旋式口服液体制剂用防止儿童开启瓶盖基本一致，也是分内外盖的情况，外盖顶部的内侧和内盖顶部的外侧分布有可以啮合的齿轮，内盖的螺纹与瓶口相配，开启时需要同时进行下压和旋转两个动作同步进行。

区别主要在于口服液瓶瓶口一般比较小，口径大部分在 18～30 mm，因此，设计上瓶盖直径也会比固体制剂的瓶盖小一些，而瓶盖高度为了适应瓶口高度比较高的情况而相应高一些。图 10‑15 是常见的压旋式口服液体制剂用防止儿童开启瓶盖。

图 10‑15　压旋式口服液体制剂用防止儿童开启瓶盖　　　图 10‑16　压旋式口服液体制剂用聚丙烯防止儿童开启瓶盖（无防盗环）

下面结合图片介绍几种常见的口服液体制剂防止儿童开启瓶盖：

1）压旋式口服液体制剂用聚丙烯防止儿童开启瓶盖（无防盗环）（图 10‑16）。

类型：压旋式口服液体制剂用防止儿童开启瓶盖。

材料:内外盖均为聚丙烯,内盖含封口垫片,与聚丙烯或聚酯材料的口服液体药用塑料瓶配套,无防盗环。

适合儿童口服退烧用液体制剂包装等。

2)压旋式口服液体制剂用聚丙烯/低密度聚乙烯防止儿童开启瓶盖(含防盗环)(图10-17)。

类型:压旋式口服液体制剂用防止儿童开启瓶盖。

材料:内外盖均为聚丙烯,内盖有密封环,无封口垫片,内盖有防盗环。同时,配套一个低密度聚乙烯材料的内塞用于增强密封性或配套一个低密度聚乙烯材料的可以控制流量的滴管式内塞。配套的瓶子为口服液体药用塑料瓶(高密度聚乙烯,聚丙烯或聚酯)或口服液体药用玻璃瓶。

首次打开时会破坏内盖上防盗环,内塞再次密封性能好。适合防伪要求比较高、对再次密封性要求高的口服液体制剂[2]。

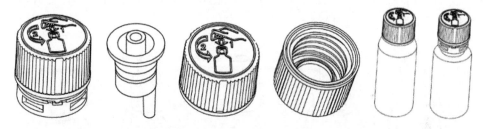

图10-17　压旋式口服液体制剂用聚丙烯/低密度聚乙烯防止儿童开启瓶盖(含防盗环)

3)挤旋式口服液体制剂用聚丙烯防止儿童开启瓶盖(图10-18)。

类型:挤旋式防止儿童开启瓶盖。

材料:内外盖均为聚丙烯,内盖含密封环或封口垫片,无防盗环。

首次打开时会破坏封口垫片,再次密封性能一般。适合要求一般的口服液体制剂。

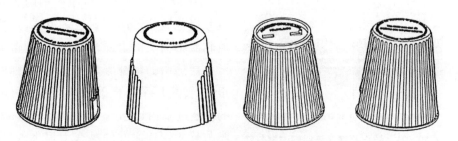

图10-18　挤旋式口服液体制剂用聚丙烯防止儿童开启瓶盖

图 10 - 19
凸耳式口服液体制
剂用聚丙烯（或高
密度聚乙烯）防止
儿童开启瓶盖

4）凸耳式口服液体制剂用聚丙烯（或高密度聚乙烯）防止儿童开启瓶盖。

与凸耳式口服固体制剂用防止儿童开启瓶盖一样，瓶盖内部有凸起结构，与瓶口相配合。紧盖时，通过推和提两个独立完成的动作来完成，打开时，将瓶盖向下压的同时，逆时针旋转一定角度，再给一个向上提力，便可将瓶盖拔起（图 10 - 19）。

瓶盖材质与瓶子一般相同，即聚丙烯瓶与聚丙烯瓶盖配合，高密度聚乙烯瓶与高密度聚乙烯瓶盖配合。

5）迷宫式拔拉口服液体制剂用防止儿童开启瓶盖。

迷宫式拔拉口服液体制剂用防止儿童开启瓶盖一般使用聚丙烯材质，需要与瓶口配合完成锁合。

打开时，需要按照一定的步骤和方向完成旋转和推拔组合动作才能开启。图 10 - 20 为瓶盖开启过程。

① ② ③ ④

图 10 - 20 迷宫式拔拉口服液体制剂用防止儿童开启瓶盖
① 向右转动瓶盖;② 向下压;③ 向左转动瓶盖;④ 向上提

三、口服制剂用防止儿童开启铝塑泡罩包装

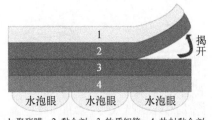

1.聚酯膜; 2.黏合剂; 3.软质铝箔; 4.热封黏合剂

图 10 - 21 防止儿童开启铝塑泡罩包装

图 10 - 21 是一种口服制剂防止儿童开启包装的药品泡罩包装方式，在普通软质铝箔层的上面，通过黏合剂覆盖了一层透明的聚酯膜，其中聚酯膜强度很大，要想用手指抠破或顶破是不可能的。通过采用适当的工艺技巧，使聚酯膜与软质铝箔之间的黏合力很小，容易

揭开。聚酯膜被揭开以后,就可以像常规方法一样顶破铝箔取出药品。由于儿童不能像成人一样,根据指示先揭开聚酯膜,再顶破铝箔取药品,因而达到了防止儿童开启的目的。

四、其他类型的防止儿童开启包装形式

市面上除了以上与制剂直接接触的防止儿童开启包装形式外,还有很多其他类型的防止儿童开启包装方式被不断开发和设计出来,如自带儿童锁的滑动式纸质药盒与泡罩结合,泡罩药板被固定在纸盒内,纸盒上有 1~2 个按钮,需要根据说明提示同时按住按钮后才能把药板拉出,取到药品,而儿童看不懂说明书,也不会同时按和拉开机关等。国内外的专利中也能找到很多专门设计和发明的药品防止儿童开启包装新产品[1]。

另外,与药品包装和安全相关的产品,如袋装干燥剂产品,利用杜邦特卫强纸材质强度高(撕不烂),且具有透气性能的特点,用于包装干燥剂,儿童无法撕开后误食里面的干燥剂,也是一种防止儿童开启包装形式。

第三节　口服制剂用防止儿童开启包装的要求

一、口服制剂用防止儿童开启塑料包装的技术要求

口服制剂用防止儿童开启塑料包装,首先是属于药品包装的范畴,选用的原辅料不应产生可能危害人或其他生命的物质,因此从技术上首先需要满足药品包装的通则的相关要求。在中国,主要满足《中国药典》(2020 年版)和《国家药包材标准》(2015 年版)规定的对应的口服制剂用塑料包装的相关通则技术要求。例如,高密度聚乙烯防止儿童开启盖,首先要满足高密度聚乙烯瓶及瓶盖的通则技术要求,如材料的鉴别(红外、密度)、材料的理化性能(溶出物指标)、生物安全性指标、密封性、水蒸气透过率、微生物限度等。如含封口垫片,还需要满足封口垫片的相关通则技术要求,如含干燥剂,则需要满足药用干燥剂的各项相关通则技术要求。

在成人专用的不适合儿童服用的制剂的包装上,在产品标签和说明书上应标明有关的安全警示和使用方法。设计防止儿童开启包装时,须考虑与之相适应。

对于儿童专用的制剂,须遵守儿童用药相关法规或指导原则的规定,如《儿童用药(化学药品)药学开发指导原则(试行)》等,要充分考虑儿童用药的剂量、剂型、给药途径、储藏条件、与药品的相容性、颜色、口感等,并在此基础上,设计

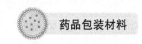

配套合理的儿童专用药包装形式。

二、口服制剂用防止儿童开启塑料包装的功能性要求

所谓功能性要求,即是满足防止儿童开启保护功能的要求。因此,设计开发防止儿童开启包装产品过程中,需要考虑下列功能性要求:

(1)需要满足开启动作复杂,使儿童难于在短时间内完成,如组合动作、连续动作等。

(2)开启需要一定的开启力,由于儿童握力及用力持久性不足,设计需要足够握力或一定持久力才能打开的瓶盖结构以防止其误开。

(3)文字标引:通过瓶盖上所标示的图案或印刷的文字指明开启方向,利用儿童无辨识文字能力的特点,避免预期以外的开启。

(4)制剂包装产品的形状和色彩均不应使儿童对其内装物的产生误会,如玩具或糖果等,不要采用对儿童产生诱惑的包装形式。

第四节　口服制剂用防止儿童开启包装的
检测方法与相关标准

一、美国标准

1970 年 12 月 30 日,美国颁布《有毒品安全包装条例》,条例中规定,防止儿童开启包装使用性能测试包括测试其防止儿童开启性和成人有效性两个方面,年龄在 42~51 个月的儿童和 18~45 岁的成人是测试的对象。这也是防止儿童开启包装的全世界最早的检测方法和标准。50 多年来,美国材料实验协会(American Society of Testing Materials, ASTM)共颁布了 9 条有关防止儿童开启包装的标准(表 10-1)。

表 10-1　美国 ASTM 曾经颁布的相关防止儿童开启包装标准一览表

序号	标准号	标 准 名 称	中 文 名 称
1	ASTM D3968-1997(2002)	Standard Test Method for Monitoring of Rotational Torque of Type ⅢA Child-Resistant Closures	《ⅢA 型防止儿童开启的关闭器的旋转力矩的试验方法》

序号	标准号	标 准 名 称	中 文 名 称
2	ASTM D3469 – 1997(2002)	Standard Test Methods for Measurement of Vertical Downward Forces to Disengage Type Ⅱ A Lug-Style Child-Resistant Closures	《防止儿童开启的可脱开的Ⅱ A 型突耳状闭锁器垂直力测定的试验方法》
3	ASTM D3470 – 1997(2002)	Standard Test Method for Measurement of Removal Lug Strippage of Type Ⅱ A Child-Resistant Closures	《防止儿童开启的Ⅱ A 型闭锁器可御式耳状带的试验方法》
4	ASTM D3472 – 1997(2002)	Standard Test Method for Reverse-Ratchet Torque of Type Ⅰ A Child-Resistant Closures	《将防止儿童开启的Ⅰ A 型关闭器反向棘爪扭矩的试验方法》
5	ASTM D3473 – 88(1995)	Standard Test Methods for Lifting Force Required to Remove Certain Child-Resistant Snap Caps	《启动某些防止儿童开启的快速闭合盖所需升力的试验方法》
6	ASTM D3475 – 1995	Standard Classification of Child-Resistant Packages	《防止儿童开启的包装品的分级方法》
7	ASTM D3480 – 1988	Standard Test Methods for Downward Force Required to Open or Activate Child-Resistant Snap-Engagement Packages	《防止儿童开启的快速啮合包装品所需开启或使活动的拉力的试验方法》
8	ASTM D3481 – 1997(2002)	Standard Test Method for Manual Shelling Two-Piece Child-Resistant Closures That Are Activated by Two Simultaneous Dissimilar Motions	《将防止儿童开启的两个同时反向运动的关闭器的两部分分开所需力的试验方法》
9	ASTM D3810 – 1997(2002)	Standard Test Method for Minimum Application Torque of Type Ⅰ A Child-Resistant Closures	《Ⅰ A 型防止儿童开启的关闭器的最小应用力矩的试验方法》

目前,美国防止儿童开启包装的现行标准主要有两个,即 2018 年版的《防止儿童开启的包装品的分级方法》(ASTM D3475 – 18)和美国联邦法规《16 CFR 1700.20 特殊包装的测试程序》(16 CFR 1700.20 – Testing procedure for special packaging)。

二、欧洲标准

欧洲国家现行的防止儿童开启包装测试标准有《保护儿童的不可重封口的药品包装-要求及试验》[EN 14375—2016(药品)](child-resistant non-reclosable packaging for pharmaceutical products – requirements and testing）。以及《包装-防止儿童开启包装-非药品类不可再次封闭包装要求与测试程序》［EN862—2016（非药品）］（packaging-child-resistant packaging-requirements and testing procedures for non-reclosable packaging for non-pharmaceutical products）。

三、国际标准

国际标准化组织包装技术委员会发布的防止儿童开启包装国际标准《防止儿童开启包装—可重新封口包装的要求和试验方法》（ISO 8317）（child-resistant packaging-requirements and testing procedures for reclosable packages），目前现行的是 2015 年版[4]。

2012 年 10 月 1 日，ISO 发布标准《包装-防止儿童开启的包装可再封闭的防止儿童拆开的包装系统的机械测试方法》（ISO 13127：2012）（packaging-child resistant packaging-mechanical test methods for reclosable child resistant packaging systems），帮助设计者和生产者确保儿童不会打开可能具有危害的日常用品。该标准由 ISO/TC122 包装技术委员会制定，为那些在产品包装发生细微变化后进行产品包装机械测试的制造商提供标准化的规范。该标准连同 ISO 8317：2003 可以解决一系列问题。通过机械测试及一些批量测试包装系统的物理参数，该标准对那些有变化的地方做出比对，形成标准化的性能数据，并与批量测试包装系统的类似数据进行比较。《包装-防止儿童开启的包装可再封闭的防止儿童拆开的包装系统的机械测试方法》（packaging-child resistant packaging-mechanical test methods for reclosable child resistant packaging systems）（ISO 13127：2012）标准能帮助制造商和品牌所有者确保受监管产品的包装符合要求，也可促使产品包装满足企业社会责任所要求的特别保护要求，从而确保消费者安全受到保障。

四、国内标准

在中国，防止儿童开启包装相关的国家标准是《防止儿童开启包装 可重新盖紧包装的要求与试验方法》（GB/T 25163—2010）。该标准仅对标准结构和顺序稍作调整和微小修改外，主要内容和《防止儿童开启包装—可重新封口包装的要求和试验方法》（child-resistant packaging-requirements and testing procedures for reclosable packages）（ISO 8317）国际标准（英文版）基本一致。

第五节 防止儿童开启包装相关登记与认证情况

一、美国 FDA 药品主文件防止儿童开启包装登记与认证情况

美国等发达国家实行药品主文件登记制度,递交 FDA 一套药品主文件,文件包含在生产、操作、包装和储存一个或多个人用药过程中,使用到的厂房,操作流程或使用的物质的保密细节信息。药包材和容器属于Ⅲ型药品主文件。药品主文件拥有者可以通过使用授权书(LOA)的方式,授权相关制剂与包装材料进行关联审批,从而使制剂得到 FDA 批准,获得上市资格。防止儿童开启包装属于药包材的范畴,因此在 FDA,包装产品只有通过申请得到药品主文件号以后,才能被制剂生产者采用,从而间接得到上市的机会。国内外的制剂生产者,如果想申请制剂到欧美市场上市,也需要在药包材药品主文件拥有者中选择合适的供应商,并得到该供应商的包材使用授权。对于国外相关法规要求,必须使用防止儿童开启包装的制剂,制剂生产者只能在拥有防止儿童开启包装药品主文件号拥有者的范围内选择合适的供应商进行关联,才能达到目的。

截止 2022 年第一季度末,美国 FDA 登记公示的防止儿童开启包装相关的登记号有 69 个药品主文件号,其中状态为 A 的产品有 49 个。

可以在下列网站下载最新的药品主文件一览表,并筛选关键词:"CHILD"即可得到具体信息,https://www.fda.gov/drugs/drug-master-files-dmfs/list-drug-master-files-dmfs。

二、国家药品监督管理局药品审评中心防止儿童开启包装登记与认证情况

国家药品监督管理局自发布 2016 年《总局关于药包材药用辅料与药品关联审评审批有关事项的公告(2016 年第 134 号)》以来,对制剂用药包材实施了国家药品审评中心原辅包登记平台登记的管理制度,取得登记号的药包材,通过"使用授权书"的形式,与制剂生产者的制剂申请进行关联审评审批,制剂通过审批后,药包材间接获得上市资质。因此,口服制剂用防止儿童开启包装,首先也需要取得国家药品监督管理局药品审评中心登记号。

截止 2022 年一季度末(3 月 31 日),国家药品审评中心原辅包登记平台

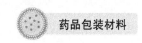

（https://www.cde.org.cn/main/xxgk/listpage/ba7aed094c29ae31467c0a35463a716e）已登记公示的防止儿童开启包装相关的登记号有 55 个,其中国产产品为 37 个,进口产品为 18 个。其中状态为 A（激活）的产品有 14 个,状态为 I（未激活）的产品 41 个。可以在网站最新的国家药品监督管理局药品审评中心"药包材登记数据"中搜索关键词"儿童安全""压旋盖"等即可得到具体信息。

第六节　机遇与挑战

防止儿童开启包装产品从问世至今已有 50 多年的历史,作为包装材料的一个分支,该类产品一直备受各国政府和行业管理部门的重视和政策支持,各相关行业的使用得到大力推广和普及。特别是 1989 年《防止儿童开启包装——可重新封口包装的要求和试验方法》（child-resistant packaging-requirements and testing procedures for reclosable packages）（ISO 8317）国际标准的确立,统一了世界各国的防止儿童开启包装产品的认定和检测标准,有利于国际之间的相互认证,促进了该类产品的国际贸易的增长。

随着中国改革开放和经济的快速发展,国际医药行业产业链转移到国内的进程加快,目前全球前 50 的制药公司大部分都在中国设立了企业,在带来先进制剂产品的同时,也对药包材提出了与国际接轨的要求。很多在欧美上市的制剂原来都是使用防止儿童开启包装的产品,因此,也带动了国内防止儿童开启包装产品的发展。国际上著名的制剂包装材料和容器公司纷纷在中国投资设厂生产满足国际标准要求的防止儿童开启包装产品,药包材的本土企业也纷纷跟进投入开发该类包装材料,以满足制剂产品的需求。

与此同时,近年来,随着国内药品审评改革提速,一致性评价工作的推进,国内生物制药行业创新升级,许多仿制药和创新药研发企业在选择包装材料和容器时,往往会选择符合国际标准的产品,而具有防止儿童开启功能的包装,是一个非常重要的考量。近年来的行业实践证实,既符合国内法规,又符合国外特别是美国 FDA 法规,具有药品主文件登记号的防止儿童开启包装产品,往往会成为许多制剂客户的首选,尤其是很多"中美双报"的新药,选择使用防止儿童开启包装已成为一种趋势。

具有个性化特色,同时又具有防止儿童开启功能,技术含量比较高的新型口服制剂用防止儿童开启包装产品,是行业近年来的热门,也是国内外包装专利申请和使用的热点,具有比较好的发展前景。

参考文献

［1］ 中国医药包装协会.防止儿童误服药品宣传手册,2013.

［2］ 塞纳医药包装材料(昆山)有限公司.一种瓶盖:CN201620956101.0. 2017－03－15.

［3］ 塞纳医药包装材料(昆山)有限公司.一种瓶盖:CN201620956277.6. 2017－04－05.

［4］ Child-resistant packaging—Requirements and testing procedures for reclosable packages (ISO8317).［2015－11－01］. INTERNATIONAL STANDARD Third edition (Published in Switzerland). www.iso.org.

第十一章

药品生产过程用一次性生物反应器

生物反应器随着生物制药行业的发展更新换代,多种不同类型的一次性生物反应器(single use-bioreactors, SUB)及反应袋应运而生。一次性生物反应器及反应袋可以满足各种细胞和微生物培养需求,提高生物制品生产效率,降低生物制品生产成本。我国生物反应器产业发展前景广阔,市场需求旺盛,布局一次性生物反应器应用的制药企业越来越多。一次性生物反应器配件系统的进步,医疗保健需求的不断扩大和制药行业监管压力的增强共同推动着市场发展出更多样的一次性生物反应器。目前,药企新项目60%~70%选择采用一次性使用系统,国内一次性生物反应器及耗材供应商层出不穷,根据国家监管机构对生物制药企业的法规要求,一次性生物反应器及耗材生产和质量控制也是药企关注的重点。

第一节 概 述

生物制药指通过生物技术方法生产出来具有有效成分和功能的生物来源药物,即所有重组蛋白、单克隆抗体、疫苗、血液/血浆制品、非重组蛋白、培养细胞及来自人类或动物的组织和核酸,这些生物制药的产品统一称为生物制品。世界范围内生物药市场持续快速扩张,制药公司越来越注重提高生产过程的效率。随着技术的突破,生物制药能够通过用一次性生物反应器取代不锈钢设备的方式来降低生产成本[1,2]。

一次性生物反应器一般使用符合药典相关技术要求且经药监局批准使用的聚合材料生产一次性耗材,并采用定制化 γ 辐照灭菌工艺确保其无菌性。在过去生物反应器60年的发展时间里,玻璃制或不锈钢制的搅拌式生物反应器是生物制药企业利用生物体细胞进行药物生产的首选,这种反应器不仅满足了细胞培养工艺开发和生产,还提供了诸如流体流速、氧传质效率和混合时间等关键工业数据[3]。生物反应器的发展消除了工业设计的局限性,满足制药企业提高生产效率和产能的需求。

　　不同类型的一次性生物反应器在形式、仪表系统、规模和动力方式方面存在差异,图11－1给出了一次性生物反应器的不同分类方式。从反应器的外形分为刚性系统和柔性系统,刚性系统通常都是小规模容器,如平皿、试管、烧瓶和圆柱容器等,而柔性系统基本都是圆柱体或立方体的柔性反应袋。在动力输入模式上,当前的一次性生物反应器动力输入方式分为静态和动态两种[4~6]。动态的一次性生物反应器进一步分为液压传动、气压传动、机械传动及多种传动方式结合的混合传动。绝大多数的动态生物反应器具有能改善质量和能量转移效率的特点,因此能够获得更高的细胞密度和产物浓度。

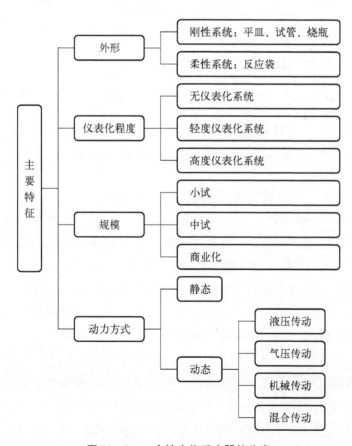

图 11－1　一次性生物反应器的分类

一、发展历史

一次性生物反应器的发展可以分为 3 个阶段。

1. **阶段一 一次性培养系统的诞生。**

早期阶段的一次性细胞培养设备可以追溯到 20 世纪 60 年代。当时一次性培养系统刚刚诞生,且主要集中在培养皿、方瓶和滚瓶的使用上(图 11-2)。在一些微生物实验室中,玻璃培养皿已经实现被塑料制品所取代。1963 年,Falch 和 Hedén 在斯德哥尔摩的卡罗林斯卡研究院实验室内首次利用聚丙烯和特氟龙制成的四面体生物反应袋成功实现了应用,验证了枯草芽孢杆菌、大肠杆菌和黏质沙雷菌在 50 mL 工作体积内的优异生长情况[7]。

培养皿   方瓶   滚瓶

图 11-2 一次性生物反应器发展的第一阶段

2. **阶段二 一次性膜生物反应器的发展和应用。**

20 世纪 70~90 年代,一次性膜生物反应器(图 11-3)、多层细胞培养系统和一次性生物反应器或反应袋等技术建立。1972 年,Knazek 等首次介绍了中空纤维技术[8],此后各种中空纤维生物反应器系统(hollow fiber bioreactor system, HFBS)在贴壁式和悬浮式的动物细胞培养中得到了长足发展,如 Fiber Cell 公司的 CellMax HFBS,C3(Cell Culture Company)的 AcuSyst-HFBSs,BioVest 的 XCell HFBS 和 Terumo BCT 的 Quantum 细胞扩增系统。在这些中空纤维生物反应器系统中,由双向泵提供动力输入,细胞在培养筒包裹的半透中空纤维膜中生长,半透膜截留的分子量远小于目标产物的分子量,培养基在中空纤维生物反应器系统中不断循环以提供营养物质给细胞,同时带走废物和 CO_2[9~12]。

细胞工厂在 20 世纪 90 年代取代塑料滚瓶培养模式(图 11-3),它能在药品生产管理规范的标准下进行多种疫苗、治疗性蛋白、人类生长激素和人类间充

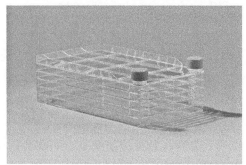

膜生物反应器 　　　　　　　　　　　　　　细胞工厂

图 11－3　一次性生物反应器发展的第二阶段

质干细胞等的生产。

3. **阶段三**　波浪式、搅拌式和轨道振荡式生物反应器的发展(图 11－4)。

在 1998 年,首个实验室规模的商用波浪式生物反应器系统 Wave Bioreactor 20 开始推出,为规模化和仪表化的一次性生物反应器发展铺平了道路。随着研究深入,波浪式生物反应器的工作体积被放大到 500 L,发展出多种不同类型[13]。

波浪式生物反应器 　　　搅拌式生物反应器 　　轨道振荡式(激流式)生物反应器

图 11－4　一次性生物反应器发展的第三阶段

搅拌式生物反应器在 2006 年时市面上仅有两款可供选择,分别为 Hyclone 公司和 Xcellerex 公司(如今的 Cytiva)的一次性搅拌罐生物反应器。在 2009 年,第一台实验室规模的搅拌式一次性生物反应器 Mobius CellReady 31 出现。这些生物反应器运转大多是利用鼓泡通气,并且利用安装在中心位置的搅拌桨进行混合。

轨道振荡式生物反应器已经成为所有一次性生物反应器中第三大的应用种

类[14]。轨道振荡式生物反应器对细胞的损伤较小,人们对振荡多孔盘(Shaken multiwell plates)使用得越来越多,使得轨道振荡式生物反应器越来越受到市场的欢迎。最近10年,国内出现了新型的轨道振荡式反应器,即激流式生物反应器,适用于生产企业、科研院所等进行细胞大规模培养和样品制备[15]。

二、优势

一次性生物反应器系统为一次性使用系统的核心,也是一次性使用系统的研发焦点,在生物大分子药物(如蛋白质、多肽、抗体、疫苗与核酸等)生产领域的应用最为广泛。一次性技术在生物制药领域的应用已有多年的历史,为生物制药的研发、中试和商业化生产带来了诸多优势和便利,同时一次性技术能够最大限度地满足药品监管部门对制药企业在降低污染和交叉污染风险方面不断提高的要求,因此被越来越多的制药企业认可和使用。当前一次性使用系统能够在制药领域高速发展,与一次性使用系统展示出的各项优点及它们与生物制药行业良好契合度密不可分。

一次性使用系统相比传统重复使用系统(multiple use system, MUS)的优势有可有效简化工艺步骤、缩短工艺开发周期,降低污染风险和交叉污染风险,不需要设备清洁和灭菌,增加工艺灵活性,更快地进行工艺切换和批次间切换,降低固定成本投入,缩短建设周期,固定设备占地小,配套设备要求少,减少现场验证和质量投入等[16]。

与传统重复使用系统相比,一次性使用系统可以明显降低生物制药技术行业的设备投入,不再需要复杂的管路系统及配套设施,减少了人力成本及耗时[17]。在应用方面,比传统不锈钢使用系统更加灵活,工艺流程更加简易,占地面积要求更小,更容易部署。一次性使用系统免去清洁和灭菌工艺,降低了交叉污染的风险;对于生物安全性要求高的产业,一次性生物反应器则体现了更加独有的优势。一次性生物反应器所使用的一次性耗材一般由刚性或柔性多层膜所制成的材料构成,使用前经过25~50 kGy γ射线辐照灭菌,对用户而言,相比重复使用系统所使用的蒸汽灭菌更加安全、便捷。

三、组成

一次性生物反应器为一次性使用系统的核心,也是一次性使用系统的研发焦点,在生物大分子药物(如蛋白质、多肽、抗体、疫苗与核酸等)生产领域的应用最为广泛。

　　一次性生物反应器和一次性生物反应袋(图 11－5)配合使用是上游工艺的重要组成部分。整个反应器系统不需要附加工程化管道支持,不需要原位清洗和灭菌消毒设备,其自带仪表可以迅速、准确地监控细胞生长过程中的各个培养参数,如在线 pH、温度、溶氧和转速等参数。

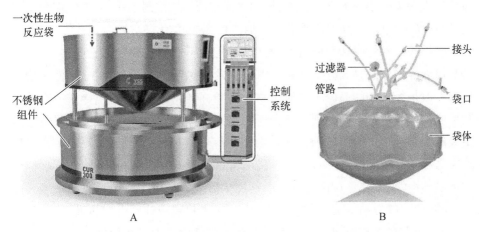

图 11－5　一次性生物反应器和一次性生物反应袋的结构示意图

　　一次性生物反应器的主要配套耗材是生物反应袋,其主要由袋体、袋口、管路、过滤器、接头等组成(图 11－5B)。生物反应袋袋体呈现一定程度的光通透性,可以清晰地观察袋体内部。袋口分布有许多连接至表面或深入内部的管路,有些管路尾端部分连有热塑管,可由接管机进行管路焊接。袋体顶部一般含进气滤芯和尾气滤芯两路气路管路,袋体靠近底部的侧边有电极快接口。除了个别生物反应袋部件不需要特殊存储条件,大部分部件是要保存在密封的袋子里,并且需要佩戴手套来操作,防止在装配过程中被污染。不同部件经过装配,并通过 γ 射线辐照以保障所有的管路和连接器都是无菌的。

四、分类与选择标准

　　国内外大型药企扩建生物药大规模生产基地已成为一种潮流和趋势,客户可以根据生物制药的法规注册及工艺要求来选择具体的一次性生物反应器。一次性生物反应器按混合方式的不同(混合过程是否介入液体内部进行)可分为介入式和非介入式,按氧传质方式不同(在液面以下是否有鼓泡通气)则可将其分为鼓泡式和非鼓泡式[18]。下文按鼓泡式与非鼓泡式对一次性生物反应器进行分类介绍。

1. 鼓泡式一次性生物反应器　指在一类具有一个或多个鼓泡发生器的生物反应器,空气、氧气、二氧化碳等气体通过气路流经处于液面以下不同孔径的鼓泡发生器形成不同大小气泡,气泡从鼓泡发生器出来后在停留液体的过程中进行氧气、二氧化碳等物质的气液交换过程。鼓泡式生物反应器因需要利用机械搅拌进一步减小鼓泡气体体积,增加气体与液体的接触面积,并使气泡分布均匀,以提高传氧效率,所以其混合方式通常以搅拌式为主。

搅拌式一次性生物反应器的设计基于传统不锈钢搅拌生物反应器,不同的是其培养容器用的是高分子材料。用于中试和生产规模的搅拌式一次性生物反应器一般是经灭菌的高分子材质生物反应袋,而实验室规模的搅拌式一次性生物反应器一般是经灭菌的硬质高分子材质罐体[19]。独立式高分子罐体通常是由聚碳酸酯制成,具刚性特性,不需要支撑容器,它们不会与袋式系统一样受折叠应力影响而导致泄漏。对于反应袋而言,重要的是要将其正确地安装到位以实现最佳性能,尤其是在传热方面的性能。需要避免由于安装过程袋子展开而产生的空腔、口袋和褶皱。在较小规模下,加热和制冷分别由加热模块、冷却模块控制,或由双夹套控制。搅拌式一次性生物反应器上通常用尾气过滤器加热器代替尾气冷凝器,BioBLU 生物反应器(Eppendorf)是一个例外,它使用无液体的珀耳帖元件来控制尾气的温度和冷凝。Ambr 250 系统(Sartorius Stedim Biotech)也采用了类似的原理以减少蒸发造成的体积损失[20]。

搅拌式一次性生物反应器中存在 3 种主要的细胞剪切力来源:搅拌叶轮运行中潜在的高能量耗散、气泡的破裂、底部通气装置喷出的高速鼓泡气体[21]。搅拌桨叶运转会直接对桨叶附近的细胞造成杀伤,且搅拌时会形成漩涡,漩涡尺寸小于或等于细胞直径时,涡旋无法将细胞加速到同样速度,动能会被耗散在细胞上,细胞破裂死亡。这个过程和桨叶转速有正相关关系。另外,气泡从鼓泡器喷射的过程会导致细胞受损,气泡破裂时的能量逸散也会引起细胞损伤。由于搅拌式一次性生物反应器的搅拌和鼓泡形式导致局部剪切力较高,一般用来培养耐剪切的细胞。搅拌式一次性生物反应器主要应用于哺乳动物细胞培养,也逐步用于植物、昆虫细胞、人体干细胞培养等,还可以用于微生物的种子扩大培养[22~26]。对于基于传统不锈钢材质生物反应器设计的搅拌式一次性生物反应器而言,主要是依据 P/V(恒定体积功率)、$k_{L}a$(体积溶氧系数)、混合时间、搅拌桨尖端线速度一致等原则进行放大,或者综合考虑多种因素,放大相对策略相对成熟。

2. 非鼓泡式一次性生物反应器　指反应器罐体/平台带动其中液体按既定

轨迹进行运动,从而扩大液体比表面积,提高液体表面气液交换效率来实现满足培养传质需求的一类生物反应器。传统的搅拌式一次性生物反应器,在充分满足传质传热的前提下,无论其搅拌桨叶的形式及其在培养罐中位置怎么优化,其液体流场的轴流和放射流均难以做到最优的综合平衡。反应器搅拌桨叶产生的科尔莫戈罗夫涡旋尺度(Kolmogorov Eddy Size)(Kolmogorov 涡旋尺度)与绝大多数培养动物细胞的直径不是最佳配比,因此在有搅拌桨的情况下,几乎很难通过控制剪切力将细胞的破坏降至最低程度。而非鼓泡式一次性生物反应器不含搅拌和气体分布器装置,最大限度地克服剪切力的影响,同时具备操作简单和成本效益高等特点。非鼓泡式一次性生物反应器主要分为波浪式(左右摇摆式)和激流式(轨道振荡式)两种。

(1)波浪式:早期的波浪式一次性生物反应器主要用于种子扩大培养,后来逐渐扩大生产规模[20]。波浪式一次性反应器主要部件是已灭菌的一次性生物反应袋,袋内培养基和混合气体各占一半左右,袋上配有各种通气、取样等预留接口[19]。波浪式一次性反应器或反应袋通常由聚乙烯制成[3],其主要工作原理是通过摇动平台摆动产生的波浪来实现袋内的混合过程。袋内形成的波浪特性主要取决于袋的几何形状、摇摆角度、摇动速率、通气速率、液体体积(最大 50%)和流体性质(液体密度和黏度)[19,20]。由于摆动混合形成的液体波浪,氧气从液体上层的空气层溶入液体,避免了氧传质过程中出现强剪切力,实现了对剪切敏感细胞有利的无泡气液交换过程,还避免了消泡剂的使用。沃纳(Werner)等基于计算模拟流体力学的研究发现,波浪式生物反应器中的能量耗散和剪切力模式比使用拉什顿涡轮机或桨叶叶轮的搅拌式细胞培养生物反应器更均匀。

对于大多数波浪式系统而言,需要研究溶氧传质及其对培养结果的影响。各种波浪式一次性生物反应器的控制机制、配套反应袋设计(薄膜材料、规模和尺寸)、安装的传感器类型及摇动平台运动方式(一维、二维或三维)各不相同。通过波浪的产生和传播,波浪式一次性生物反应器可以直接控制质量和能量传递的强度,从而控制细胞的生长和产物的表达[27]。

目前,最常用的是一维振荡混合概念,袋内一维运动流体流动可以通过 Eibl 等引入的修正雷诺数(Remod)来表征,其中湍流条件出现在临界雷诺数 1 000 以上。雷诺数取决于工作体积、反应袋宽度、液位、摇摆率、流体的运动黏度及与反应袋相关的经验常数。Öncül 等则使用无因次的沃默斯利(Womersley,Wo)数结合参数 β 来量化波浪式一次性生物反应器中流动的不稳定性质,当 Wo 数大于 8.5 时,β 超过 700 时,波浪式一次性生物反应器中出现湍流状态[28]。除了表面通气外,袋内波浪传播还促进了细胞或微载体(主要用于疫苗生产或干细胞扩增)的大量混合和离底悬浮。一维运动的波浪式一次性生物反应袋适用于大多数细胞培养,尤其适用于中低需氧量和牛顿流体流动特性的细胞培养。

一维运动的波浪式一次性生物反应袋采用左右摇摆的运动方式运行,增加摇摆率和摇摆角度比提高通气率能更有效地增加氧传递。当增殖迅速的植物细胞或需氧微生物快速生长时,一维运动的波浪式一次性生物反应器可能会发生供氧不足[29~31]。二维运动的波浪式一次性生物反应袋采用左右摇摆加水平单轴来回移动的方式运行,三维运动的波浪式一次性生物反应袋采用左右摇摆加水平双轴来回移动的方式运行。相比于一维运动,通过调整的二维、三维运动的波浪式一次性生物反应袋的运行方式会在系统中产生更高等级的湍流,适用于高需氧量或特殊混合要求的培养物,如非牛顿流体的培养液。波浪式一次性生物反应器主要应用于种子扩增培养、对剪切力敏感的哺乳动物细胞、植物细胞和昆虫细胞培养,也适用厌氧或氧需求较低的微生物的培养。波浪式一次性反应器的应用也逐步扩展到其他领域,如病毒生产、杂交瘤细胞培养、淋巴细胞培养等,也可以用灌流的方式高密度培养中国仓鼠卵巢细胞(CHO 细胞)种子来减少种子罐的级数[32]。波浪式一次性生物反应器因反应袋制造工艺难以支持大体积培养,不适合做大规模商业化生产。波浪式一次性生物反应器主要依靠培养经验及对反应器的了解程度进行反复试验而实现放大[19]。

(2) 激流式(轨道振荡式):是另一种非鼓泡式一次性生物反应器,原理是反应器围绕中轴以固定速率旋转,液体随惯性在反应器壁上形成气液传质效率很高的薄膜,随即薄膜被顶部空间氧气饱和后与液体主体相结合,这个过程周而复始不停地提供较强的氧传质效率。十多年来,激流式一次性生物反应器经历了从第一次概念验证到工艺系统的建立,成为一次性生物反应器的 3 种主流之一。

激流式一次性生物反应器和波浪式一次性反应器相同点是不含搅拌和气体分布器装置,对细胞剪切力很低,同时具有操作简单和成本效益高等特点。激流式一次性生物反应器和波浪式/搅拌式一次性反应器不同点则是其流体运动确定性良好,具有很高的平行使用性,且传氧效率更高,足以支持细胞高密度培养。

激流式一次性生物反应器剪切力低和操作简单方便的特点使其在动物细胞、微藻、昆虫细胞、植物细胞、微生物培养上得到广泛应用[33~35]。激流式一次性生物反应器的混合、通气和功率输入原理和摇瓶类似,因此将培养条件从摇瓶放大到激流式一次性生物反应器相对于放大到其他一次性生物反应器更容易。

3. 挑选最合适的一次性生物反应器的标准 选择最适合理想应用的生物

反应器时需要考虑表达产物类型是否稳定、工艺参数设置是否满足需求、传质效率是否够用、培养规模是否合适等具体条件,其主要取决于以下 8 个因素。

（1）培养任务:一次性组件对培养组分的吸附及造成的潜在影响,可提取物/浸出物对细胞生长及活率、产物表达、质量的影响。

（2）生物反应器的工程参数(与产品数量和质量密切相关):一次性使用系统传感器与工艺需求的匹配能力,温度、pH、溶氧、压力、流速等参数的在线监测与控制,自动化程度,培养过程参数在线分析能力。

（3）规模:需要保证放大的良好线性和稳定性。

（4）生产生物体特性(包括形态、生长特性和生产表现):一次性系统支持细胞活率、生长速度及保证稳定表达的能力,如氧传质效率、热传递效率、透光性、剪切力等。

（5）法律法规要求(生物安全和药品生产管理规范合规)。

（6）基础设施:水、电、气、环境等配套设施需要满足要求。

（7）员工的专业知识:员工需要有足够的能力应对使用过程中出现的问题。

（8）投资和运营成本[36]。

第二节　一次性生物反应器和配套生物反应袋的生产与质量控制

生产商应通过文件化的过程控制来满足用户对于一次性生物反应器及耗材生产质量控制的合规性需求,包括原材料的选型及质量管控,生产工艺的控制,生产设施和人员的管理,包装、灭菌、仓储、运输的控制等。

一、一次性生物反应器的主要材料与质量控制

（一）一次性生物反应器生产所需材料

一般直接暴露于符合药品生产管理规范洁净车间环境的设备,表面采用不低于 304 不锈钢作为反应器主体结构。称重单元和 DO/pH/温度/转速控制单元等采用可支持过程分析技术的行业知名品牌。控制系统一般由制造商根据制药工艺要求选择适合的可编程逻辑控制器及人机交互界面,并在此硬件基础上开发出可以实现精准工艺过程控制的控制软件,该软件需满足 FDA 关于《美国联邦法规》21 章(21CFR)部分 11 及《药品生产质量管理规范》关于数据完整性及审计追踪的要求。

（二）一次性生物反应袋生产所需材料

一次性生物反应袋通常由美国 FDA 批准的塑料制成,如聚乙烯、聚苯乙烯、聚四氟乙烯、聚丙烯或乙烯-乙酸乙烯酯共聚物[37],采用多层共挤生产高分子树脂薄膜,膜材焊接制成一次性生物反应袋,一次性反应袋在经过辐照灭菌后提供给终端使用。

1. 膜材　在生物制药中应用的一次性生物工艺膜材一般有 3 种类型,主要与薄膜层数及材料种类有关。

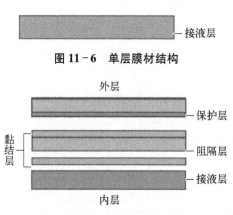

图 11-6　单层膜材结构

图 11-7　多层膜材结构(内外层材料相同)

第一种膜材是单层结构膜,单层膜材只有一种材料或者一种共混材料(图 11-6)。接液层薄膜的主要特征包括密封性、柔顺性、化学稳定性、抗撕裂性、水蒸气阻隔性、低提取物及溶出物、生物相容性等。接液层膜材料可以选择超低密度聚乙烯(ultra low density polyethylene, ULDPE)、线型低密度聚乙烯(linear low density polyethylene, LLDPE)、低密度聚乙烯及其共混物或聚丙烯和乙烯-乙酸乙烯酯共聚物[38]。

第二种膜材是内外层材料相同的多层膜,其中包括内层接液层、中间气体阻隔层、黏结层和外层保护层(图 11-7),一般气体阻隔层会在膜材的中间,接液层和外层材料相同。气体阻隔层和外层之间一般通过黏结层黏合在一起,也有一些多层膜之间不需要黏结层也可以直接黏合在一起。接液层膜材的种类前面已经提到过,中间阻隔层性能最重要的要求是阻隔性,这类材料最好的选择是乙烯-乙烯醇共聚物或者聚偏二氯乙烯。黏结层的主要功能就是黏合阻隔层和外层。可以做黏结层的材料是酸酐接枝或酸接枝的聚烯烃,另外极性材料乙烯-乙酸乙烯酯共聚物也可以作为黏结层。

第三种膜材是内外层材料不同的多层膜,包括内层接液层、阻隔层、黏结层及外层保护层(图 11-8),该膜材接液层和外层材料不同。各层膜材的种类在前面也已提到,最外层材料应该具有热稳定性防止焊接过程发生降解等反应,需要有良好的机械性能(耐穿刺、抗跌落、拉伸性能)。最外层材料可以使用聚酰胺或者聚对苯二甲酸乙二醇酯等。这 3 种膜材的生产工艺包括薄膜吹塑、挤出流涎、挤出层压或挤出涂布等。

目前,全球行业内的典型的膜材有 RENOLIT 的 Infuflex 9101、Sartorius Stedim 的 Flexsafe S80、Cytiva 的 Fortem 等。其中,Flexsafe S80 和 Fortem 为专供膜材,不对外销售。

国内市场上膜材的代表有 RENOLIT 的 Infuflex 9101 和金仪盛世的 1596,两款膜材均在生物制药抗体

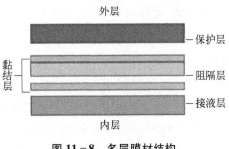

图 11-8 多层膜材结构
(内外层材料不同)

类和疫苗类上市产品的储配液、细胞培养、产物收获等环节有规模应用,膜材质量获得药企和监管方的一致认可。

2. 塑料组件 由于一次性生物反应袋复杂程度的不同,在袋子上会应用到刚性或半刚性的注塑件,如连接器、管接头等。例如,在 2D 储液袋中,如果管子不能直接连接到薄膜上,可以将管子连接到袋子的组件上。在更加复杂的一次性生物反应袋上,可以有超过 10 种组件连接到薄膜上或相互连接以支持袋子的功能。

这些刚性或半刚性的组件一般是由热塑性塑料制成,通常加工方法有注塑、吹塑、热成型等。但是,最常用的加工方式是注塑法,将熔融的高分子材料注射到一定形状的金属模具里冷却、脱模、成型。这些组件的注塑成型过程中,应该避免使用脱模剂,因为它会产生额外的风险。为了严格控制产品洁净度,部件离开模具后,在洁净室完成注塑件装配。就像前面讲到的薄膜挤出需要在洁净室一样,注塑过程也需要在洁净室完成,保证每个流程都没有额外的污染风险,直到生物反应袋全部配装完成。

3. 管路 根据一次性生物反应袋应用需求,涉及的管路一般包括硅胶管、热塑管及耐磨管(如蠕动泵管)等,管路与袋体的连接和不同规格管路的连接可通过各种类型的塑料组件来实现,也可通过特定的焊接工艺进行连接。

(三)原材料的质量控制

原料的选择和控制对于最终产品的质量而言十分关键,需要在研发阶段就对供应商进行审核评估,要求其提供相关的质量证明文件和检测报告。在批量生产过程中,也必须对所使用的原料进行批检验和确认,要求其供应商提供针对每一批原料的质量证明文件,并定期开展审核评估。

在法规符合性及材料安全性上,美国 cGMP、欧盟 cGMP、人用药品注册技术要求国际协调会 cGMP、中国 GMP 中对生物制药设备的质量要求、美国材料协

会发布的《医疗器械无菌屏障系统的加速老化试验标准指南》(ASTM F1980—16)、国际标准化组织发布的《医疗器械生物学评价》(ISO 10993)、《医疗保健产品——辐射灭菌》(ISO 11137)、药包材行业标准《美国药典》(661.1)和《美国药典》(661.2)、《美国药典》(665)、《五层共挤输液用膜(1)、袋》(YBB00112005)、《国际制药一次性使用系统应用及技术文件指南》等标准均可作为依据用以证实一次性使用系统的安全和有效性。

在原材料选择时,生产商需要根据一次性产品预期用途明确所采用原材料关键质量属性,可通过开展譬如细胞生长毒性、生物相容性(符合《美国药典》Class Ⅵ及 ISO 10993 规范[39])、纯度、不溶性微粒、微生物限度、可提取物/浸出物、应用端挑战性测试、消毒剂耐受性测试等一系列测试进行评估[40](表 11 - 1)。

表 11 - 1 原材料质量控制

产品类别	成品及原材料名称		质量控制
成品	一次性生物反应器	一次性生物工艺袋	研发阶段: A. 供应商评估:包括质量证明文件及检测报告 B. 原材料检测项目及可接受标准 C. 供应商资质确认及生产设施确认 D. 质量协议:与供应商签订质量协议,确保所需原材料的供应安全 批量生产阶段: A. 定期供应商评估 B. 来料检测放行 　　确定备选供应商
原材料	不锈钢组件 称重单元 DO/pH/温度/转速控制单元 控制系统	膜材 塑料组件 管路	研发阶段: A. 原材料检测项目及可接受标准 B. 资质确认及生产设施确认 C. 质量协议:与制造商签订质量协议,确保所需原材料的供应安全 批量生产阶段: A. 质量证明文件 　　批次检验记录

针对一次性生物反应器配套耗材的原料的质量控制应基于其预期用途并进行充分的风险评估。根据其预期用途,一次性生物反应器配套耗材原料一般可分为 A、B、C 三类:A 类为在生物工艺过程中接触液体的组件,主要包括膜材、袋口、

接头、管路、过滤器、传感器等;B 类为在生物工艺过程中非接触液体的组件,主要包括截流夹、扎带、管塞、卡箍、袋夹、管夹等;C 类为非产品组件,但在产品生命周期中起防护作用的物料,主要包括包装袋、泡棉、支撑物、填充物等。对于 A 类原料,除了应能满足物理性能外,还应满足化学兼容性、生物相容性和可提取物等监管要求,另外还需要考虑采用的灭菌方式对材料性能的影响。例如,膜材应控制其生产工艺使用所要求的热合强度、拉伸强度、氧气透过量、水蒸气透过量、二氧化碳透过量等物理属性,还必须考虑其内毒素含量、不溶性微粒含量、灭菌后生物相容性、可提取物等要求。对于 B 类物料,则主要是考虑其物理性能和辐照灭菌方式。例如,截流夹,应考虑其耐压能力、截流能力、开关次数和灭菌方式是否满足要求。对于 C 类物料,则应考虑其对产品的防护能力及洁净区的通用要求。例如,包装袋,应考虑其密封性、封口剥离强度、拉伸强度、灭菌有效期、微生物限度、颗粒物等是否满足要求。基于一次性耗材使用环境均在 C 级或以上洁净区,因此对于以上3 类原料,均需要求双层密封包装,微生物限度、颗粒物符合洁净区要求。

二、一次性生物反应器的生产过程与质量控制

一次性生物反应器及反应袋生产商应根据产品特性、市场需求及法规需求建立《质量管理体系要求》(ISO 9001)或《医疗器械 质量管理体系 用于法规的要求》(ISO 13485)质量管理体系,一般的生产过程及需要进行的质量控制内容见表 11 - 2。

表 11 - 2　生产过程及质量控制

步骤	工艺描述	生产过程	质　量　控　制
1	原材料领取	根据产品设计图纸及原材料清单,领取产品所需原材料	建立原材料质量控制的管理规程,并基于研发输出数据建立原材料的来料检测项目、检测方法、可接受标准等
2	生产过程	生产商按照既定的生产工艺规程,设备操作规程,批生产记录等进行生产操作	生产商应基于风险角度明确产品的关键质量属性及关键工艺参数,并结合实际生产过程建立科学、合理的中间控制项目、控制方法、可接受标准等内容,一般包括以下几个 A. 生产前提条件确认:如厂房设施、设备、生产工艺、中间控制等的每一个步骤环节都经过计量、确认和验证 B. 人员已培训并具备上岗资质

步骤	工艺描述	生产过程	质　量　控　制
2	生产过程	生产商按照既定的生产工艺规程,设备操作规程,批生产记录等进行生产操作	C. 文件体系如生产工艺规程、设备操作过程、工艺操作规程、批生产记录及批检验记录均已经过审批 D. 基于风险评估结果建立合适的中间控制项目、控制标准、检验类型和范围等,针对一次性生物反应袋,一般中间控制项目包括目视检查、尺寸/图纸确认、焊接强度确认及完整性检测 E. 已建立不合格品、偏差及变更控制管理流程,确保生产工艺过程中任何的不合格品、偏差及变更处于受控状态[41]
3	辐照灭菌(针对一次性生物反应袋)	生产商应根据产品无菌保障要求选择并建立合理的灭菌工艺,一次性生物反应袋一般采用^{60}Co进行γ辐照灭菌	A. 确定辐照灭菌工艺前,需要进行辐照灭菌验证,制定验证策略,一般需要考虑的因素包括辐照机构、辐照剂量及辐照加工工艺等,具体看参考《医疗保健产品灭菌—辐照—灭菌剂量确认—VD$_{max}$方法》(AAMI TIR 33)对辐照灭菌进行确认 B. 为确保灭菌工艺的持续有效性,需要持续监控产品微生物负载水平及辐照灭菌计量,监控周期一般为3个月[42],可按照 AAMI TIR 33 和 ISO 11137 中所描述的 VD$_{max}$ 方法学完成生产过程中辐照剂量的审核。每季度,从经过规定剂量辐照灭菌的常规产品中抽出至少 10 个一次性耗材样品进行无菌检测,另从常规产品中取至少 10 个样品进行生物负载检测
4	成品检测	不适用	在成品放行检测时,一般需要对如下项目进行检测: A. 颗粒物检测:由于终端客户在药品的不溶性微粒控制上有严格标准,这就要求一次性使用系统供应商对不溶性微粒进行控制,在产品出厂前,按照《美国药典》(788)、《中国药典》或药包材行业标准的要求对成品的不溶性微粒进行检测 B. 细菌内毒素检测:根据产品的目标应用要求,选用不同灵敏度的鲎试剂,对最终产品进行内毒素检查,一般一次性生物反应袋样品表面积(cm^2)与溶液体积(mL)按照 1:6 比例进行浸提液制备,要求细菌内毒素限度为小于 0.25 EU/mL C. 无菌检测:灭菌后进一步确认产品的无菌状态,每批产品进行无菌检查,确认每批灭菌的剂量是否达到要求 D. 拉伸强度和热合强度检测:为保证灭菌之后一次性生物反应袋的特性依然能满足所需要的物理性能,在辐照之后,对产品的热合强度和拉伸强度进行检测确认

续　表

步骤	工艺描述	生产过程	质　量　控　制
5	包装及运输	生产商应根据产品外观、结构特征及质量保障等要求设计合理的内包装及外包装形式，并通过包装及运输验证结果确定合理的包装、运输方法	为了保证一次性系统在运输过程中不会遭受损坏，运输系统必须经过验证，一次性生物反应器运输验证宜参考《机电产品包装适用技术条件》(GB/T 13384—2008)等运输测试标准进行，一次性生物反应袋运输验证宜参照 ISTA 2A (international safe transit association 2A)、ASTM D4169 等运输测试标准进行 生产商应根据风险评估的要求选取能代表最差条件的一次性使用系统进行该验证。风险评估应当考虑组件的重量、组件是否存在任何尖锐边缘或尖端及膜或其他组件在运输过程容易遭到穿刺、磨损、冲击、振动或其他破坏的易损点 运输过程相对较为复杂，因此一次性使用系统采用何种运输形式甚至如何装卸等细节都要充分予以考虑。供应商、终端用户有义务筛选合适的运送商，以保证物流的及时、顺畅、安全[43] 在进行包装及运输验证前，制定验证策略时一般需要考虑的因素包括包装材料、装箱尺寸及重量、内包装方法、外包装方法、运输方法、码放方法等
6	储存	生产商应根据产品原材料理化属性及成品的储存工序关键质量属性建立储存管理规程	需要建立物料标识及物料代码管理规程，以实现对原材料及成品的物料状态、数量、批次信息及质量信息等进行动态有效的管理，可支持审计溯源的要求。储存管理规程中，应对原材料及成品的储存条件，包括温湿度、光照、虫控等进行有效的管理。成品储存时，可根据包装及运输验证结果制定合理的堆码方法
7	安装及运行	此步骤一般由生产商在客户现场实施，不涉及产品生产	针对一次性生物反应器： 安装和运行的过程控制主要包含设备的现场验收测试、安装确认和运行确认 3 个过程，对于不是特别复杂的单体设备，安装确认和运行确认可以合并执行，即安装和运行确认。现在随着自动化程度越来越高，工厂对计算机化验证也非常重视，对于一次性生物反应器的单体设备，一般合并到运行确认中进行即可 必要时，还应结合用户生产工艺进行适宜的性能确认，以确认一次性生物使用系统在性能上可以满足用户的工艺需求 针对一次性生物反应袋： 需重点关注一次性生物反应袋的安装方法及必要的完整性检测方法，一般由生产商提供使用方法

第三节 机遇与挑战

1. 挑战与机遇　完善的一次性生物反应器、耗材、膜材和工艺技术解决方案长期限制着全球生物反应器的供应。我国生物反应器产业主要以传统生物反应器的开发、仿制技术为主，缺乏自主产权，对一些性能要求高、符合药品生产管理规范要求、用于高端生物药物开发和生产的生物反应器发展受到限制，还主要由国外提供。在新冠疫情影响下，疫苗的大规模扩产会进一步促进设备、耗材领域需求的大幅增长，而当下生物反应器的产能不足造成疫苗生产的全球供应链紧张。西方发达国家优先考虑本国生物制药企业的耗材供应，我国疫苗生产公司现今的生产体系受到严重约束，在国内发展一次性生物反应器是解决"卡脖子"问题的主要方式，这也给研发和生产国产化的一次性生物反应器带来了机遇[44,45]。

发展一次性生物反应器通过在开放/半开放/封闭环境中使用进行无菌化生产，再结合药品生产管理规范就能保证产品的质量，解决当代医学"卡脖子"问题。

生物反应器传感器、探针和仪表自动化等配件系统是推进一次性生物反应器革新的另一个领域。在工艺开发过程中，美国 FDA 的过程分析技术要求对几个过程参数进行监测，确保生物技术产品的质量。其中就包括葡萄糖、乳酸、谷氨酸、pH、温度和细胞密度等细胞培养过程指标的监测，这与传统生物反应器的开发存在相同的挑战。例如，一次性生物反应器传感器技术的开发工作都必须朝着测量的准确性和适用性方向发展，这些要求高度依赖于传感器高精度、高稳定性、低输出、低信号漂移。目前，一次性生物反应器和反应袋已具备足够稳定和灵敏的传感器元件，增加了智能控制系统和光学传感器的适配，保证了一次性生物反应器在生物医药领域的可持续发展[46,47]。未来，一次性生物反应器在生物工艺中发挥着下面这些关键作用[48]。

（1）一次性材料的安全性和无菌性：限制或控制颗粒物质、可提取物和可浸出物，无菌和无热原性。

（2）实时分析技术：改进过程控制工具及其与一次性技术的兼容性，实现细胞密度、活力、温度控制、气流等实时分析。

（3）更广的使用范围：采用质量源于设计的方法，可最大限度地减少细胞损伤并限制手动移液。

（4）不同加工步骤的整合：尽量封闭加工。

（5）流程控制的灵活性：流程可调整以适应开发不同的细胞疗法。

2. 未来发展趋势　一次性生物反应器以其安全、环保、便捷、灵活、多变和低投入等优势占据了大部分市场规模。在受到国际医疗保健需求不断扩大和制药行业财务压力不断增加的推动，很多厂家已经推出大量规模以千升计的用于生物工艺的一次性生物反应器。现阶段在种子培养过程中，以补料方式进行培养的波浪式系统占据主导地位。最近的研究主要集中在以缩短种子培养阶段为目的的灌流模式（$N-1$代灌流工艺），甚至直接跳过$N-1$代直接接种生产规模的一次性生物反应器。在培养体积高达 2 000 L 左右的动物细胞表达产品工艺中，搅拌式和激流式一次性生物反应器是制药企业的主要选择。当前一段时间传统生物制药企业布局激流式一次性生物反应器市场的厂家越来越多，激流式在搅拌和溶氧控制的独特性和优越性，获得市场一致认可。

近年来，细胞治疗技术在临床治疗中扮演越来越重要的角色，为一些难治性疾病提供了一种选择。细胞治疗由于其个体化的特点决定其更加严格地避免交叉污染的需求，以及单批次更小的培养体积，很适合一次性系统的应用。除动物细胞培养和生物治疗外，化妆品和食品工业在开发和制造原料时应用一次性生物反应器系统也是一种趋势。随着一次性技术的蓬勃发展，来自新兴企业的创新将更多通过制药企业和设备供应商的联动开发出更多样的一次性使用技术。

参考文献

[1] LOPES A G, BROWN A. Practical guide to single-use technology：Design and implementation. 2nd edition, Berlin：De Gruyter,2019：9-10.

[2] SANDLE T. Strategy for the adoption of single-use technology. European Pharmaceutical Review, 2018, 1(23)：43-45.

[3] JOSSEN V, EIBL R, PORTNER R, et al. 7-stirred bioreactors：Current state and developments, with special emphasis on biopharmaceutical production processes//Christian L, Sanroman M, Du G C, et al. Current developments in biotechnology and bioengineering. Amsterdam：Elsevier, 2017：179-215.

[4] KAISER S C, KRAUME M, EIBL D, et al. Single-use bioreactors for animal and human cells//Mohamed Al R. Animal cell culture. Berlin：Springer, 2015：445-500.

[5] LEHMANN N, DITTLER I, LMS M, et al. Disposable bioreactors for cultivation of plant cell cultures//Paek K Y, Murthy H N, Zhong J J. Production of biomass and bioactive compounds using bioreactor technology. Berlin：Springer, 2014：17-46.

[6] WERNER S, MASCHKE R W, EIBL D, et al. Bioreactor technology for the sustainable production of plant cell-derived products//Pavlov A, Bley T. Bioprocessing of plant *in vitro*

systems. Berlin: Springer, 2017: 1 – 20.

[7] FALCH E A, HEDÉN C G. Disposable shaker flasks. Biotechnology and Bioengineering, 1963, 5(3): 211 – 220.

[8] EIBL R, MEIER P, STUTZ I, et al. Plant cell culture technology in the cosmetics and food industries: Current state and future trends. Appl Microbiol Biotechnol, 2018, 102 (20): 8661 – 8675.

[9] KNAZEK R A, GULLINO P M, KOHLER P O, et al. Cell culture on artificial capillaries: An approach to tissue growth in vitro. Science, 1972, 178(4056): 65 – 67.

[10] HOPKINSON J. Hollow fibre cell culture systems for economical cell-product manufacturing. BioTechnol, 1985, 3(3): 225 – 230.

[11] GORTER A, GRIEND R, EENDENBURG J, et al. Production of bi-specific monoclonal antibodies in a hollow-fibre bioreactor. Journal of Immunological Methods, 1993, 161(2): 145 – 150.

[12] MARX U. Membrane-based cell culture technologies: A scientifically and economically satisfactory alternative to malignant ascites production for monoclonal antibodies. Research in Immunology, 1998, 149(6): 557 – 559.

[13] SINGH V. Disposable bioreactor for cell culture using wave-induced agitation. Cyztotechnology, 1999, 30(1): 149 – 158.

[14] QIAN J, LI H, HUI M, et al. A bioreactor system based on a novel oxygen transfer method. Bioprocess International, 2008, 6(6): 66 – 71.

[15] National Cancer Institute. Types of cancertreatment. 2018.

[16] LÜTKE-EVERSLOH T, ROGGE P. Biopharmaceutical manufacturing in single-use bioreactors. Pharmazeutische Industrie, 2018, 80(2): 281 – 284.

[17] SONJA D, CONSTANZE D, ALEXANDER H, et al. Single use bioreactors for the clinical production of monoclonal antibodies-a study to analyze the performance of a CHO cell line and the quality of the produced monoclonal antibody. BMC Proceedings, 2011, 5 (8): 103 – 107.

[18] 中华人民共和国工业和信息化部.非鼓泡传氧生物培养器(JB/T 20143—2012), 2012.

[19] 王远山,朱旭,牛坤,等.一次性生物反应器的研究进展.发酵科技通讯,2015,44(3): 56 – 64.

[20] REGINE E, DIETER E. Single-use technology in biopharmaceutical manufacture. 2nd Edition. New Jersey: Wiley, 2019: 37 – 48.

[21] CHAUDHARY G, LUO R, GEORGE M, et al. Understanding the effect of high gas entrance velocity on Chinese hamster ovary (CHO) cell culture performance and its implications on bioreactor scale-up and sparger design. Biotechnology and Bioengineering, 2020, 117(6): 1684 – 1695.

[22] EIBL R, WERNER S, EIBL D. Disposable bioreactors for plant liquid cultures at Litre-scale. Engineering in Life Sciences, 2009, 9(3): 156 – 164.

[23] SMELKO J P, WILTBERGER K R, HICKMANE E F, et al. Performance of high intensity fed-batch mammalian cell cultures in disposable bioreactor systems. Biotechnology Progress,

2011, 27(5): 1358 – 1364.

[24] IMSENG N, STEIGER N, FRASSON D, et al. Single-use wave-mixed versus stirred bioreactors for insect-cell/BEVS-based protein expression at benchtop scale. Engineering in Life Sciences, 2014, 14(3): 264 – 271.

[25] SCHIRMAIER C, JOSSEN V, KAISER S C, et al. Scale-up of adipose tissue-derived mesenchymal stem cell production in stirred single-use bioreactors under low-serum conditions. Engineering in Life Sciences, 2014, 14(3): 292 – 303.

[26] DREHER T, WALCARIUS B, HUSEMANN U, et al. Microbial high cell density fermentations in a stirred single-use bioreactor//Dieter E, Regine E. Disposable bioreactors II. Berlin: Springer, 2014: 127 – 147.

[27] ÖNCÜL A A, KALMBACH A, GENZEL, Y. et al. Numerische und experimentelle untersuchung derfließbedingungen in wave-bioreaktoren. chemie ingeieur technik, 2009, 81 (8): 1241.

[28] LEHMANN N, DITTLER I, LAMSE M, et al. Disposable bioreactors for cultivation of plant cell cultures//Paek K Y, Zhong J J, Murthy H N. Production of biomass and bioactive compounds using bioreactor technology. Berlin: Springer, 2014: 17 – 46.

[29] WERNER S, MASCHKE R W, EIBL D, et al. Bioreactor technology for sustainable production of plant cell-derived products//Pavlov A, Bley T. Bioprocessing of plant in vitro systems. Berlin: Springer, 2017: 413 – 432.

[30] OOSTERHUIS N, NEUBAUER P, JUNNE S. Single-use bioreactors for microbial cultivation. Pharmaceutical Bioprocessing, 2013, 1(2): 167 – 177.

[31] SOMERVILLE R P T, DEVILLIER L, PARKHURST M R, et al. Clinical scale rapid expansion of lymphocytes for adoptive cell transfer therapy in the WAVE bioreactor. Journal of Translational Medicine, 2012, 10(1): 69.

[32] HILLIG F, ANNEMIILLER S, CHMIELEWSKA M. Bioprocess development in single-use systems for heterotrophic marine microalgae. Chemie Ingenieur Technik, 2013, 85(1 – 2): 153 – 161.

[33] RAVEN N, RASCHE S, KUEHN C, et al. Scaled-up manufacturing of recombinant antibodies produced by plant cells in a 200-L orbitally-shaken disposable bioreactor. Biotechnology and Bioengineering, 2015, 112(2): 308 – 321.

[34] YANG T, HUANG Y, HAN Z Q, et al. Novel disposable flexible bioreactor for Escherichia coli culture in orbital shaking incubator. Journal of Bioscience and Bioengineering, 2013, 116(4): 452 – 459.

[35] 孙京林,周新华.国际制药一次性使用系统应用及技术指南.北京:中国医药科技出版社,2017: 21 – 92.

[36] REGINE E, STEPHAN K, RENATE L, et al. Disposable bioreactors: The current state-of-the-art and recommended applications in biotechnology.Appl Microbiol Biotechnol, 2010, 86 (1): 41 – 49.

[37] REGINE E, DIETER E. Single-use technology in biopharmaceutical manufacture. 2nd Edition. New Jersey: John Wiley & Sons, Inc., 2019: 95 – 98.

［38］ KASPER C, VAN GRIENSVEN M, POERTNER R. Bioreactor systems for tissue engineering. Berlin：Springer, 2008.

［39］ 孙京林,周新华.国际制药一次性使用系统应用及技术指南.北京：中国医药科技出版社,2017：35－36.

［40］ 孙京林,周新华.国际制药一次性使用系统应用及技术指南.北京：中国医药科技出版社,2017：37－38.

［41］ 中华人民共和国国家质量监督检验检疫总局,中国国家标准化管理委员会.医疗保健产品灭菌 辐射第 2 部分建立灭菌剂量（GB 18280.2—2015）, 2015.

［42］ 孙京林,周新华.国际制药一次性使用系统应用及技术指南.北京：中国医药科技出版社,2017：81－82.

［43］ JUNNE S, SOLYMOSI T, OOSTERHIUS N, et al. Cultivation of cells and microorganisms in wave-mixed disposable bag bioreactors at different scale. Chemie Ingenieur Techik, 2013, 85 (1－2)：57－66.

［44］ KURT T, MARBA-ARDEBOL A M, TURAN Z, et al. Rocking Aspergillus：morphology-controlled cultivation of Aspergillus niger in a wave-mixed bioreactor for the production of secondary metabolites. Microbial Cell Factories, 2018,17(1)：128.

［45］ JESS EVERETT. Unintended consequences. ［2018－08－03］. http：//www. Pollutionissues. com/Te-Un/Unintended-Consequences. html#ixzz5D4zalkND.

［46］ N.U. The sustainability problem. ［2018－08－03］. http：//www. developforthelongterm. com/the-sustainability-problem.html.

［47］ PISCOPO N J, MUELLER K P, DAS A, et al. Bioengineering solutions for manufacturing challenges in CAR T cells. Biotechnol J, 2018,13(2)：1700095.

［48］ LIN-GIBSON S, HANRAHAN B, MATOSEVIC S, et al. Points to consider for cell manufacturing equipment and components, 2017, 3：793－805.